第七辑
（2020年）

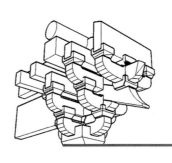

北京古代建筑博物馆 编

北京古代建筑博物馆文丛

学苑出版社

图书在版编目（CIP）数据

北京古代建筑博物馆文丛. 第七辑 / 北京古代建筑博
物馆编. —— 北京：学苑出版社，2021.3

ISBN 978-7-5077-6155-9

Ⅰ．①北…　Ⅱ．①北…　Ⅲ．①古建筑—博物馆—
北京—文集　Ⅳ．① TU-092.2

中国版本图书馆 CIP 数据核字（2021）第 054302 号

责任编辑：周　鼎
出版发行：学苑出版社
社　　　址：北京市丰台区南方庄2号院1号楼
邮政编码：100079
网　　　址：www.book001.com
电子信箱：xueyuanpress@163.com
联系电话：010-67601101（营销部）、010-67603091（总编室）
印　刷　厂：三河市灵山芝兰印刷有限公司
开本尺寸：787×1092　1/16
印　　　张：19.25
字　　　数：340千字
版　　　次：2021年3月第1版
印　　　次：2021年3月第1次印刷
定　　　价：298.00元

文化和旅游部雒树刚部长到馆参观

北京市委宣传部赵卫东副部长来馆调研

北京市委甘靖中副秘书长来馆考察

在馆职工之家举办市文物局"十三五科研成果展"

召开馆学术委员会 2020 年例会

举办一亩三分地秋收活动

北京市委办公厅督查室来馆举办党日活动

北京建筑大学图书馆来馆举办联合党建活动

参加文化遗产日活动的青少年在参观

讲授科普课程

举办学习四中全会精神的主题党日活动

集中学习首都功能核心区控制性详细规划

召开本年度第一次职工大会

太岁殿东配殿进行抢险修缮

编 委 会

主　　任　李永泉

副 主 任　张　敏

成　　员　（按姓氏笔画排序）

丛子钧　闫　涛　李　莹　陈晓艺

陈媛鸣　周海荣　周晶晶　周　磊

郭　爽　黄　潇　董绍鹏　董燕江

温思琦

目　录

综合探讨

博物馆学

北京古代建筑博物馆文丛　第七辑　2020 年

博物馆陈列中辅助展品的应用

——以"中国古代建筑展——建筑类型欣赏"为例

博物馆陈列始于 19 世纪中叶。是在一定空间内，以文物标本为基础，配合适当辅助展品，按照一定的主题、序列和艺术形式组合成的，进行直观教育、传播文化科学信息和提供审美欣赏的展品综合体。在《中国大百科全书·文物·博物馆卷》中，对博物馆陈列的定义为："以文物、标本和辅助陈列品的科学组合，展示社会、自然历史与科学技术的发展过程和规律或者某一学科的知识，供群众观览的科学、艺术和技术的综合体。"

博物馆陈列以文物标本为基础，同时也需要有一定的辅助材料，其称为辅助展品。陈列的辅助材料大致有以下几种：第一种是科学性的辅助材料：包括地图、图表、照片、拓片、模型、沙盘等。第二种是艺术性的辅助材料：主要是根据陈列内容的需要而创作的造型艺术、绘画、雕刻、布景箱、半景画、全景画等景观设施等。它主要是艺术品，但又受到科学性较大的约束，不同于一般艺术创作。它要求艺术构思有科学依据，并且与陈列风格相调和，所以说它是科学和艺术的综合体。第三种是文字说明。陈列的文字说明分为三类：第一类是大小标题（单元标题、组标题、有时还需要有小组标题等）；第二类是单元说明、组说明，有时还需要小组说明（或展品组合说明）；第三类是展品说明。展品说明大体上也有三类：①展品科学性的简要说明，其内容包括展品名称、时代、出土或采集的时间、地点或来源。如果是借用展品或调拨、赠送品，还应注明原藏单位。②知识性说明，主要是给观众展示说明的有关知识。③揭示性说明，主要是揭示出展品内涵的社会属性，以及它与主题的联系。

"中国古代建筑展"是北京古代建筑博物馆的基本陈列内容之一，"中国古代建筑类型欣赏"是其内容的一部分，在太岁殿院落的西配殿展出，从住宅、宫殿、园林、坛庙、寺观、牌坊、桥梁和陵墓这几方面展示了中国古代建筑的基本类型。中国古建筑从"巢居""穴居"发展到木构架，最后木构架成为最主要的结构形式。在居住建筑发展的同时，出现皇家宫殿、寺庙殿堂、园林建筑等类型。这些都是中华民族伟大智慧的结晶。所以说我国的古代建筑是历史悠久、体系完整的重要文化遗产之一。

该展览使用了不同类型的辅助展品，考虑到中国古代单体建筑、群体建筑体量大、且不可移动的因素，无法将相应的建筑直接陈列到展厅中，除陈列的文字说明、多媒体宣传片外，可以利用按比例缩小的实物模型来补充展览内容。在缺乏发掘文物标本的情况下，以展示中国古代建筑的精美与结构技术的精湛，从而完整的表达展览主题，丰富展览形式。本文以"中国古代建筑展——建筑类型欣赏"展览中的几件模型为例，进行赏析举例。

一、婉容故居

北京四合院是将东南西北四面的房屋围成一个"口"字形的院落，通常由正房、东西厢房和倒座房组成，房屋的尺度位置和功能区域主次分明，体现出长幼有序、内外有别。北京四合院是中国北方传统民居的经典形式，是传统民居建筑的发展高峰形式，也是传统庭院住宅在历史发展中最后表现形式。婉容故居则是北京四合院中的典型代表作之一。

婉容故居位于北京市东城区鼓楼南帽儿胡同的35、37号旧宅院，原来是清朝末代皇帝爱新觉罗·溥仪之妻郭布罗·婉容结婚前的住宅。原住宅是其曾祖父郭布罗·长顺所建，当时只是普通宅第。1922年，婉容被册封为"皇后"以后，其父授内务府大臣，并封三等承恩公，该宅亦升格为承恩公府，作为"后邸"开始大规模改建。这座宅院坐北朝南，由东、西两路组成。东路（35号院）原为花园，有三进院落，水池、假山、分布其间，东部有家祠。西院（37号院）为居住区，前后四进院落。第一进院为垂花门；第二进院北为三间过厅，左右各带一间耳房；第三进院正房五间，左右各带一间耳房，东西厢房各三间，皆为硬山合瓦清水脊顶；第四进院为后院，有七间罩房。

现在，府门已改成三间住房，在西边原倒座房处开了两小门，一个为37号院，另一个为35号院，成为两个院落。原住宅中主要建筑基

本保存，两院内正房的内部装修全为原状，仅有原婉容居室内的天花板，在文革期间有小部分被石灰水涂成白色，其余未变。1984年，婉容故居被公布为北京市市级文物保护单位。

二、乐善堂风火墙

乐善堂是徽州的古民居，其布局以中轴线对称分列，面阔三间，民间俗称三间式：中为厅堂，前辟天井，侧边设两厢卧室。厅堂乃是整个宅屋的主体部分和公共场所，主要用于迎接宾客、举行红白喜事大礼、开展祭祖祀先活动等，也是家族聚会议事和日常起居之处。古徽派建筑以其独特的建筑构造在建筑史上广为传颂，是我国传统建筑体系中的瑰宝。风火墙是徽派建筑的元素之一，具有防火、防风、遮阳以及分割空间的功能。

风火墙是高于两侧山墙屋面的墙垣，也就是山墙的墙顶部分。装饰部分呈阶梯状，远看形似高高昂起的马头，因此也被称为"马头墙"。风火墙可分为三种形式：坐吻式，鹊尾式和印斗式。坐吻式是在座头上安装由窑烧制成形的吻兽构件，常见的吻兽有哺鸡、天狗、鳌鱼等样式，用以祈求家宅安宁，有辟邪的功效；鹊尾式是指用形似喜鹊尾巴的构件作为装饰，喜鹊象征福气好运，有"抬头报喜""喜上眉梢"等吉祥寓意，广泛应用于明清两朝；印斗式是将带"卍"字纹的方斗砖作为装饰，寓意万事如意。同时根据斗托的构造，分为坐斗式和挑斗式。风火墙的起伏，源于三个要素的综合：第一个要素是地貌，包括地形的起落，顺着自然弯曲的溪流布置而辗转，地貌有其独特的形制和内在脉络，它影响了风火墙的起伏和走向；第二个要素是徽州古民居的建筑高度，一般在一到三层之间，它影响了风火墙的起点和终点；第三个要素是风火墙呈阶梯状，一层叠一层，并画有灰瓦强化的轮廓线，有断有续、似断实连、节奏感明显。

在《徽郡太守何君德政碑记》中提到，明代徽州地窄人稠，居民择良地而聚居，建筑鳞次栉比，房屋密集，毫无缝隙。每当发生火灾，容易牵连周边建筑，损失惨重。直到明弘治癸亥年（1503年），新上任的徽州知府何歆下令强制每五户为一组，修建高出屋面的风火墙。当火灾发生的时候，火种很快就会被隔离，以控制住火势蔓延。风火墙造型古朴、典雅，具有极高的审美价值，同时也反映了徽州深厚的文化内涵。

三、承启楼

福建省龙岩市永定区是世界闻名的土楼之乡，分布全县的两万多座土楼被国内外专家誉为"世界独一无二神话般的山区民居建筑"。土楼所蕴含的客家文化，博大精深源远流长。永定土楼现存最久的已经有六七百年历史。西晋永嘉年间，北方战祸频仍，客家人躲避官兵南下，却在安居之地再次遭遇横行的土匪，于是为了抵御外敌而建立起土楼。方形土楼是最早的形式，不过渐渐地，圆形土楼成了主角。

承启楼是一座圆形土楼，始建于明崇祯年间（1628年—1644年），后依次建造第二环、第三环和第四环，于清康熙四十八年（1709年）落成。其坐北朝南，占地5376.17平方米。因夯筑该楼外环土墙时，天公作美，土墙未受雨水淋蚀，故又名"天助楼"。

全楼由四座同心圆的环形建筑组合而成，悬山顶，穿斗、抬梁混合式构架，内通廊式平面。外环为主楼，土木结构，高4层，直径73米。底层墙厚1.5米，顶层墙厚1米。底层和二层不开窗，底层为厨房，二层为粮仓，三、四层为卧室。屋檐以青瓦盖面，上面可用于晾晒农作物。第二环高2层，砖木结构，每层40开间。底层为客厅或饭厅，楼上为卧室。第三环单层，砖木结构，32开间。古代楼主虽崇文重教，但又不能让女子到楼外的学堂与男子一起读书，于是在这里办私塾，并把这里作为女子的书房。第四环为祖堂，单层，占地33.83平方米，屋顶为歇山顶。比第三环稍低，使全楼形成外高内低、逐环递减、错落有致的格局。

1981年，承启楼被收入《中国名胜词典》。1986年4月，中华人民共和国邮电部发行的中国民居系列邮票，其中面值一元的"福建民居"就是承启楼的图案。2001年1月，承启楼被福建省人民政府公布为省级文物保护单位。同年6月，承启楼被国务院公布为全国重点文物保护单位。2002年2月，承启楼所在的高北土楼群作为福建土楼中永定客家土楼的重要组成部分，被列入世界文化遗产预备清单。

四、增冲鼓楼

增冲侗寨是黔东南侗族传统聚居区保存最完整的古老侗寨之一，

已经有 300 多年的历史。整个村寨山环水绕，保存了完整的村落形态。增冲鼓楼在村寨整体格局中处于中间位置，是整个村寨繁荣的证明。

增冲鼓楼位于贵州省从江县西北部往洞镇增冲侗寨中央。建于清代康熙十一年（1672 年），全楼占地 160 平方米，高 25 米，13 层重檐，八角攒尖顶，形如宝塔，双葫芦顶，杉木结构，枋穿斗连，不用一钉一铆，中竖四根直径 0.8 米的主承柱高约 15 米。从底部至 11 层外竖 8 柱，形成放射状八角形，层层向上，每层用 8 根短爪柱依次叠竖收刹，紧密衔接。顶部两层为八檐八角伞顶宝塔楼冠。鼓楼具有传播信息、聚众议事的重要功能。每当寨中有事商议或节日踩歌堂的时候，便捶响大皮鼓，寨中乡亲都聚在鼓楼大厅中听长老发号施令。而平日，鼓楼大厅则是休闲的公共场所。

增冲鼓楼是建筑年代最久远、保存最完好、形状最壮观的侗寨鼓楼。1988 年，增冲鼓楼被国务院列为国家一级重点文物保护单位，属于最早进入"国宝"名单的少数民族乡土建筑之一。1997 年国家邮政部发行了《侗族建筑》邮票，一套四枚，增冲鼓楼作为侗族人民智慧的结晶，登上了国家名片——纪念邮票。

五、留园涵碧山房

留园地处苏州阊门外。明万历二十一年（1593 年），太仆寺少卿徐泰时去职还乡，修建宅园，取名为"东园"。其后园主数易。至清乾隆五十九年（1794 年），刘恕得到该园，整修扩建后改名为"寒碧山庄"，民间俗称"刘园"。清同治十二年（1873 年），常州人盛康购得此园，又加以扩充重建，并仿效大名士袁枚（字：子才）将自己的私园隋氏园改名随园的故事，而改刘园之名为"留园"。俞樾《留园记》详述改名之缘由：

> ……方伯（盛康）求余文为之记，余曰：'仍其旧名乎？抑肇锡以嘉名乎？'方伯曰：'否，否，寒碧之名至今未熟于口，然则名之易而称之难也。吾不如从其所称而称之，人曰刘园，吾则曰留园，不易其音而易其字，即以其故名而为吾之新名。昔袁子才得隋氏之园而名之曰随，今吾得刘氏之园而名之曰留，斯二者将毋同。'余叹曰，美矣哉斯名乎！称其

实矣。夫大乱之后，兵燹之余，高台倾而曲池平，不知凡几，而此园乃幸而无恙，岂非造物者留此名园以待贤者乎？是故，泉石之胜，留以待君之登临也；华木之美，留以待君之攀玩也；亭台之幽深，留以待君之游息也。……

留园总面积约 23300 平方米，大致可分为中部山水景区、东部庭园景区、北部田园景区和西部山林景区。每个景区之间有长达 700 多米的游廊相连，形成曲折变换的景观。建筑与自然风景的布局是典型的南厅北山、隔水相望的江南宅院的模式。

涵碧山房在清嘉庆时称为"卷石山房"，同治年间称"待云山房"，后又因建筑面池，水清如碧，宛如朱熹诗"一水方涵碧，千林已变红"，故取名"涵碧山房"。涵碧山房几乎没有装修，南北两面都不设墙，显得朴素大方，通畅明洁。厅内"涵碧山房"匾额上的篆书是旧时园主盛康请"香禅居士"潘中瑞所书。

六、飞英塔

飞英塔位于浙江省湖州市，其原在飞英寺西侧的舍利石塔院内。飞英寺创建于唐懿宗咸通五年（864 年），称资圣寺，北宋真宗景德二年（1005 年）改为今名，现存内外两塔均为南宋遗构。内为石塔，初建于唐中和四年（884 年），之后遭到毁坏，现存的石塔重建于南宋绍兴二十四年（1154 年），八面五层，均以白石仿木构楼阁式分段雕刻叠砌而成。塔顶已毁，残高 14.55 米。内塔下设须弥座，束腰部分刻有高浮雕狮子。在内塔的外围建造外塔，外塔属于八面七层砖木结构楼阁式塔，塔内建有扶梯，可盘旋而上，第二、三、四层建有围廊，可以绕塔行走。外塔始建于北宋开宝年间（968 年—976 年），在绍兴二十年（1150 年），遭雷击塌毁，南宋端平年间（1234 年—1236 年）重新修建，元、明、清三代又多次修葺。1929 年，飞英塔因年久失修，外塔顶部坍塌，日渐残破。1982 年—1986 年，重新全面修葺，基本恢复了宋代建筑风貌。内外塔形成"塔里塔"的建筑形式，堪称国内外罕见。

1988 年 1 月，飞英塔因其独特的历史、艺术和科学价值，被国务院公布为第三批全国重点文物保护单位。

七、许国石坊

牌坊又称牌楼，是中国古典建筑中的"小品"，凝聚了中国传统文化精髓的建筑类型之一，其历史可以追溯到三千多年前，不仅具有与众不同的外观形态、独具一格的审美价值，还具有古老深厚的历史底蕴和极为丰富的人文内涵。

许国石坊位于安徽省黄山市歙县徽城镇中和街，为歙县人许国而立。许国，字维桢（1527年—1596年），明嘉靖四十四年（1565年）进士。明万历十二年（1584年），因云南平叛决策有功，晋少保兼太子少保、礼部尚书、武英殿大学士，赐建牌坊。卒赠太保，谥文穆。

许国石坊，又名大学士坊，俗称"八角牌楼"，位于阳和门东侧，中和街与打箍井街交叉路口。石坊建于明万历十二年，其石料采用质地坚硬的沉香砾凝灰岩（茶园青石）。

许国石坊平面呈口字型，八柱四面，立体结构，东西二面为四柱三楼冲天柱式，南北二面为二柱单间门楼式，结构稳固，造型独特。其引领的四柱冲天式牌坊造型，垂明清数百年，在徽州石坊发展史上具有特殊意义。许国石坊是徽州石刻艺术中的精品，雕刻内容以瑞兽为主，装饰形式仿照木构彩绘，图案典雅，刀法娴熟，体现了徽州石牌坊建筑技术和艺术的高超水平。许国石坊是著名的纪念性建筑，它是明代政治制度、文化制度下的产物，从一个侧面反映了当时社会的政治背景和风俗民情，具有很高的历史、科学和艺术价值。

1981年9月3日，歙县政府公布许国石坊为歙县文物保护单位；1981年9月8日，安徽省政府公布许国石坊为第一批省文物保护单位；1988年1月13日，国务院公布许国石坊为第三批全国重点文物保护单位。

八、西津桥

桥梁是伴随人类发展史的基础性建筑，发挥着跨越河流山谷、接通道路的作用，是人类社会中不可或缺的建筑之一。尤其是隋唐时期以后，水陆交通较为发达，桥梁的建造技术有了飞跃性发展，是古代桥梁发展过程中十分辉煌的阶段。桥梁按照结构体系可以划分为梁式桥、拱桥、刚架桥、悬索桥四种基本体系。

西津桥，又名兰州握桥、卧桥、虹桥。在兰州城西，始建于明永乐间（1403年—1424年），清代两次重建。西津桥位于阿干河下游的雷坛河桥处，但现已不存。在桥的东西两端建有翼亭，恰似两拳紧握，故又称"握桥"。远观整座桥呈弧形，且涂以红色，犹如一道彩虹横跨于雷坛河上，故又称"虹桥"。兰州旧时有八景，其中之一是"虹桥春涨"，虹桥春涨便是指雷坛河西津桥的美丽景观。中国桥梁专家茅以升曾称西津桥是"伸臂木梁桥的一个代表"。

甘肃是伸臂木梁桥的发源地，而西津桥更是伸臂木梁桥的典型代表。此桥由两岸向内斜上伸出重叠的悬臂梁各五层，中接平梁，形成中高边低穹隆状的桥身。1952年拆除时实测得知，西津桥净跨度22.5米，全长27米，桥高4.85米，宽4.6米，桥廊坡度20度。桥上建有廊屋，正中3间，左右两侧各5间。桥的东西两端各建有翼亭一座，四角飞檐，雕梁画栋，并悬挂着匾额。东翼亭题额为"空中鳌背""彩虹"，西翼亭题额为"天上慈航""新月"。

木桥的整体重量较轻，廊屋可以起到镇压桥体的作用，使其不易被冲毁；木材容易腐朽，廊屋可以遮风避雨使桥梁得到保护。桥体与廊屋的构造融为一体，可以相互作用，相得益彰。西津桥在1952年被拆除后，剩余木料全部转移作别用，唯有拆除时所做的模型存放于当时的兰州博物馆内。

从以上几个模型展品中不难看出：每一个模型的背后都是有着重要的文物信息的。辅助展品是博物馆展览中重要的阐释媒介，建筑模型作为展品，成为博物馆陈列中主要的展示手段之一，在博物馆展览中发挥着重要作用，其总结起来一共有三点：

第一点是起到补充文物标本不足的作用。由于博物馆收藏有局限性，在博物馆的展览筹备中，在叙述历史、文化、事件等内容时，会缺少文物标本做展示，在这种情况下，建筑模型就能起到替代文物标本帮助展览叙事和阐释的作用。在"中国古代建筑展——建筑类型欣赏"中，关于少数民族地区的民居住宅、中国古典园林、牌楼牌坊、中国古代桥梁等方面的文物标本存在缺少的情况，利用"婉容故居""乐善堂风火墙""承启楼""增冲鼓楼""留园涵碧山房""飞英塔""许国石坊""西津桥"等馆藏模型来补充展览内容，并在一定程度上达到展出

效果，不仅丰富了陈列形式，更给人以直观的"实物"感受，为陈列增加了立体感。

　　第二点是起到当文物标本叙事和阐释能力不强时，补充信息并弥补缺陷的作用。在博物馆展览设计中，有的文物标本外在表现力不强，或体现展览要表达的主题和内容比较少，在这种情况下，需要利用建筑模型来表达和阐释。如在"中国古代建筑展——建筑类型欣赏"的第一部分中，在北京四合院的相关内容里，展示的馆藏文物有门墩儿、砖雕、楹联大门等等，但这些都是北京四合院内的建筑构件，无法整体性展示老北京四合院的样式，而"婉容故居"这一模型很好地弥补了这个不足，观众可以直观的欣赏到北京四合院的院落，能够更好地理解展览内容。

　　第三点是有助于增强展览的通俗性、观赏性、趣味性和体验性。在博物馆陈列中，仅有文物标本的参与，展陈方式略显单一，展览会过于学术，容易让观众感觉到枯燥和乏味，无法引起观众共鸣，这样在一定程度上降低了观众的参观兴趣；另外有些文物标本难以直接表现历史或自然现象的时候，会导致展览没有办法直观地、生动地、有效地传播知识和信息。这更要求博物馆在做展陈设计时，要推陈出新，在展示内容的同时更好的吸引到观众的兴趣，为观众服务，满足观众需求。

　　显而易见，在博物馆展览陈列中，模型作为辅助展品在配合文物、照片展出，揭示展览内容，阐述展品之间的内在联系中，发挥着独特作用。展览中的模型能够使主题内容更加突出，是陈列中不可缺少的表现形式之一。科学地、合理地、巧妙地使用辅助展品，有助于增强展览的表现力度，强化展览信息的传播和交流；有助于激发观众的参观兴趣，吸引和鼓励观众能主动探索、学习；有助于增强展览的参与性和交互性，为展览注入新活力，营造一个生动活泼、参与性高的参观学习环境，使观众的参观体验活动更加丰富多彩。

　　"中国古代建筑展——建筑类型欣赏"这个展览中使用的建筑模型除了本篇文章整理的八个之外，还有其他宫殿、坛庙、寺观等类型的模型。模型的展示离不开内容设计和形式设计，内容设计与形式设计又具有相对独立的一面：内容设计要与陈列大纲相适应，形式设计又要和陈列风格相符合，但这两个部分是相辅相成的。辅助展品的加入需要与形式设计统一，又要根据内容的具体情况来调节，可以说辅助展品在展览中是十分必要的。陈列语言的表现力、艺术形象的建立和质量，在很大程度上是需借助各种合适的陈列设备和道具来实现的。而展览中的模型就是其中很重要的一项，它具有明确的使用价值、艺术价值和审美价值，是博物馆展陈中不可或缺的存在。辅助展品的类型多样，各有不同的特点，需要我们不断地学习和探索。

参考文献

［1］王宏钧.中国博物馆学基础［M］.上海古籍出版社，2001.

［2］刘敦桢.中国古代建筑史［M］.中国建筑工业出版社，2008.

［3］陆建松.博物馆展览辅助展品创作和应用的原则［J］.博物院，2018（3）.

［4］朱凤荣，高建军.婉容故居［J］.北京档案，2004（11）.

［5］胡大新.永定客家土楼研究［M］.中央文献出版社，2006.

［6］曾维华.中国古史文物考论［M］.华东师范大学出版社，2008.

［7］宋建勋.中华文明历史长卷——园林卷［M］.北京工业大学出版社，2013.

［8］刘杰.湖州飞英塔空间结构分析［J］.古建园林技术，2016（2）.

［9］安徽省文物局.安徽省全国重点文物保护单位纵览［M］.安徽美术出版社，2015.

周磊（北京古代建筑博物馆陈列保管部助理馆员）

博物馆发展现状及教育功能刍议

随着经济及社会的不断发展，人们对精神文化生活水平的需求日渐提升，在这其中博物馆由于其独特的文物资源优势，独具特色的场所空间和审美品位，从而成为人们文化生活中文化休闲与消费的重要载体。但与此同时，博物馆的教育功能，尤其是针对儿童的教育发展却相对欠缺，教育品质仍有提升的空间。在此背景下，博物馆亲子教育机构如雨后春笋般出现，扮演了博物馆与社会大众之间沟通媒介的角色，而博物馆在亲子教育方面的现状以及未来的可持续性将如何发展，可通过由浅入深，由表及里的层次来剖析。

一、公共博物馆的建立及演变

要了解博物馆亲子教育，首先要解读一下博物馆教育这个大主题。博物馆教育，并非一个单独体系，而是附属在教育学体系中的。在教育学领域里面，它是一个比较特殊的种类。一般来说，我们把这个教育形式分为两种，一种是学校教育，也称为正式教育。另一种是非学校教育，也称为非正式教育、非正规教育等。博物馆教育实际上属于非正式教育，或者说非学校教育的一部分。这种教育形式最大的一个特点是教育内容或教育地点都是以博物馆为依托进行的。因此我们需要回顾一下博物馆的发展历史，才能推进对博物馆亲子教育的认识。

现代公共博物馆诞生于 1683 年，也就是 17 世纪末，英国牛津大学阿什莫林博物馆的创建。这座牛津大学五大博物馆中最大的一座是基于什么历史背景诞生的呢？欧洲中世纪结束于 1453 年，这一年，君士坦丁堡陷落标志了欧洲中世纪的结束。中世纪后，整个欧洲进入了启蒙运动时期。而启蒙运动中最突出的一个表现就是大航海时代的来临，后世也称之为地理大发现时代。欧洲的探险家们去发现和探索了未知的世界。在探险的过程中,欧洲的探险家们搜集了很多他们非常感兴趣的物质和丰富的信息,并通过这一方式逐渐地、缓慢地影响着当时的贵族阶层。在经过了几百年的积累之后,欧洲的很多贵族,也开始积攒从世界各地搜集来的珍贵物。这种行为一直持续到17世纪,这些探险家和贵族们有了大量的珍贵物之后,他们认为应该让国家的所有民众都能认识到这些珍贵物的意义和价值。于是博物馆诞生的时机就来了,而这就是建立公共博物馆的最初动机。时机和动机虽然有了,但是这些贵族们也遇到了一个相同的问题,即当他们死后,这些珍贵物很有可能会被自己的后人卖掉,抑或是分散在各个地方而非聚集性保管,因此当时一种特别的信托方式在英国应运而生,且也是全世界最早出现的。这种信托方式实际上就是贵族们把自己的收藏品委托给高校、议会等这些较为中立的机构来保管。这些机构接受委托后,成立一个专门管理这些珍贵物的机构,那么这个机构就是最早的现代博物馆。

18世纪后,公共博物馆在欧洲如雨后春笋般不断地萌发出来。但是当时的这种博物馆,只是将个人收藏的有价值物搜集起来集中管理,并且当时所谓的现代博物馆的开放对象也并不是如今天一样对社会公众开放。当时的博物馆开放对象并非社会全体,而是面向社会上层人士和贵族来开放。

19世纪初,随着工业革命和城市化的发展,博物馆也开始关注当时社会的发展。随即博物馆开始展出与工业发展成就和科学进步硕果等相关的内容。但是当时的博物馆教育基本上还停留在一个说教的层面,和我们现在意义上的博物馆教育是不一样的。19世纪下半叶,在知识教育领域,学校逐渐取代了博物馆在教育领域的作用。因此从那时开始,博物馆教育才逐渐转型为前文所述的非正规式的教育。那么,博物馆为精英人士提供教育服务的职能也逐渐消失,但其公共教育功能逐渐初现,且日益为社会所重视。这是整个欧洲博物馆的一种现代化转型,欧洲博物馆的这个转型就是为了普遍教育而服务的。随着历史的发展,博物馆开放的对象、面对的公众、关心的内容越来越朴实,逐渐使现代公共博物馆立足于这一点,并最终演变成现代意义上的公共教育机构。从发展历程中也可以看出,博物馆的初心就是为教育。

二、博物馆如何释物

众所周知的博物馆有收藏物的功能，而博物馆收藏了这些物之后，又通过展示的方式来阐释这些物。但当公众走进博物馆，参观博物馆的时候，通过自我学习，是否能够读懂或者看懂展览的物从而受到教育，这就需要博物馆对这些物进行阐释，帮助公众达到获取知识，受到教育的目的。

近几年，博物馆进入了大繁荣大发展的时期，但公众对博物馆的感觉仍旧存在一定距离，尤其是第一次去博物馆的人，会有一种陌生、恐惧或逃避的心理。其原因众多，而其中一个较为普遍的就是博物馆的藏品对绝大多数人来说是陌生的。它们是在人们日常生活中所具有的常识之外的东西。而在我国博物馆的发展进程中，对于从小培养孩子对博物馆的熟悉感是很少的。因此导致现在绝大部分的成年人对博物馆存有恐惧，这种恐惧是来源于未知的陌生。尤其处在博物馆的各种空间中，对展厅、对氛围、对物品的不熟悉，都会带给大家一种潜在的恐惧。那么对于未成年人来说，社会性暂时还没有建立起来，所以他们对博物馆的恐惧心理反而比较小。但随着未成年人逐渐地长大，如果不加以培养和教导，那么他们对博物馆的恐惧心理也会越来越强，如果没有在一定的年龄时间段内建立起来，那么他们对博物馆的熟悉感就很难建立，就会重蹈现在成年人的覆辙。那么博物馆应对这种情况的方法应是鼓励公众，尤其是鼓励家长带未成年人多来博物馆接受熏陶，通过一些方式和途径帮助公众构建这种熟悉感。这样才能使公众和博物馆共同发展，相互促进。

当博物馆做到了鼓励公众走进博物馆之后，第二个棘手的问题就出现了，那就是公众可能看不懂博物馆的展览，或者说看不懂博物馆所蕴含的教育。这个问题实际上是出在公众如何看待博物馆的展品上。在20世纪80年代，博物馆学领域有一个非常尖端的话题，就是博物馆最基础的东西，也就是博物馆的第一性质到底是什么？当时流行三个学派：第一个学派认为博物馆最核心的东西是藏品，也就是指博物馆的物。第二个学派认为，博物馆最核心的东西是博物馆和人，或者说博物馆的藏品和人之间所存在的一种特殊关系。第三个学派认为博物馆藏品所承载的信息才是博物馆最核心的东西。这三个学派最终是否有定论，先不去讨论，但当公众到博物馆去，不管陌生也好，恐惧也罢，想要获取的最核心的东西到底是什么呢？实际上是公众不熟悉、不了解、不知道的博物馆展品的信息，就算用展览的形式把它诠释出来后，公众可能还是不能明白。博物馆藏品的信息是有结构的。我们只要掌握了博物馆藏品信息的结构，就能在相对陌生的条件下了解博物馆藏品背后所蕴含的信息。而所谓的博物馆教育就是对这种信息的传达、梳理及掌握。

博物馆藏品信息的结构一共分为四个层次。这四个层次分别是本体性信息、表达性信息、类态性信息和记录性信息。第一类是本体性信息也就是指博物馆展品物质的本体、客观存在的信息，抑或是通过它的客观本体的痕迹特征推测出来的信息。例如一个建筑构件，它的质量、体积、尺寸等信息。它的材质是陶的，它的制作工艺是烧造，它的装饰技法，比如说有饕餮纹、兽面纹、植物纹等。这些就是展品物质的本体性的信息。第二类是它的表达性信息，表达性信息就是博物馆的展品在它的原生环境中的作用和意义，而非博物馆环境。那么这种表达性信息是怎样表述的呢？我们还是用一个建筑构件举例，这个建筑构件在原来的环境中如何使用，它的纹饰的意义是什么，这个就是表达性信息所蕴含的内容。例如一件瓦当，可以分为动物纹瓦当，植物纹瓦当和文字纹瓦当，或陶瓦当和琉璃瓦当等几大类。那么它在原来所处的环境中和谁搭配使用，和其他哪些构件组合成为一组或一套，在中国古代建筑中的哪个位置，如何使用，这些信息就是我们所说的表达性信息。第三类信息是类态性信息，就是物在自己所存在的分类中所处的位置。我们还拿瓦当来举例，瓦当其实并不是一个具体的物，它实际上是一类物的代表，它是一个类别的符号。那么我们为什么称它为瓦当，瓦当何时出现，它从西周一直到明清这段时期，作为一个物来说，在这个时间段中是如何发展变化的。那么最早期的瓦当是什么样子，到中期、晚期时又是什么样子的，这些信息就是这个瓦当的类态性信息。第四类就是记录性信息。记录性信息相对前面几种来说比较简单，就是这件博物馆藏品，为谁所有，为谁所用，为什么能从这个历史中流传到现在，它如何被发现，如何进入博物馆，进入博物馆之后，博物馆对它做了些什么，如何修复，如何展出，那么这些就是记录性信息。我们在博物馆的展览中，最经常看到的就是一件物品被哪个名人所用，或者说在哪个著名的历史事件中有一定的用处，它见证了哪个名人的生平，见证了哪个历史事件的发生，那么这类信息统称为记录性信息。

藏品固然重要，但是在博物馆中，藏品是为表述一个事实，一段历史或是一个故事而服务的，也就是我们所说的博物馆展览。博物馆展览要根据主题需要，把我们前述的博物馆展品的四个方面信息，串联成一个或一组信息流，那么这个信息流的形成就是一个博物馆展览。那么对于观众日常参观来说，他们看到的展览会出现两种形态：一种情况是观众掌握信息不足的情况，那么展品就会成为一个目录。观众只记住了展览中某一空间展出了某件展品，而为什么在这个空间中展出这件展品，又想表达什么，这些更具体的信息观众就不得而知了。另一种情况是观众掌握的信息是充足的，展品便会形成一种索引。观众可以借助这个索引以及展品的展出，形成他们参观的各自主题或者说是兴趣点，从而实现自主性的学习。但是一般情况下，绝大多数观众掌握的信息是不足的。而这个从掌握信息不足到充足的过程，我们就可以称之为博物馆教育。当然，这种教育的目的达成是一个非常复杂的过程，它需要借助多种多样的工具形态来完成，而这些工具形态就是我们所说的博物馆社教活动。

三、博物馆教育层次剖析

博物馆教育可以分为两种形式，一种是自我学习式，另一种是构建教导式。自我学习式是博物馆作为非正规教育的一种最合适的教育模式，它的特点是没有循序渐进的课程设置，没有考勤制度的要求，更没有考试册页的限制，这是它不同于学校教育的最大特点。但博物馆的这种自我学习式教育需要一个自我内在的驱动力，即受教育者大致明白自我获取或自我接受的是何种层次的教育。而博物馆观众大多采取这种形式；构建教导式教育，实际上是一种更倾向于学校式的教育，它有课程的设置和要求，同时还要求受教育者出席，并参与整个过程，最终通过考试测验，取得证书。这种模式适用于学校教育的形式在经过博物馆的一定改造后向公众提供的一种构建教导式教育。

近些年随着博物馆的发展，其资源优势越来越凸显，而这些资源的来源也越来越多元化。博物馆自身所有的资源和国家的大力支持，以及从越来越丰富的社会渠道所获取的支持，都会通过履行教育义务来回应这些资源。也可以说，博物馆通过为社会服务来换取自身的发展资源。并逐渐通过博物馆社会教育改变公众获取知识和信息、提高自身文化素养和民族自信的固有模式。

博物馆教育是一个使观众从信息不足变为信息充足的过程。这个过程是逐层推进的，因此以博物馆藏品信息为依据，将博物馆教育划分为四个层次。第一个层次是传递基本信息。例如观众在博物馆中观看某件文物就可以得到藏品的第一类信息，即本体性信息。这种信息是不依赖于外界即可掌握的。博物馆的展品大多是在展柜中展出，有个别的裸展在展厅中，也是不让触摸的，因此有一部分信息是无法感知的，这时展品的说明牌就起到了信息阐释的作用。说明牌中往往会有一个对材质的说明，比如木构、青铜、陶瓷等等。而在水平较高的博物馆中，除了用说明牌来阐述基本信息之外，还会用一些辅助性展品来释物。比如一件瓦当，在已知材质为陶瓷或琉璃外，还会用一些拓片或者细部线描图等来辅助观众获得本体性信息。那么再高级一些的博物馆，会通过其他的一些辅助展品来展示整个琉璃瓦的制作工艺、装饰技法等等。这是博物馆通过展览形式传递给大家更充足的本体性信息。虽然本体性信息通过展览的各种形式表达给观众，但其本身的趣味性较差，还远远达不到观众能看懂一个展览的标准。

那么就需要博物馆继续做工作，让观众走进第二个层次，即理解表达性信息。一部分表达性信息是通过博物馆在制作展览的过程中，把展品放在一个场景中，尽可能地还原它原来的功能。比如一件勾头要和一件筒瓦和一件滴水组合展出，并把这一组合的展品放在一个大木制的屋顶上。在这个场景中展示，是要充分向观众解释，这个构件是在什么部位使用，作用是什么。场景复原虽然可以帮助阐释一部分信息，但还有一部分信息仍需要观众自行补充，因此也不是一个完美的解决方案。而这一部分没有表达出的信息往往是通过一种叙事或者讲故事的方式讲述出来。那么在博物馆中充当故事讲述者角色的就是讲解员或者是博物馆社教工作者。观众通过聆听博物馆讲解，在展览的环境下，获得这一层次的信息，即表达性信息。但讲解员的作用也就仅仅停在讲故事这一层面了。而更深层次的信息探索已经不适合单纯地用语言表达了，往往更深层次的信息会被博物馆抽离出来，策划并制作成各色社教活动。例如陶器类的展品，需要向观众表达陶器在历史情况下如何使用的信息。那么博物馆首先发给观众一个陶器，作为一种实物感受来体验。接下来会发给每个参与者一个滚轮和一份黏土，让他们直接制作一个陶罐，利用整个的制作过程来感受无法用语言描述的更精彩的表达性信息。往往

在这种制作的过程中，观众可以体会到，在历史环境中陶罐是如何使用的，并从中体会陶器发展历程的艰辛漫长，包括通过彩绘过程理解陶器的美学进化，这是一种系列且多元的感受，并不是单一的。博物馆也通过这种方式，让观众更容易接受表达性信息，更容易理解展览的内容和背景，也更有趣味性。这种方式也尤其受孩子们的欢迎和认可，也是博物馆制造并生产的教育活动中最多最普遍的一种，但实际上却是最浅显的一种，能够提供给观众一些知识点，却对更深层面的内容无能为力。

第三个层次是挖掘类态性信息，通过各类教育性课程和活动来展示。通过一件藏品，制作出这件藏品同一类别的东西的相关教育内容。例如通过一个系列课程来认知什么是斗拱，通过历朝历代斗拱的信息比对，以时间为线索总结出斗拱的起源、发展、特点、功能等内容，辅助博物馆相关展览对观众进行建筑历史类教育和知识精细化处理。

第四个层次是输出记录性信息，多出现在以此为宗旨的纪念类博物馆中，以近现代、革命类的博物馆居多。而由这类博物馆展览衍生出的社教活动也围绕相关内容展开，但反响最好的应该是艺术类活动，比如艺术史传播的社教活动就非常注重记录性信息的输出，例如一幅画，由谁创作的，如何流传到现在等。

通过对以上四个博物馆教育层次的分析，可以看出仅仅通过博物馆展览形式来输出信息实际上是远远不够的，因此我们要通过各类的社教活动和课程来弥补博物馆展览上的传播缺陷。但博物馆展览还是以物为主，并不是以文本为主，也不是以体验为主，所以博物馆需要多种教育方式通过加入文本，加入体验，加入多种形式的诠释，才能让观众在博物馆里获得相对完整的信息和体验。

四、博物馆教育场景剖析

博物馆教育有两个教育的主体。即未成年人和成年人。对于未成年人来说，博物馆的教育就是终身教育的起跑线，因为他们人生刚刚开始，而对于成年人来说，要守住自己的定位。博物馆教育，不只是对未成年人的教育，实际上是未成年人和成年人在同一场景下的共同教育。然而很多时候，成年人的定位是错误的，他们认为博物馆教育的主体就只有孩子，实际上并不是。对于成年人来说，博物馆是他们的中场哨，以提醒自己要不断学习和成长。

　　未成年人和成年人，二者在博物馆学习的目的和宗旨是不同的，未成年人在博物馆学习的主要目的是培养使用博物馆的兴趣和方法，如前文所述我们要消除未成年人对博物馆的恐惧感和距离感，同时培养他们走进博物馆的兴趣爱好，最终学会如何使用博物馆。而成年人接受博物馆教育主要为了提高自身水平及感受和体验未知的新鲜事物和环境。博物馆教育中未成年人和成年人同处在一个环境下接受教育，因此他们之间是需要一种关联和关系的。这种关系是在博物馆教育中确立的二者之间基于学习的一种人际关系，这种人际关系只有在博物馆教育中得到培养，因此这种体验是独一无二的。对于博物馆研究人员来说，这种人际关系是博物馆教育的终极目标之一，它可能比学到了什么，领会到了什么更加重要，当然也更加难以达到。

　　具象到博物馆教育的典型场景中，我们可以发现，这个场景中实际上有三个角色，每一个角色必须找准自己的定位，才能使这场博物馆教育高效且有意义。第一个角色就是孩子，即未成年人。未成年人在这里扮演的是一个共同学习者，他们和成年人，包括自己的家长一起进行学习。通过博物馆的学习，一方面学习他们能理解的知识。另一方面教导他们如何在公共社会和博物馆等公共机构中活动，应该有怎样的道德观念等等。例如在博物馆中参观的礼仪规范，藏品保护，这都是未成年人要学习的内容。第二个角色就是成年人，他们扮演的也是共同学习者的角色，因为有些知识对大家来说都是陌生的。另外成年人在这个场景中还有一个重要的作用，就是未成年人学习公共秩序的指导者。这种秩序通过其他人引导都是很难建立的，或者说作用都不会长久且持续。因为言传身教是教育学中一种最朴素有效的教育理念。第三个角色就是专家，或者称为博物馆社会教育工作者。他们扮演的是指导者的角色，即负责把博物馆的信息用大家能理解的语言传达给成年人和未成年人，或者我们用一个词来概括就是诠释者或翻译者，把博物馆所要表达的内容翻译给大家。这一角色的出现也是基于博物馆在信息传播上的一些不足。那么这些不足就需要通过博物馆教育活动来填补。基于上述分析，我们把三个角色同时出现的场景称为博物馆教育三人场景。就是在这种场景中，成年人、未成年人以及指导老师，三者在同一空间里同时出现，那么符合这个典型场景的就是博物馆的各类教育课程、博物馆研学、博物馆体验等等，这些统称为博物馆教育三人场景。

　　在这种三人场景的情况下，我们应采取怎样的教育方式才是最合理的，有两种教育方式可参考。第一种模式是刺激反应式，这种教育方式是通过问题来引导学习。例如从一个接受教育的人所感兴趣的内容，或他潜意识中存在的疑惑出发，通过指导老师的引导对受教育者提出问题，受教育者作答，指导老师再进行关联性提问，再回答，从而引导受教育者达到一个更高层面，一步一步将整个教育活动开展并延伸下去，这种形式叫做刺激反应式。而所提出的问题就是刺激，受教育者观察大家如何讨论的，如何解决的，如何在专家的指导下回答出来。那么这种回答就是反应，并通过循环式刺激反应。这种模式最关键的一点在于整个教育过程对受教育者的改变，即通过这些问题的回答，知识结构发生的改变，如何领会知识及到底学到了什么，这也是典型三人场景中最重要的一点。第二种模式是讲述式。讲述式不用问题来引导学习，而是通过内容来引导学习。这种场景更像是学校里的老师上课。老师上课是有一个完整的知识体系，会按照一个一个知识内容，把这些知识罗列到黑板上，通过自己的诠释把这些内容变成受教育者能够理解的内容，最后通过这种方式来延展一系列问题，这种模式一般是博物馆早期教育活动中常用的方式。由于这种方式效率较低，而且老师与受教育者之间的关系并不讨喜，因此这种方式也逐渐式微了。

以上我们描述分析了博物馆三人场景。如果去掉专家的角色，只有家长带着孩子看一个展览，那么我们把这种场景叫作博物馆教育的另外一种典型场景，即两人场景。在两人场景中，诠释和解读的任务有一半是交给展览环境的，利用各种辅助展品和说明牌来实现。而另一半就要靠成年人了。成年人要把这些信息翻译成未成年人能理解并感兴趣的方式讲述给他们。这种两人场景只有在博物馆的环境和氛围中沉浸式体验，才能实现一个比较良好的学习效果。但整个过程没有专家引导和参与，仪式感是欠缺和被消解的。那么在这种场景下应该用怎样的方式来完成博物馆教育的目的呢？实际上我们是不能用前述的刺激反应式的，因为没有人提出问题。那么此时要采用的一种教育方式叫探索自我发现式。这种方式是在一个比较泛的环境中，根据当时的环境氛围的不断变化而产生的一种动力，而不是由老师提前总结思考而成的。这种方式非常依赖于自己已经构建成功的知识体系，或者说在这种教育模式下，我们在没有诠释者的情况下，将自己现有的知识与参观博物馆所获得的知识进行叠加，从而形成我们自己新的知识体系的过程。那么在博物馆三人场景的学习中，整个的课程或者内容的设置往往是线性的，而通过两人场景模式进行学习的时候，线性消失，形成一个面或者网状的知识结构体系。这样我们对于知识的发现即为探索式的，并在探索过程中，更加注重的是参与者的自我发现和自我驱动，这样就形成了一种教育模式的特点，即受教育者的思考和探索，没有指向一个明确的教育目的。最终达到的效果或许只是为了开阔视野、验证结果、体验新事物等。反过来看，采用这种教育模式的受众对知识也就不是那么执着了。那么探索自我发现式的本质就是没有一个明确的教学目的，但每一项活动的本身，既是行为也是目的。这种教育模式更看重的是整个博物馆环境的建设，博物馆展览的布置，包括光线的明暗，展线是否合理，细节是否到位。这些都会关系到受教育者的体验感。如果在此过程中能有一个好的心情、好的体力、好的状态，这要比明确的教育目的更有意义。

通过上述分析，把博物馆信息的传达模式进行了延展。从博物馆教育的角度来梳理博物馆的功能，能够更深的理解什么是博物馆，什么是博物馆藏品，博物馆藏品信息的结构是什么，如何通过展览把信息传达出来，博物馆教育在整个信息传达体系中的角色，这些都能够为博物馆教育的发展提供一些清晰的理论思路。鼓励公众参与到博物馆教育活动中，尽管可能成为教育的实施者或参与者。在实施教育活动前，应认清教育本身的逻辑关系和规律，从中取得收获，最终提升博物馆教育的质量，伴随并推动博物馆教育的发展。

郭爽（北京古代建筑博物馆社教与信息部副研究员）

关于公立博物馆建立
理事会制度的思考

为了转变政府职能，进一步完善事业单位的激励约束机制，提高运行效率，我国开始尝试在事业单位中建立和完善以决策层及其领导下的管理层为主要构架的法人治理结构，博物馆特别是公立博物馆作为向社会提供公益服务的事业单位责无旁贷，为了建设完善具有中国特色的博物馆体系和博物馆管理体制，促进博物馆公共文化服务能力的提升，进一步推动公众和社会力量参与博物馆的各项决策和建设，强化博物馆的公共性、增加管理的公开透明度，在国家文物局的统筹指导下，博物馆开始尝试培育和发展博物馆理事会，为了更好地推动此项工作，我们首先应该更加深入的了解这一制度，并且思考作为隶属于政府部门的公立博物馆应如何更好地通过实践这一制度，实现自身的高质量发展。

一、博物馆理事会制度的相关政策

在我国全面深化改革这一大形势下，我国发布了一系列的配套政策推动文化事业的改革和发展，博物馆作为重要的公共文化机构也必然要参与其中，并在相关政策文件中多次提及，国家文物局也多次颁布了相应的工作指导意见，从而逐步推进在博物馆建立以理事会为主要形式的法人治理结构。

2010年1月，中宣部、财政部、文化部、国家文物局联合发布《关于进一步做好博物馆纪念馆免费开放工作的意见》，强调"要求博物馆逐步实行理事会决策、馆长负责的管理运行机制，形成政府、社会、公众代表相结合的监督管理体系"。

2011年国务院下发了《关于分类推进事业单位改革的指导意见》，强调政府所属事业单位"到2020年，建立起功能明确、治理完善、运行高效、监管有力的管理体制和运行机制",要求面向社会提供公益服务的事业单位,逐步探索建立理事会、董事会、管委会等多种形式的治理结构,健全决策、执行和监督机制,提高运行效率,确保公益目标实现。随后又印发的《关于建立和完善事业单位法人治理结构的意见》进一步提出,"要建立和完善以决策层及其领导下的管理层为主要构架的事业单位法人治理结构"。

为了明确理事会和党的领导之间的关系,2012年中共中央、国务院制定了《关于在推进事业单位改革中加强和改进党的建设工作的意见》,要求事业单位在制定章程时应明确党组织领导班子成员进入理事会的名额,明确规定了"党组织领导班子成员按照事业单位章程进入理事会和管理层"。

2013年11月,党的十八届三中全会通过了《中共中央关于全面深化改革若干重大问题的决定》,提出"明确不同文化事业单位功能定位,建立法人治理结构,完善绩效考核机制。推动公共图书馆、博物馆、文化馆、科技馆等组建理事会,吸纳有关方面代表、专业人士、各界群众参与管理"。

2015年3月,国家文物局颁布《博物馆条例》,并在《博物馆条例》实施首日对外公布了《关于贯彻执行〈博物馆条例〉的实施意见》,指出"完善以理事会为核心的博物馆法人治理结构,推动事业可持续发展。推动公众和社会组织参与博物馆的决策和评价,使理事会成为公共参与监督管理博物馆建设发展的纽带,吸纳更多的社会参与"。同年6月,国家文物局发布《关于推进博物馆理事会建设的指导意见》(以下简称《指导意见》),对博物馆理事会建设进行引导,明确了博物馆理事会的职责,同时,对理事会的组织结构、博物馆主管部门与理事会的关系进行了明确。

2017年9月,中宣部、文化部、中央机构编制委员会办公室、财政部等七部委联合印发《关于深入推进公共文化机构法人治理结构改革的实施方案》,部署推动在公共图书馆、博物馆等建立以理事会为主要形式的法人治理结构。

2016年起,博物馆理事会进入全面实施阶段,部分县级博物馆也建立了理事会。同年,国家文物局会同国家事业单位登记管理局制定《国有博物馆章程范本》,鼓励各地结合实际情况开展多种模式探索,健全博物馆法人治理结构,提升博物馆治理水平。2017年起,将法人

治理结构建设纳入博物馆运行评估和绩效考评体系，完善监督和激励机制，推动实施方案的落实落地。

二、法人治理结构与理事会

法人治理结构又称公司治理结构，它是现代企业制度中最重要的组织架构，它是一种联系并规范股东（财产所有者）、董事会、高级管理人员的权利和义务分配，以及与此有关的聘选、监督等问题的制度框架。简单地说，就是如何在公司内部划分权力。我国公司治理结构是采用"三权分立"制度，即决策权、经营管理权、监督权分属于股东（大）会、董事会或执行董事、监事会。通过权力的制衡，使三大机关各司其职，又相互制约，保证公司顺利运行。我国公司法规定，股东大会是公司的权力机构，行使决定公司经营方针和投资计划，选举和更换董事会、监事会等重大问题的权力；董事会是股东大会或股东代表大会的执行机构，负责公司重大事项决策，为股东大会或股东代表大会负责并报告工作。股东大会或股东代表大会所作出的有关公司重大事项的决定，董事会必须执行；监事会是股东大会领导下的公司的常设监察机构，执行监督职能。监事会与董事会并立，独立地行使对董事会、总经理、高级管理人员及整个公司的监督。管理层是公司的高层管理者，一般称为首席执行官或者总经理，是公司的日常经营和行政事务的负责人，由董事会决定聘任或解聘，对董事会负责（见表1）。

表 1　企业法人治理结构

股东（大）会	权力机构	（1）负责制定和修改公司章程 （2）选举和更换董事会和监事会的成员 （3）审议和批准公司的预算、决算、收益分配等重大事项
董事会	经营决策机构	对股东大会负责，执行股东大会决议，决定公司的经营计划和投资方案，任免公司总经理，并对他们进行考核和评价，董事长是公司的法定代表人
监事会	监督机构	由股东大会选出，对股东大会负责，对董事会和总经理执行公司职务的活动进行监督
管理层（经理层）	负责日常经营活动	部门经理对总经理负责，总经理对董事会负责

对于企业来说，法人治理结构的"三权分立"目的是在所有权与经营权分离的情况下，保证所有者（股东）的控制与利益，同时产生相互的制约与监督，使得企业高效平稳运行。对于博物馆来说，管理模式的改革目标是实现"管办分离"，成为独立运作、自我管理、自我发展和自我约束的独立法人主体，而在此模式下，以理事会为主的法人治理结构就是为了在保证政府对博物馆的约束下，同时提高博物馆自身的运行效率。

对于由政府文物部门举办的公立博物馆来说，以现有的隶属关系和管理模式来看，一般来说决策权和监督权属于文物主管部门以及人事、财政等政府相关职能部门，基本对应着"股东大会"和"监事会"，各个博物馆的领导班子执行上级文物主管部门的决议，决定博物馆的工作目标，制定年度财政预算、决算方案及相关决定等，和"董事会"的职权类似，但同时它也负责博物馆日常运行管理，所以可以基本看作博物馆的领导班子兼具了"董事会"和"管理层"的职责，馆长既是"董事长"又是"总经理"。而"理事会"的引入使得这一治理结构更为清晰，在《关于建立和完善事业单位法人治理结构的意见》（以下简称《意见》）中，明确指出，理事会作为事业单位的决策和监督机构，依照法律法规、国家有关政策和本单位章程开展工作，接受政府监管和社会监督。理事会负责本单位的发展规划、财务预决算、重大业务、章程拟订和修订等决策事项，按照有关规定履行人事管理方面的职责，并监督本单位的运行。从上述规定可以看出，事业单位的"理事会"基本等同于企业中的"董事会"并承担了"监事会"的职能，而为了职权更加分明，《意见》中也提出，可以探索单独设立"监事会"，负责监管事业单位财务和理事，管理层人员履行职责的情况。《意见》中同时明确了管理层作为理事会的执行机构，由事业单位行政负责人及其他主要管理人员组成。管理层对理事会负责，按照理事会决议独立自主履行日常业务管理、财产资产管理和一般工作人员管理等职责，定期向理事会报告工作。从这里可以看出，以前的馆领导班子被明确为承担"管理层"的权责，并由之前向上级主管部门负责，改为向理事会负责。

博物馆理事会的建设目的在于促进博物馆公共文化服务能力的提升，进一步推动公众和社会力量参与博物馆的各项决策和建设，强化博物馆的公共性、增加管理的公开透明度，实现博物馆决策管理的民主化、科学化。为了实现这一目标，理事会的人员构成十分重要，国家文物局发布的《指导意见》中指出，国有博物馆的理事会应由政府有关部门、举办单位、事业单位、服务对象和其他利益相关方的代表组成。直接关系公众切身利益的博物馆，本单位以外人员的理事要占绝对多数。以 2019 年成立的辽宁省博物馆理事会为例，理事会成员共 13 名，其中举办单位和政府相关部门代表共 6 名，举办单位省文化演艺集团代表 2 名、省委编办、省人力资源和社会保障厅、省财政厅、省文化和旅游厅等职能部门各 1 名，本馆代表（党政主要负责人）2 名、文博专家代表 2 名、社会知名人士代表 2 名、观众 1 名。[①]

三、关于公立博物馆建立理事会制度的思考

（一）实践过程中面临的问题

根据《中共中央国务院关于分类推进事业单位改革的指导意见》，大部分公立博物馆都归属于公益一类单位。该意见中指出，公益一类事业单位不能或不宜由市场资源配置，业务活动的宗旨目标和内容、分配的方式和标准等由国家确定，不得开展经营活动，其经费需由国家财政予以支撑。履行职责依法取得的收入或基金要上缴国库或财政专户，实行"收支两条线"管理。这一基本属性的限制，为充分发挥理事会制度的作用带来一定的阻碍。

以人员的管理与积累为例，大部分公立博物馆有着和政府机关同样的行政级别，因此，单位要按行政级别进行规范管理，干部要按行政级别由相应的党委（党组）和组织部门管理，员工的进出、身份、档案、工资按规定由人社部门管理加上政府全额拨款的财务管理制度，几乎没有特殊激励措施和奖惩手段，除了年初确定的工资、绩效，就几乎不会再有其他手段。纪委、巡视组在工作过程中也有明确的守纪要求和追责内容。在社会主义市场经济的大环境下，这不利于充分激励员工发挥创造力，推动博物馆事业高质量发展。建立理事会的目的之一就是要将举办权、决策监督权与管理权相对分离，使博物馆管理层有权行使人、财、物、事业发展、激励措施等直接管理权，但以目前的实践看来，公立博物馆（公益一类事业单位）现行的全额拨款财务管理制度与

---

① 以上信息来源于《辽宁省博物馆章程》。

理事会的独立决策机制存在一定的矛盾，公立博物馆的人、财、物管理不可能独立于现行管理体制之外，因此即使建立了理事会制度，也基本不能有不经过人社部门批准的激励机制。

（二）理事会制度的发展前景

1. 对理事会制度支持与推动

为了推动事业单位改革，从顶层设计的角度，近年来国家也不断推出一些具体措施，例如人社部印发《关于支持和鼓励事业单位专业技术人员创新创业的指导意见》，发挥事业单位示范引导作用，激发高校、科研院所等事业单位专技人员科技创新活力和干事创业热情，促进人才在事业单位和企业间合理流动，营造有利于创新创业的政策和制度环境；实施人才服务专项行动，支持事业单位通过特设岗位引进急需的高层次人才，不受岗位总量、最高等级和结构比例限制。落实高层次人才工资分配激励政策，鼓励事业单位对高层次人才实行年薪制、协议工资制、项目工资等灵活多样的分配形式。

具体到文博工作，人力资源社会保障部、国家文物局印发了《关于进一步加强文博事业单位人事管理工作的指导意见》，其中"提升创新能力"中提出：文博事业单位可根据创新工作需要设置开展文物保护科技研发工作的创新岗位，岗位不足的，可按规定申请设置特设岗位，不受岗位总量和结构比例限制。创新岗位人选可以通过内部竞聘上岗或者面向社会公开招聘等方式产生，任职条件要求具有与履行岗位职责相符的研发创新能力和水平。创新岗位可探索实行灵活、弹性的工作时间，便于工作人员合理安排利用时间开展创新工作。绩效工资分配应当向在创新岗位做出突出成绩的工作人员倾斜。鼓励有条件的地方探索文博事业单位和工作人员文博创意产品收益分享机制。"拓宽才智汇集机制"中提出：文博事业单位可设立流动岗位，吸引具有文物保护相关科技研发能力、文博创意产品开发和营销能力的企业人才以及具有传统技艺的民间匠人等进行兼职。流动岗位人员通过公开招聘、人才项目引进等方式被文博事业单位正式聘用的，其在流动岗位工作业绩可以作为职称评审和岗位聘用的重要依据。文博事业单位应当与流动岗位人员订立协议，明确工作期限、工作内容、工作时间、工作要求、工作条件、工作报酬、工作保密、成果归属等内容。上述指导意见，是对博物馆人才管理工作的创新，也从侧面进一步推动了公立博物馆理事会逐步发挥职能。

2. 理事会职能的逐步发挥

博物馆理事会制度在欧美地区已相当普遍，以美国为例，全国将近20000座博物馆，无论是私立还是公立博物馆，普遍建有理事会或理事会性质的组织，而其中因博物馆办馆主体的不同，理事会从设立、职能到运作管理也存在着明显差异性，其中的"政府实行线性管理的博物馆"与我国大部分公立博物馆的性质类似，通常指隶属于相应级别政府部门的国家级、省市级、县级或其他机构的博物馆。其所有权属政府、大学或其他机构，资金支持来源于上级管理机构的预算分配，接受社会捐助的可能性比较小；其员工主要是公务员或大学、机构职员，管理者（如馆长）基本由部门首长委派或通过招募公务员来担任。这类博物馆的治理始终是与其上级机构的管理结合在一起的，因此这类博物馆理事会（或称之为"指导委员会"或"监察委员会"）的主要职责是向政府部门提供决策咨询和建议，而不是直接参与管理。[1]

上述这种理事会的设立与运作情况可以值得我们参考，面对现阶段顶层设计还处于逐步完善过程的情况，公立博物馆的理事会的职能也可逐步发挥，在完整构建由政府有关部门、举办单位、事业单位、服务对象和专家学者、其他利益相关方代表组成的理事会基础上，先充分发挥其监督、咨询的作用，使专家学者、社会贤达和公众更多地参与博物馆的建设，群策群力，多角度、多方位的为博物馆的各项业务工作出谋划策，创新发展思路，激发博物馆的活力，进一步扩大博物馆的影响力。

（三）保持博物馆的公益性

理事会制度的全面施行，将使举办权、决策监督权和执行权相对分离，公立博物馆的管理不再具有明显的行政化，但权力的分离不意味着性质的改变和监管的脱离，博物馆理事会有筹集资金并决定支出事项的职责和权利，这就要求理事会成员要深刻认识博物馆的公益性，博物馆投入主体不应要求直接的经济回报，不要求投入—收益的平衡，其主要目的是使社会稳定，让广大民众享有基本的社会福利，提高人口素质。博物馆的首要职责是以对先人、世人和后人负责的态度保护好反映民族文化特性的实物证据，并通过这些证据提高民族的生存能力和创造

---

[1] 宋新潮：《关于博物馆理事会制度建设的若干思考》，《东南文化》2014年第5期。

能力。博物馆理事会要以对社会负责的态度支持博物馆事业，保障博物馆工作资源，督促博物馆公共资金使用效率，让博物馆及其员工发挥更大的主观能动性，实现博物馆的高效管理、高品质发展。

伴随着我国经济社会的发展，博物馆事业也在飞速地发展，在这一过程中，公众对文化精神的需求日益增长，博物馆工作重点也逐渐移向开放与服务，为社会和社会发展服务的宗旨越发凸显。博物馆需要积极主动地协助、鼓励和支持公众利用博物馆的公共资源，在办好展览的基础上，开展丰富多彩的社教文化活动，开发匠心独具的文创产品，公立博物馆建立理事会制度，是为了在专业团队的领导下，让社会各界对博物馆发展起到更大地帮助作用，解放博物馆的文化生产力，发挥博物馆为社会和社会发展的职能，推动全社会关心、关注中华优秀传统文化，坚定文化自信。

黄潇（北京古代建筑博物馆人事保卫部副研究员）

浅谈网上博物馆建设

近年来，博物馆的发展趋势是线上和线下双发力，形成全方位的展示模式。线上博物馆的发展也由固定的集中模式，逐步转变为全覆盖的发展趋势。面对观众最新的需求，传统意义上的线上博物馆已经不能满足。特别是面对观众无法到馆参观的情况，博物馆就要完全依托网络来展示自己、服务观众。博物馆的网上发展也在吸取其他行业的经验，寻找社会热点，运用人们喜闻乐见的方式来开展。博物馆的重要职责是进行文化教育，青少年更是博物馆受众中的重要观众群体，而这一群体正是主要的网络使用者，也是最新、最热的网络工具的主要使用者。所以，要创新网上博物馆的建设模式，实现全方位的网络展示、服务体系，使观众即使不到馆也可以获得完整的参观体验，同时提高参观自由度。

一、网上展示

网上博物馆的重要功能之一是展示博物馆，从博物馆的建筑到博物馆的重要展览，以及日常活动的展示。让网络成为博物馆展示的窗口，成为观众了解博物馆的重要途径。博物馆有着独特的资源，丰富的展品，需要观众走进博物馆细细品味，在观众感受文物之美的同时，实现博物馆文化教育的目的。博物馆的馆内展示，具有独特的体验感，同文物近距离接触的感受也是很难被替代的，这是博物馆展示的优势，也是局限。来到馆内参观对观众是有一定要求的，不是所有观众都有条件、有时间来到馆内。但是，博物馆却要尽可能多地展示给全部的观众看，让所有人都可以分享博物馆研究的成果，感受优秀文化的魅力。而网络途径成为实现这个目的的最直接，也是最有效的方式。

1. 虚拟漫游

说到网上展示，博物馆最早应用的就是虚拟漫游系统。虚拟漫游的原理已经发展得很成熟了，但是技术本身还在不断进步，采用的制作平台和技术标准也在不断地完善，以逐步适应新的需求和网络模式。虚拟漫游主要分为真实场景的虚拟漫游和虚拟建筑场景的漫游系统。针对不同博物馆的情况，也有着不同的应用。更多的是在遗址类博物馆、古建筑为主体的博物馆应用较多。

纯粹的虚拟建筑场景漫游系统，在建模逼真度和绘制实时性上有着非常高的要求。这种漫游使用时，观众可以最近距离的观察建筑场景，接近无限制地放大建筑细节，这就要求绘制非常逼真。同时，建模时构造要求十分精细，渲染会消耗大量的时间，还会受限于当时的计算机性能和技术，开发起来，难度较高。而观众在精细观察的同时，也会任意浏览，这就对实时效果提出了非常高的要求，这也就意味着，开发的难度会直线上升，而具体投入使用时对硬件和网络的要求也非常之高。对于非商业化应用的博物馆展示系统来说，负担过重，而且开发难度过高。虚拟建筑场景还有一个问题，就是无论投入多少技术力量和成本，但是给观众的真实度还是感觉不够，能明显感受出是虚拟的场景。观众会在一定程度上无法沉浸在博物馆的氛围当中，也会对其真实性和精确还原度产生一定的质疑。所以虚拟建筑场景在博物馆的展示当中，只有局部的应用，不适宜全面展示。

实景漫游系统是以建筑场景的建立为基础的，其设计与实现方法可归纳为三种：基于多边形的直接绘制法、场景模型导入法和基于图像的绘制方法。基于图像的虚拟场景漫游技术，利用在不同位置抓取的一个个环视 360 度的全景图像，通过展现全景图像的相应部分来实现相互的调整。全景图像是利用一系列局部影像拼接起来的，进行全视野、360 度全方位环视漫游的图像环境。基于图像的虚拟场景漫游技术的实现，是利用摄影设备连续扫描周围空间的真实图像。要求精度高时，可利用激光扫描仪来获得真实图像数据。与在三维图形世界中的漫游相比，这种系统可以避免复杂的三维建模工作。真实场景的虚拟漫游系统，更适合现今的博物馆发展和需求，特别是遗址类博物馆。结合真实的古建筑，运用虚拟漫游技术补全历史上不同时期的建筑，将完整的古建筑群落，真实度最高的还原在观众的面前。这是目前众多博物馆都已经应用了的展示手段，在历经了多次技术的改进，有了很好的展示效果，并且得到观众认可，成为观众了解博物馆，特别是古建筑丰富的博物馆的有效途径和第一窗口。

2. 网上展览

展览是博物馆最基本的功能之一，也是博物馆核心业务工作之一，是博物馆开展教育，传承文化的重要手段。近年来，博物馆蓬勃发展，制作精良的展览更是每时每刻都在呈现给观众，观众也可以最大限度地享受到博物馆研究成果。但是，碍于时间和精力的成本，绝大部分展览，观众是无缘现场观看的，这是十分遗憾的。而将展览搬到线上，则很大程度解决了这个问题。网上展览也已经逐步成为各个博物馆精品展览的伴随项目，同步推出，展现给观众。

网上展览是传统线下展览的有益补充，但又具有线下展览所不具备的很多优势。得益于近年来，数字化博物馆工作的积累，越来越多的博物馆认识到，将博物馆数字化记录和展示，是博物馆未来发展的趋势，也是最大限度保护文物的重要文化留存手段。博物馆作为人类文明发展的见证，具有非常重要的作用和意义，是不可替代的文化见证者。但是近年来，世界上部分珍贵的博物馆因为各种原因，例如火灾等灾害因素，被损毁严重，许多重要的文物和人类发展的见证物都被破坏，这是不可逆的一种损失，是人类共同的损失。这其中，有部分文物进行了数字化记录，得以通过数字资料留存，为继续开展研究提供了重要的线索。但是更多的文物就随着灾害而永远的消失在人类的视野当中。网上展览，是对整个展览的记录，更是对展览中文物的详细记录。网上展览可以呈现出线下展览中不能详尽展示的部分内容，可以将专业文物摄影的高清图片，多角度地展现给观众，甚至于制作成全景展示模式，给观众提供无死角的文物观赏体验。同时，增加了观众的观展自由性，贴合观众的智能移动终端的使用习惯和实际需求，成为展览的重要模式。

网上展览还可以保存下来很多优秀的展览影像。历史上的优秀展览非常多，很多只有简单的照片影像记录，而展览都是有一定的举办周期的，不会无限制的开放下去，即使展期很长的展览，期间也会有局部的调整。网上展览，既可以保留展览的影像，又可以不受时间和空间的限制，呈现给观众，可以说对博物馆和观众两个方面都非常的有好处。近年来"云观展"的概念已经逐渐被广大观众所接受，也成了观众对博物馆举办展览的期许。这就督促博物馆人要将网上展览提高到新的认识高度，要在线下展览制作伊始就同步推进，以保证展览的网上传播效果。

3. 网络直播

近年来发展最快，最热门的"行业"就是"网络直播"。传统的互联网模式，在一些方面已经被"网络直播"所替代，"网络直播"的效果和互动性是其他方式所不能替代的。其独特的感染力和活泼性也是备受青少年喜欢的。先来明确一下"网络直播"的概念：在现场架设独立的信号采集设备（音频＋视频）导入导播端（导播设备或平台），再通过网络上传至服务器，发布至网址供人观看。"网络直播"是可以同一时间透过网络系统在不同的交流平台观看影片。其吸取和延续了互联网的优势，利用视讯方式进行网上现场直播，可以将产品展示、相关会议、背景介绍、方案测评、网上调查、对话访谈、在线培训等内容现场发布到互联网上，利用互联网的直观、快速、表现形式好、内容丰富、交互性强、地域不受限制、受众可划分等特点，加强活动现场的推广效果。现场直播完成后，还可以随时为参与者继续提供重播、点播，有效延长了直播的时间和空间，发挥直播内容的最大价值。其最大优点就在于直播的自主性：独立可控的音视频采集，完全不同于转播电视信号的单一收看。

"网络直播"有一定的规范和要求，但是开展的门槛很低，对设备和人员的要求都不是很严苛。博物馆虽然行业属性比较传统，但是工作开展可以很时尚，特别是针对其青少年为主要受众的特点，也要求博物馆一定要走在科技和社会热点的最前沿。博物馆的讲解员变身"主播"，与观众亲切互动，带领着观众参观博物馆，观看重点文物，还可以随时互动有趣的话题，使博物馆真正变得鲜活了起来。"网络直播"实现了在观众无法来到博物馆现场时，进行网上参观的另一种途径，并迅速累积了大量的粉丝。"网络直播"扩大了博物馆的接待能力，也给了观众更广阔的参观空间，很多不开放的区域，或者出于保护的目的，不方便开放的区域都可以通过直播的形式，由博物馆专业的工作人员，带领着广大观众通过手机屏幕，来体验线下参观无法企及的地方。同时，博物馆的社教活动和科普活动也通过"网络直播"的形式，呈现给了更广大的观众，极大地扩大了影响力。"网络直播"最开始的原始功能，也是最吸引人的功能之一就是"带货"。博物馆文创本身就是一个广阔的商业和文化相结合的平台，也是文化传播的一种有效形式。通过"网络直播"的形式，同样可以为博物馆进行"带货"，也为博物馆文创发展的经济效益起到了很好的促进作用。

二、网上教育

博物馆作为文化传播场所，教育职能已经成为现阶段博物馆核心的职能，也是博物馆体现其自身价值的最有效途径。传统的博物馆教育都是通过"请进来"和"走出去"完成的，由博物馆的社会教育人员为到馆的观众进行讲解或者走进校园、社区，将科普知识高度浓缩地展现给博物馆外面的观众。举办富有特色的社教活动，吸引特定观众群体参与其中，通过活动来达到传播文化和教育的目的。但是无论哪种方法，受众群体都非常有限，无法达到最广泛教育的目的。很多制作精良的临时展览和科普课程都无法广泛传播，而网上教育则可以很好地解决这一问题。

1.科普课程网络化

时下，线上教育正如火如荼，网络课程的形式已经被人们广泛接受，证明其具有良好的实际效果。同时，网络培训已经成为一个非常热门的行业，也是新的、重要的经济增长点。博物馆完全可以借鉴这种模式，通过网络课程的平台来进行科普教育。

博物馆有优质的讲解力量，专业的讲解人员，课程内容鲜活生动，传递知识广博宽泛，已经成为青少年最重要的课外知识获取途径。传统的博物馆讲解，注重人员交流和互动，在讲解的过程中比较灵活，可以根据现场观众的反馈，随时调整自己的讲解内容和风格，这是现场讲解的优势。但是，观众群体非常少，影响力也很有限，即使去到不同的地方，固定开展，其能够体验教育课程的人依旧很有限。线上课程就不同了，将优秀的科普教育课程制作成视频，通过网络播放，就可以最大限度的扩大教育影响力。观众不用拘泥于时间和空间的限制，很多知识点还可以反复观看，这对于学习来说非常有益。

网上课程的开设，可以说是博物馆真正做到"走出去"的表现。博物馆的优质资源非常丰富，不同类型的博物馆各有研究的侧重点，很多专题性的博物馆更是汇集了行业最顶尖的经验和技术。如果将这些资源进行分类整理，逐步完成网络课程化制作，将会是非常丰富的一套完整的教育资源，是传统课堂教育的强有力的补充。在发挥博物馆公益教育的基础上，还可以开发一定的商业化课程，更有针对性和细分领域，以面向有特殊知识要求的观众。这是一个逐步发展、逐步规范的过程，只有建立良好的课程机制，才能更好地激发博物馆的创新动力，同时也能保护博物馆的知识产权权益，维护博物馆的研究成果，形成良性发展。

2. 知识传播网络化

博物馆的知识汇集成册，出版专著或者论文集，传统的纸媒依然是了解博物馆尖端研究成果的重要途径，也是博物馆人所习惯于采用的成果展示形式。但是纸媒的受众群体范围较窄，特别是现今习惯于网络获取知识和资讯的青少年，快速、易用、方便移动的设备随时翻阅的阅读方式才是最有效的知识传播途径。所以，要逐步将传统纸媒的内容，实现同步的网络化，在保证数字版权的前提下，为广大的观众提供更便捷的查阅方式。最终实现，纸媒和网络媒体的并驾齐驱，满足不同观看群体的使用习惯。

3. 教育培训网络化

培训的网络化是非常具有意义的一件事，是实现培训效果最大化的有效手段。这里的培训主要是指博物馆内容的工作培训，涵盖业务和专业技能的多方面的培训。传统的聚集式的课堂培训，对于时间和空间的要求很高，对于参加培训人员的时间成本和经济成本都较高，很多人由于工作原因很难参与。

网络直播课程培训，是传统培训方式的有益补充，并且会发展为未来的趋势。网络直播课程，对老师来说，更灵活，也更方便展示辅助资料。对参与培训的人员来说，没有了空间的限制，只需要可以连通网络的通信设备。时间上的限制也大大消弭，因为可以观看回放，课程不再是一次性的。网络课程还可以很好的解决交流的问题，传统课堂交流都是依次进行，时间有限，很多人无法得到答疑解惑的机会。网络培训课程，则是可以大家同时将问题，发给老师，老师一一解答，课后还可以通过网络通信软件进行持续性交流。教育培训还打破了参加培训人员的岗位壁垒，很多专业的培训对从事的专业工作是有一定的要求的，这就导致，能够参加培训的人很有限，但是网络培训，就可以做到更加开放和包容，真正实现培训的目的，惠及尽可能多的人。网络培训正是最大限度地为每一位博物馆人敞开了知识的大门，可以有效地促进博物馆整个行业人员素质的提升，进而提升博物馆行业竞争力，促进文博事业发展。

三、网上宣传

博物馆是对外开放的机构,是传播文化和知识的场所,宣传是扩大博物馆影响力的最主要手段,却也是博物馆很长时间未能有效重视的工作。近年来,随着博物馆现代化管理理念的加强,博物馆的运行也更加规范和高效,不再拘泥于埋头研究,而是开始展示自我,以吸引观众,达到传播文化的目的。

1.网络新媒体的应用

基于智能移动端的宣传已经成为博物馆当下宣传的重点,微信公众平台和各类短视频平台已然成为博物馆宣传阵地的主力。博物馆的宣传是时下最热门的宣传平台的常驻者,更是很多热点时刻、热点话题的引领者。新媒体具有传播快,影响力大,受众群体广的特点,特别是青少年非常容易接受,这也是他们日常主要使用的社交工具。博物馆新媒体的发展是循序渐进的过程,很多博物馆的新媒体只是做到了有,但是没有做到精,缺乏吸引力,没有依托自身博物馆的资源优势,打造良好的文化展示内容。新媒体平台带来了更多的关注,但是是否能真正达到良好的宣传效果则需要博物馆人不断努力建设。新媒体平台切实为博物馆增加了观众粉丝,很多博物馆也逐渐成了观众当中的网红,成为了人们日常的谈资,甚至于,博物馆为了满足观众新的关注点和要求,调整了自己的工作节奏。可以说新媒体的宣传为博物馆带来的效果是真实可见的。

2.传统网络媒体的发展

相较于近年来新兴的新媒体的巨大能量,传统网络媒体,例如网站的作用,正在逐渐减小,其影响力和观众活跃度都在下降。这是由于现今观众的主要获取资讯的途径是通过移动通信终端,而不是电脑端。基于电脑显示和技术的传统网站,在便携的小屏幕上显示效果差,同时,不是基于触摸操作的网站层级结构,对使用移动终端的人在操作上也没有那么便捷。但是传统的网络媒体依然有其自身特有的优势,技术更加完备,可操作性更强,能够实现更加复杂的功能。为了更好地适应观众的使用习惯,传统的网络媒体要努力适应新的显示终端,要能够贴合观众全新的浏览使用习惯。同时,要思考自身定位,在博物馆完整的展示宣传体系中,传统网络媒体的占比和侧重点在什么地方。哪些是其优势，需要进一步挖掘，哪些是无法适应新的发展，需要摒弃的。目前的观众群体当中，还是有一部分对传统网络媒体使用有需求的，需要满足好这部分观众的需求。将网络媒体和新媒体进行差异化发展，有益互补。

3. 自媒体的互动

现在已经进入了全民媒体的时代，每一个人都是一个独立的媒体，都可以分享看到的、听到的和感受到的。有很多重量级的自媒体人的影响力甚至超过博物馆的官方宣传。这是全新的互联网及移动通信技术发展的结果，也是人们日常使用习惯所决定的。自媒体有着高度的灵活性和鲜活力，关注的很多角度都不是官方切入点，有时往往很吸引人。同时，自媒体的范围是异常广泛的，官方的宣传毕竟内容和角度都非常有限，但是自媒体的照片和文字都是无限的范围和角度。可以说，只要有好的博物馆资源，自媒体平台就会自然而然发酵开来，甚至有希望成为现象级传播。这对博物馆的建设提出了更高的要求，自媒体既可以宣传，也可以监督。在自媒体时代，博物馆是全方位展现给观众的，对博物馆的要求是近乎严苛的。自媒体为博物馆带来巨大的宣传效应的同时，也有着一定的不可控因素。自媒体的影像和文字表达，都是基于其自身对博物馆展览或者文物的理解，难免带有强烈的个人主观色彩和情绪，博物馆的很多展示比较专业，而观众可能一定程度上无法完全解读，这就会产生不是十分准确地阐释。这时，官方准确而权威的知识展示就是很好的纠正。虽然自媒体有一定的局限性，但是其传播效果和人们传播的热情都是各种媒体中最高的，也是传播力最广的，要充分认识到这一点，并能够有效引导观众文化表达的准确性。

四、网上服务

网络在为博物馆提供展示和宣传的同时，也为服务观众提供了非常多的便捷，特别是面对观众新的依赖于网络和移动通信终端的全方位生活习惯的需求。通过网络实现观众的多种基本的参观需求，是博物馆应该具备的基本素质。博物馆属于传统行业，但是博物馆的服务必须做到最前沿。

1. 入馆服务网络化

观众来到博物馆参观首先遇到的就是入馆问题。传统的入馆方式是，观众到了博物馆现场，用现金购买门票后入馆参观。但是现在为了能够更好、更安全的服务观众，观众在入馆前需要进行实名制预约，只有预约后才能按照预约时间到馆参观。预约都是通过网络实现的，观众只需要通过手机，进入博物馆微信公众号就可以方便地进行预约了，操作便捷。通过预约方便了博物馆对观众的管理。对于有门票的博物馆，观众还可以进行网上购票，免去了现场购票的排队和等待。同时，博物馆现场也提供随时线下购票，观众可以通过方便的电子支付来购票，而不仅限于现金购票，现在电子支付已经成为日常生活的主要方式，很少人有携带现金的习惯了，便捷的电子支付也是博物馆方便观众的一个重要举措。

2. 参观网络化

观众进到博物馆后，博物馆在展厅服务和导览服务方面也依托网络为观众提供了很多便利。首先是开放区域的无线网络服务，人们现在的生活已经离不开互联网了，随时随地都在通过各种手机移动应用来进行各种活动，网络信号和质量就显得尤为重要了。博物馆的很多互动也是需要联网才能完成的，这对网络环境也有了更高的要求。而部分博物馆，特别是遗址类博物馆，为了更好地保护和展示古建筑群落，在周围是没有信号塔的，而古建筑墙体厚重，信号穿透性差，这就导致部分博物馆的手机信号差，观众通过手机网络进行操作应用会出现卡顿。这时，博物馆提供免费的开放区域无线信号给观众使用，一方面方便了观众使用馆内的互动应用，另一方面也方便了观众的自身使用。能够让观众更便捷地、更安心地留在展厅中参观和体验，而不需要到处寻找信号，影响参观效果。同时，博物馆也推出了基于手机 App 的导览应用，区别于传统的导览机，基于移动终端的导览是免费的，只要有网络就可以使用了。传统的导览是纯粹语音播报式的，使用便捷性和自主选择性都不理想，而手机端的操作则是完全图像化，操作方便，也便于观众的选择。同时还可以融入更多功能，实现了一个应用，多个功能，以方便观众参观。

3. 体验网络化

博物馆在展览展示中，已经应用了越来越多的多媒体展示手段，增加了很多观众互动的环节，增强展览的效果和吸引力。这些互动一部分通过展厅内的多媒体设备实现，一部分就通过观众的手机实现，这时结合博物馆提供的无线网络服务，就可以让整个展览鲜活起来。有互联网的保障，通过观众自身携带的设备，可以很大程度上增强观众的参与度。一些热门展览，观众往往很多，甚至于限时观看，无法做到所有观众都可以使用上展厅的多媒体设备，要么就需要排很长时间的队，很影响观众的体验。但是有了全覆盖的网络，依托观众自己的手机，每一个人都可以享受到无差别的互动体验。博物馆在设计展览时，要充分考虑到实际展示中的观众需求，将互动体验侧重设计为依托网络和移动通信终端。同时，开发 App 应用，将博物馆需要传播的文化和更多的有针对性的观众互动通过 App 来实现。但是，要尽量整合来做，初期制作 App 平台，后期慢慢丰富其中的应用功能，尽量避免一事一个 App，这会导致观众的反感。通过网络服务可以为观众带来更好的参观感受，同时增强互动感。

4. 文创网上销售

文创产品是各个博物馆都在大力设计、开发的代表自身特点的文化符号，是观众来到博物馆参观，可以通过实物留下的博物馆记忆，也是对文化具象的传播方式。很多优秀的文创产品已经成为网红，成为了很多观众自己收藏和赠送朋友的富有文化意蕴的藏品，很受欢迎。但是部分文创产品，只能来到博物馆现场才能购买到，这就对文创产品的流通和文化的传播造成了很大的影响。现今的人们已经习惯于网络购物，习惯送货到家的服务。博物馆的文创产品销售也应该转变思路，更多地通过网络途径。这里面还有很多问题需要注意和规范，但是未来发展的趋势是不会改变的。如果仅仅只是展示下自身的文化元素或者开发能力，那么线下途径已经可以满足，但是要想形成产业化发展，形成文化产业增长点则离不开互联网。

五、实现网络化发展思路

博物馆的网络化建设，由简单向全面发展，由面向办公发展为面向观众。但是，基础是做好博物馆自身建设的办公网络化，只有在自身足够重视网络化发展，能够投入技术和力量开展网络化办公的前提下，才能在其他更多的方面实现网络化。在硬件实现网络化基础上，更要每一位博物馆人转变思路，能够跟上时代发展要求，能够适应新的网络技术要求，增强自身网络化办公的能力。在做好自身建设网络化的基础上，逐步构成面向观众的网络化服务，使得网络化服务由内而外，最终实现博物馆发展的全方位网络化。要想最终实现这个愿景，就要博物馆人在博物馆建设思路上实现网络化思维，要能够跳出传统工作模式的框架限制，用新思维方式思考新的工作模式。

闫涛（北京古代建筑博物馆社教与信息部副主任）

浅谈新环境下，
博物馆的应对与挑战

2020年注定是不平凡的一年，春节前夕，突如其来的新冠肺炎疫情席卷了中国，全国范围内的公共场所受疫情影响而选择关闭。联合国秘书长安东尼奥·古特雷斯曾表示，"新冠肺炎大流行是二战以来最严重的全球危机"。新冠肺炎疫情的全球蔓延，对各个国家、各个行业都是一次严重的冲击。博物馆作为公益性社会文化服务机构，也遭遇了前所未有的冲击和挑战。

疫情之下，全国博物馆史无前例地长时间闭馆并采取了各种积极有效的"抗疫"措施。国家文物局在第一时间研究部署了文物系统的疫情防控工作："鼓励各地文物博物馆机构因地制宜开展线上展览展示工作，鼓励利用已有的文博数字资源酌情推出网上展览，向社会公众提供安全便捷的在线服务。"对此各个博物馆纷纷响应号召。

一、博物馆在闭馆期间的措施与新改变

春节期间，根据新型冠状病毒感染肺炎疫情防控需要，为保障公众安全和健康，各大博物馆相继做出闭馆决定，有序地暂停对外开放。

在这特殊的时期，博物馆属于大型公共文化场所，也是当下"博物馆热"中的人流密集场所，安全工作首当其冲。以往的博物馆安全工作比较重视文物安全、消防安全等工作，而这次突如其来的疫情，以其不确定性和危害性，让人们更加关注和重视公共卫生安全，在疫情期间，虽然采取闭馆措施，但是也不能对博物馆内的公共卫生安全掉以轻心。

1. 馆内安全

疫情下博物馆内的公共安全需要对体温检测、消毒处置甚至卫生

科普等提到更高的标准来要求，在闭馆期间也要做到对馆内定时定点消毒。针对公共设备及相关设施进行全方位消毒。卫生间每天上下午至少进行一次全覆盖消毒。保洁人员要佩戴口罩和一次性手套上岗。消毒后，还会悬挂"本区域已消毒"的公示牌。在值班人员的选择上尽量使乘坐公共交通出行的职员减少外出值班，减少风险。给值班人员发放相关防护用品，如：口罩、酒精和手套，使值班人员减少接触病毒的风险。要求博物馆全体人员每日进行体温测量并按时上报健康情况。对博物馆的外来人员进行严格的体温监测与把控。

2. 线上展览

如今的数字技术一日千里，不仅可以将博物馆馆藏文物的资料分门别类录入云端，供参观者调取，还可以三维建模，3D立体360度还原文物细节，从某种意义上说这种方式比在展柜里看实物看得更清楚。此外，还有时下热门的 AR 技术，该技术已探索性地运用于虚拟讲解、"复原"展品、"复活"展览对象并与之互动、展示暂时无法展出的藏品、创建博物馆 AR 游戏以及 AR 馆内导航等多个方面的业务内容。

疫情暴发以来，国家文物局统一协调，将各地博物馆在线展览资源整合于其官网，连续推出了六批次 300 个线上展览。人们虽然在家中无法外出实地参观，但是通过电脑和手机端就可以轻松实现"云观展"。以本馆为例，北京古代建筑博物馆在这次疫情下也新添了纯数字化展览，在微信和网站上，观众可以通过纯数字化线上参观拜殿的中国古代建筑展。这样观众可以不用受时间和空间的限制，在家足不出户的就可以享受线上参观的乐趣。并且线上展览在细节的处理上也十分精细，喜欢研究的观众也可以反复观看，给观众提供了一个反复回味的机会。这种线上展览也满足了观众们在"禁足"期间，精神文化上的需求。

3. 网络直播

由于疫情的持续冲击，许多人想要出去参观博物馆，但是却没有机会。除了"云展览"，采取线上直播也为我们提供了新的思路。

当今网络直播日渐走红，它以自主性为鲜明特点，涉及各类事件现场、真人秀、演唱会、电竞游戏，电商"带货"等多种形式。近年来，许多博物馆也已经开始进行直播尝试，这次疫情的暴发，也推进了网络直播与博物馆的融合，使一些没有尝试过网络直播的博物馆展开了新的尝试。以本馆为例，本馆在疫情期间为了使观众朋友们在家也可以享受到线上讲解，推出了网上直播，为大家讲解《北京先农坛历史文化展》。通过直播的方式，使观众们可以足不出户地参观展览了解展览。并且可以在线上进行提问和诉说一些自己想说的话以及线上参观的感受。以增强观众们的兴趣与参与度。据人民日报海外版报道，在疫情期间，推出网络直播已经成为国内各大博物馆的一项重要举措。自今年2月以来，各大互联网平台相继举办"云游博物馆"直播活动，全国几十家博物馆都参与其中，网友反响热烈，单日观看量超过千万，从效果上看，也给大家带来了不少惊喜。

网络直播不仅可以带领观众们欣赏馆内的精美文物，还可以使观众朋友们更加了解文物背后的故事和历史。线上互动也可以增强观众朋友们的参与感。带给宅家抗疫的观众们不一样的精神文化体验。除此之外一些博物馆在直播中，除了有趣的讲解，还介绍了相关文创产品。这样不仅满足了观众朋友们的求知欲，还带动了博物馆自身文创产品的宣传。

网络直播还给博物馆的讲解员们带来了新尝试与新挑战，一些博物馆的讲解员们之前并没有尝试过线上直播的方式为大家讲解，这次疫情也推动了博物馆讲解员们学习新的知识，不断完善自身专业水平，尝试新的挑战，不断提高自身能力，为广大观众朋友们提供更好的服务。

4.其他举措

除了线上展览和网络直播，各地博物馆也在积极利用本馆的官网、微博、微信等自媒体平台策划和推出了许多科普讲座、互动答题、抗"疫"书柜等形式丰富多样的在线数字资源，成为应急科普的发起者、宣传者和推广者。这一系列资源形式活泼、覆盖面广、通过自媒体可跨越时空的界限，传播人文情怀与相关专业性的知识。让公众在家中坐享科普服务。

除此之外一些地区的博物馆，还推出了线上培训。博物馆人，在疫情下也要不断增强自己的知识储备，增强专业素养。为了在疫情之时与开馆之后给观众朋友们带来更好的服务，有些地区推出了线上培训。这样不仅可以减少疫情感染的危险，还可以在这种特殊时期不断学习。

二、博物馆在开馆后的措施与新改变（以本馆为例）

因为疫情的突然暴发，博物馆采取了闭馆的方式，减少人员感染。随着疫情的逐渐稳定，博物馆也终于迎来了开馆之日。但是开馆之后的疫情防护工作就是重中之重了。逐渐恢复开放后，许多博物馆采取网上实名预约、总量控制、分时分流、语音讲解、数字导览，减少人员聚集等措施。

为了防止疫情反弹，也为了使观众可以在一个安全的环境下参观，本馆采取了以下措施：

1. 采取线上预约制参观

每个手机号码限预约 1 人，每个成年游客可携带 1 名 12 岁及以下儿童，超过 12 岁或携带 2 名及以上儿童的，需单独预约。

2. 限额参观

每日限额 500 名，实施分时段参观预约制度，分为上午和下午两个时间段，上午 9：00—12：00，下午 12：00—4：00

目前仅接受散客（个人）预约。暂时不接受团体参观，避免聚集现象的发生。

3. 参观安全

预约观众需持身份证、预约凭证、门票（免票人员除外）以及北京健康宝"未见异常"的证明，馆内新增了网络支付手段，可减少人员接触，进行安检后方可入馆参观。进馆观众需进行体温检测，如有体温异常（≥ 37.3℃）、咳嗽、气喘等异常现象，谢绝入馆。对不配合体温检测、不注意环境卫生等行为，我们将予以制止，对违反防控规范行为的观众我们将第一时间报告所在地公安部处置。

参观全程须佩戴口罩，观众之间保持 1.5 米以上安全距离。不扎堆、不聚集，文明参观，参观完毕及时离馆。暂停人工讲解服务，提供语音导览租赁服务。使用语音自助导览机，依据展厅导览标牌，了解相关展览信息。不想租赁语音导览机的观众，可以在展厅内下载相关 App，在 App 上也可提供免费的语音讲解服务。

每天也会有相关博物馆工作人员定时定点巡逻，监督管理在博物馆内出现的聚集现象或者参观期间观众并未佩戴口罩、有私自进行讲解并且导致聚集的其他不文明现象。为观众们提供更好更安全的服务。

4. 卫生消毒

疫情下博物馆内的公共安全也是十分重要的。需要对体温检测、消毒处置等提到更高的标准来要求，还要做到对馆内定时定点消毒。每人每天监测体温。

博物馆每日定期对开放区域、卫生间、语音导览机进行消毒。工作人员依然保持卫生间每天上下午至少进行一次全覆盖消毒。并且在卫生间外增设一米警戒线，每天对展厅地面用稀释过的84消毒液进行消毒，提示观众注意安全距离，不要触碰展柜玻璃和裸展展品，对于被观众触摸过的展柜玻璃，则及时使用消毒湿巾进行擦拭，同时有效控制展厅内使用消毒酒精的浓度在极低水平，并随时打开门窗，保证展厅内有良好的通风。

5. 其他注意措施

伴随着开馆，炎热的夏天也逐渐到来，除了疫情的防控工作外，古建筑室内的温度也逐渐升高，观众们在展厅参观又都戴着口罩，夏天本来就很炎热，这样容易使观众们出现中暑的现象，为了防患于未然，我们采取了以下措施。

我们为每个展厅和保安处配备了医药箱，药箱里备有藿香正气水、风油精等防暑降温物品，消毒的碘伏，酒精和创口贴。以防观众们在参观过程中出现中暑现象。现在天气炎热，保卫人员也十分辛苦，为了保证他们的健康也给他们配备了药箱，以备不时之需。

三、启示与思考

由于突如其来的新冠肺炎疫情，各行各业都受到了巨大的冲击与挑战。在这种新环境下文博行业也迎来了新的挑战。但是伴随着挑战的同时也是新的发展。博物馆人通过自己的努力，对这次疫情带来的新变化，采取了相应的措施。

利用互联网、数字网络等技术，在闭馆期间向观众们呈现了许多"云展览"，使观众们欣赏到了丰富多彩的文化盛宴。利用网络直播增强了乐趣与参与度，也使在家中无法外出的观众们可以有更强的参与感，并且享受到线上观展的乐趣。除此之外还有许多其他措施。在这些措施下，博物馆在这次新环境新挑战中，经受住了考验。虽然疫情带来了许多挑战，但是也因为这次环境的改变，推动了博物馆重新自我审视，思考未来的新发展方向。

通过这次疫情带来的新环境，加快数字化建设也将成为博物馆建设当中重要的部分，将线上与线下相结合也可以使博物馆公共服务更加完善。线上与线下的相结合将会给观众们带来更好的服务，满足观众朋友们更多的需求。

在这次疫情当中许多博物馆也相继推出了自己的"云展览",由于有些博物馆可能是新的尝试,一些展览在细节处理上也比较粗糙,观赏体验可能没有达到预期效果。随着疫情的好转,博物馆相继开放。在目前新的环境之下,对于线上资源也要不断完善,展品的细节处理,线上的展览资源,也要不断提高及更新。从而为观众呈现出更好的云上展览。

对于线上网络直播也要不断加强讲解员们的自身素质,网上直播面临的受众面更加广泛,年龄层面也更多,线上的互动观众们也会提出五花八门的问题,如何回答大家这些问题,如何在线上可以更好地照顾到观众们的情绪,把知识文化更好地传递给观众,是博物馆讲解员们要思考的新问题。

此外不同地区不同大小的博物馆,所处的环境、资源都各不相同,如何更好地利用博物馆自身现有的资金和资源,推出并完善线上展览、线上讲解、线上讲座、线上课程等相关知识文化科普工作,也是我们要思考的新方向新问题。相信在这次新环境下博物馆的发展也将会进入新的方向,尝试新的改变。逐渐转变的博物馆也将会为观众们提供更好的服务。

四、个人建议与结语

由于疫情的到来,也使我们意识到了科技的发展与时代的变迁。像这次闭馆期间推出的"云展览"、虚拟影像等,利用数字资源,通过网上展览、在线教育、网络公开课等方式,不断丰富完善展示及内容,提供优质的数字文化产品和服务,都突出了现在科技的发展。现在有许多新的技术出现在人们的生活中,像我们所熟知的 AI(人工智能),和 VR(虚拟现实),这些新的技术也将会给博物馆带来新的便捷与新的改变。在将来也可以更好地将 VR 技术和我们的博物馆结合起来。

结合后的优点:

1. 参观者更能身临其境

在游客参观博物馆时,我们会有相应的讲解员为其讲解,但是如果游客只是单纯地听讲解的话,可能有些地方不能理解和体会,通过 VR 技术我们可以将游客带到讲解员所想讲解的那个地方,让游客们可以身临其境地去感受,使他们更好地理解和感受。

2. 便于影像资料的保存与利用

博物馆里共有基本陈列和临时展览两部分组成，随着时间的推移，许多展览会进行更新，有些游客想去参观，只能通过图册来了解，随着VR技术的发展，我们可以将这些展览与VR技术结合起来并将他们永久保存下来，并且可以使想要了解的观众们选择性的挑选他们想参观的展览去参观，在网上人们就可以云参观游览不同的展览。

疫情的到来是挑战，更是新的推动力。经过这次挑战，博物馆所处的环境发生了新的变化。在这新的变化中，我们更要总结之前的经验，通过这次疫情思考并完善在新环境下博物馆的应对措施与变化。时代的发展与科技的进步也为我们在这次新环境下提供了助力与方向。博物馆在将来可以更好地将现有资源与科技相结合，更加完善自身，提供更好的公共服务。

作为一名博物馆工作者，通过这次疫情也使我更加明白了学无止境这句话。我们自身也要在这新环境下不断学习积累新的知识，了解更多新的技术。完善自我为文博事业贡献出一份自己的力量。

李佳姗（北京古代建筑博物馆社教与信息部助理馆员）

浅析北京先农坛弘扬农耕文化教育实践活动的形式与意义

"王者以民人为天，而民人以食为天。"是《史记·郦生陆贾列传》里的一句话，意思是君王以老百姓为国家的根本，老百姓则以粮食为生活的根本。粮食问题曾是千百年来困扰人类和历朝历代统治者的"天"字号的大问题，它不仅直接关系到国计民生的安危，也影响到世界的和平与安定。由于农业是为人类提供所需食物的基础产业，所以历朝历代的统治阶级都十分重视农业生产。时至今日，三农问题仍然是国家经济生活中的重要课题。21 世纪以来，中央连续出台了指导农业发展的一号文件，不断加大对农业和粮食生产的扶持力度。近期，习近平总书记对制止餐饮浪费行为做出重要指示，号召制止餐饮浪费行为，在全社会营造"浪费可耻、节约为荣"的氛围并提供法治保障。2018 年设立秋分为"中国农民丰收节"，强调农业文明和农耕文化在现今社会发展中的重要性，以节为媒、传承文化，享受农耕文化的精神熏陶，满足人们对美好生活的需求，凝聚起中华文明的澎湃力量。农业农村部、教育部在开展中国农民丰收节农耕文化教育主题活动中提出，推动各地各校因地制宜组织开展主题教育活动，统筹农耕文化教育教学资源，要遵循青少年学龄特点和认知规律，推动中国农民丰收节成为农耕文化教育的常态化实践载体，纳入各级党委政府丰收节庆工作的重要内容，为青少年农耕文化教育提供实践课堂，打造一批中国农民丰收节农耕文化实践教育基地。

北京古代建筑博物馆坐落在明清北京皇家坛庙先农坛内，是中轴线上具有举足轻重地位的礼制建筑。始建于明永乐十八年（1420 年），是明清时期北京皇家祭祀建筑的重要遗存。2019 年，先农坛籍田正式恢复了历史面貌，作为北京先农坛农耕文化的核心区域向观众展示。其馆内祭先农和行籍田礼展演活动是先农坛的一大特色，是现今重视农业文明挖掘农耕文化的重要实践载体、传播载体。先农坛的历史地位同华夏民族重农固本思想紧密地联系在一起，如何开展农耕文化活动，展示中国古代农业文明，教育新一代青少年，是博物馆弘扬宣传中华优秀传统文化的重要责任。本文以中国古代农耕文化为主题，浅析先农坛的文化内涵，以现代的方式进行演绎，合理开发利用，开展形式内容丰富多彩的农耕文化实践活动，将古代皇帝祭祀先农诸神及亲耕的场所，建设成为农耕文化实践教育基地，发挥博物馆普及传承优秀文化的社会教育功能，为树立文化自信奠定坚实基础。

一、中国古代农耕文化与先农坛的祭祀文化

1. 传承和发扬优秀的中国古代农业文明

中国的农耕文化历史悠久，博大精深，内容范围广泛，为中华民族生生不息、发展壮大提供了深厚的滋养，给中国人民带来了极其深远的影响，这种影响一直持续到今天。中国的农耕文明集合了儒家文化，及各类宗教文化为一体，形成了自己独特的文化内容和特征，农耕文明的重要表现为男耕女织，规模小，分工简单，自给自足。从农具到水利，植物栽培及动物驯养，农耕文化中的农业科学通过长期的演化，勤劳的劳动人民智慧的总结，为现代文明科技提供了坚实的基础。我们今天各个农业学科、政治制度、文化、商业都受着传统农业的影响，是我们应该借鉴传承的。

古代农具是勤劳的人们在耕作中不断摸索、总结发明的生产工具，在我国应用范围很广，遍布全国各地，与地域、气候等环境有很大关系。按照功能划分，不仅耕、耙、播、收、脱粒、贮藏、排灌、施肥、运输的器械列为农具，而且棉麻加工、谷物加工、油料加工、茶叶加工，以及蚕丝、纺织、畜牧、渔猎等器械，也都归属于农具。古代农具凝聚着劳动人民的智慧和不屈不挠的精神，是历史的见证物，具有重要的文化价值。

中国古代农书是古代劳动人民智慧的宝贵经验，是一个时代农学水平的集中反映。以史为鉴，是中国古代早已有之的优良传统。从历史中寻找经验、答案，农学史的学习尤其重要，在农学史的学习过程中，最基本的就是农学史文献的学习。在中国古代的农学史文献中，有五部农书被称为中国古代的五大农书。它们就是《氾胜之书》、《齐民要术》、

《陈旉农书》、《王祯农书》和《农政全书》。学习了解这五部农书的主要内容及其科学价值是研究农学史首先要做的事。

中国传统文化中的许多内容直接来源于农业。如"二十四节气"，它是古代勤劳的中国人文明智慧的结晶，也是长期对农业、天文、地理、气候、生物等运行规律的凝结，表达了中国人与自然宇宙之间独特的时间观念，蕴含着中华民族悠久的文化内涵和历史积淀。"二十四节气"在先秦时期开始订立，于汉代完全确立，是用来指导农事的补充历法。2016年"二十四节气"被正式列入联合国教科文组织人类非物质文化遗产代表作名录。二十四节气的衍生谚语是劳动人民农耕生产生活的经验总结，经过人们的口耳相传，历经实践后流传下来。它的存在有着特殊的意义，不仅能够提高农业收成，改善人们的生活质量，同时弘扬了中华民族的传统文化精神。

2. 中国古代重农固本的文化思想

农业生产的节奏与国民生活的节奏相通。中国古人重视农耕，很早就认识到农耕是财富的来源。不仅是统治者的政策需要，也成为庶民百姓的普遍心理，成为中国传统思想中最重要的组成部分，体现的都是以农为本的哲学思想。古代战争频发，农业的丰收直接与国家的强盛息息相关。发展农业，一方面是解决百姓的温饱问题，另一方面是促进国家强盛，使其可以开疆拓土，更加强大。重农固本是安民之基、治国之要。"国之大事，在祀与戎"，祭祀先农神和设立先农坛，成为国家大事，皇帝扶犁亲耕，用来昭告天下，是统治阶级发展农业，重农固本的手段，是重农思想的重要体现。

早在周朝，为巩固周天子的统治地位，也为鼓舞周人的劳动热情和获取丰收的信心，周天子每年都会带领臣子和庶民在天子的籍田里躬亲耕作，并形成一套相应的礼仪——籍田礼。周天子的籍田礼被后世作为制度之始，因"帝籍千亩"，这块特殊的田地，也被后世称为"帝籍""千亩"，一直沿用至清亡。

3. 北京先农坛的历史演变和在农耕文化中的影响

北京先农坛建成于明永乐十八年（1420年），是明清两代帝王祭祀先农举行籍田礼的皇家坛庙，距今已整整六百年。永乐皇帝"悉仿南京旧制"而建，原名山川坛。由内外城垣组成，外坛北端呈半圆形，象征天，南端呈方形，象征地，取天圆地方之说。内坛包括山川坛建筑群，含山川坛正殿和东西两庑及南侧的焚帛炉；神厨建筑群，含神牌库、神厨、神库；宰牲亭；具服殿、仪门、籍田。到了明天顺二年（1458年），又在东侧内外坛墙之间添建了供天子祭祀先农前的斋戒之所——斋宫。明中期，嘉靖帝在位时，山川坛更名天神地祇坛。在内坛之南辟建天神坛、地祇坛，将原本供奉于山川坛正殿内的风、云、雷、雨天神和岳、镇、海、渎地祇，移至天神地祇坛供奉，将山川坛正殿除太岁神外的神祇，移至其他坛庙，天子亲祭时，在仪门之南临时搭建木质观耕台，在旗纛庙和东侧内坛墙之间辟建神仓，用以收贮天子籍田所出的作物，以为京城坛庙祭祀之用。明嘉靖时期的建筑添建，奠定了今日北京先农坛建筑格局的基础。明万历四年（1576年），天神地祇坛更名先农坛。清代乾隆期，这个时期是坛内原有建筑的改建和调整时期，即将明代天子亲耕时临时搭建的木质观耕台，改建为琉璃砖石结构观耕台；拆除清代从未祭祀行礼的旗纛庙，但保留了旗纛庙后院，同时，又将东侧神仓迁建于此；改建东侧斋宫，拆除宫前鼓楼，将斋宫更名为庆成宫。清乾隆时期也曾对先农祭礼进行了局部调整。这个时期形成了今日北京先农坛最终建筑格局。

籍田礼是古代帝王为了劝课农桑而举行的一项礼制活动，皇帝"亲耕享先农"的传统祭礼是中国传统文化中十分重要的组成部分。每逢春耕前，天子、诸侯躬耕籍田，祭祀先农，以示对农业的重视。每年仲春亥日皇帝率百官到先农坛祭祀先农神并亲耕。在先农神坛祭拜过先农神后，在具服殿更换亲耕礼服，随后到籍田举行籍田礼。籍田礼毕后，在观耕台观看王公大臣耕作。

北京先农坛作为明清两代皇家坛庙留存了491年，以国家名义祭祀先农之神最高等级的典章活动，坛内布局、功能建筑虽有增减变化，但始终以崇拜农业之神先农炎帝神农氏为核心。皇帝在先农坛亲耕，祭祀活动的隆重与繁复，说明统治者对土地的高度重视，统治阶级想要达到教化民众的目的。

4. 北京先农坛开展农耕实践活动科学普及传统农耕知识的意义

北京先农坛蕴含的传统农耕文化内涵与当下新时代推崇农耕文化、绿树青山就是金山银山的发展理念高度契合。我国的农耕文化的丰硕成果不仅使中国人受益，也为全人类受益，宣扬农耕文化内涵，在传统的农耕文化遗址所在地开展农耕实践活动，作为教育和宣传传统文化的重要阵地，发挥文化传承普及农耕知识的引领作用，是博物馆的职责所在。

二、先农坛农耕文化教育实践活动的形式

北京先农坛位于中轴线南端西侧，是中轴线上重要的遗产点。先农坛籍田腾退保护完成后，拆除保护范围内一切新建，恢复籍田清代原有格局，进行合理利用，恢复清代亲耕亲祭展演，展示籍田文化景观，作为宣扬农为本、重农亲民这一传统文化中优秀思想的农耕实践基地，要立足先农坛农耕历史文化内涵的挖掘，与当前文化传播理念、活动形式及新技术有机融合，不断创新创业，开展一系列的展览和宣传教育活动，焕发先农坛农耕文化鲜明而持久的文化魅力。

（一）持续打造农耕文化主题相关展览

1.《先农坛历史文化展》

现有的《先农坛历史文化展》坐落在神厨院内，2014年改陈后向公众开放，展览第一部分，主要讲述北京先农坛的历史沿革和建筑风貌，以及各个时期的增修和改建；第二部分，亲耕亲祭大典。展现清代皇家祭祀先农之神和亲耕籍田的礼仪过程、祭祀陈设、祭祀礼器，以及相关制度等方面的文化内涵；第三部分，古代祭农文化。中国是世界农业起源中心之一，农业起源可追溯到距今一万年前。炎帝神农氏，是传说中华夏民族的先祖之一，也是中国农业文明开创者的化身。自汉代起，祭祀先农被列入国家典章制度，并被历代统治者所重视，至明清时期达到顶峰。祭祀先农之神，既是中国古代祭农文化的精髓，也是世界农神崇拜文化中的重要内容。此展旨在通过寻根溯源、了解几千年先农文化历程，在领略当年祭祀先农盛典的同时，从古人"民以食为天，食以农为本"的重农思想中获得启迪。

2.《一亩三分　擘画天下——北京先农坛的籍田故事》

北京先农坛明清籍田的历史景观展示已经对公众开放，2019年我馆配合籍田遗址的开放，举办了《一亩三分　擘画天下——北京先农坛的籍田故事》展作为先农坛籍田的配套展览，为观众讲述籍田故事和籍田礼对传统农业文明、古老祭祀传统和封建国家政治统治的重要意义，挖掘籍田背后的文化内涵，弘扬传统农业精神。该展览共分五大部分，分别是籍田与籍田礼、先农坛与籍田、北京先农坛的籍田故事、籍田故事中的物品器具和从耕籍天下到农业大国。从五个不同层面为大家

展示了籍田的历史意义和文化价值。帮助观众获取一亩三分地的文化信息。

（二）农耕主题活动

1.活动主题：祭先农

还原清代国家祭祀先农神的场景。通过祭先农以及耕种粮食、草药，让孩子们了解先农文化内涵，感受中国自古以来尊农、重农的历史渊源，增强感恩先农泽被后世的情怀。

2.活动主题：春耕

"春种一粒粟，秋收万颗子"，农业讲究时令节气，春耕、夏耘、秋收、冬藏，一概以时令为转移。春耕即春季耕作，一年之计在于春，春天是播种的季节，也是充满希望的季节，早在数千年以前，智慧的劳动人民就深知在春季开始耕作的重要意义。经过一个炎夏的经营管理，换来的是秋天黄澄澄的收获。普及春耕知识的同时，劝导受众养成珍惜时间，把握当前的良好习惯。

3.活动主题：丰收

中国农民丰收节，于 2018 年设立，节日时间为每年"秋分"。设立"中国农民丰收节"，将极大调动起亿万农民的积极性、主动性、创造性，提升亿万农民的荣誉感、幸福感、获得感。举办"中国农民丰收节"可以展示农村改革发展的巨大成就，先农坛开展庆丰收主题活动。展现了中国自古以来以农为本的传统文化。

4.活动主题：文化承传统·贮藏

粮食收割后，经过晾晒、脱粒、贮藏，这一系列活动可以了解农事，体会农民的辛勤和丰收的喜悦。

（三）博物馆开展相关课程

1.农趣科学公开课

活动内容：邀请专业老师，向青少年学生讲解身边农业的趣味知识，引导学生动手实践操作实验，将实验与农业完美结合，锻炼学生的创新思维能力，学习更多的传统文化知识。

2."二十四节气""农时谚语"课程

学习"二十四节气"中各节气蕴含的意义，立春、立夏、立秋、立冬："立"是即将开始的意思，表示春、夏、秋、冬即将来临。夏至、

冬至古称"日北至"和"日南至",表示盛夏和寒冬已经到了。春分、秋分:"分"是平分的意思,表示这两节气昼夜相等,正好处在夏至和冬至中间。人们又根据节气规律,创造了丰富的农事谚语和民俗习惯。"小满前后、种瓜点豆"等谚语以及"打春牛"等民俗,同样体现了农耕文明对"时"的准确把握和巧妙运用。通过古人宝贵经验的总结,运用和继承传统文化。

3. 农耕文明在心中之我是小小讲解员

面向全市范围内的青少年群体征集小小讲解员,并邀请农业领域专家、礼仪专家对学生进行相关培训,开展一场"农耕文明在心中之我是小小讲解员"的演讲活动,营造农业文明传承发扬的浓厚氛围。在活动培训阶段,邀请相关农业领域专家、礼仪专家、历史专家对小小讲解员进行集中式培训,培训内容包括《讲解技巧》《语言的艺术》《农耕文明学科知识》等,让学生学习丰富的课外知识。在实践讲解阶段,小小讲解员可在培训过程中在北京古代建筑博物馆担任小小讲解志愿者,向游客进行实践讲解,培养实践能力。

(四)打造农耕研学基地

传承优秀农耕历史文化,要精心打造主题教育实践基地和研学基地。以基地为重要依托,推动实践教育资源共享和区域合作,与学校联手,走出校园课堂,走进乡村田野,打造农耕试验田,结合实际情况开展民俗文化现场教学、农事劳动体验、乡村考察等丰富多彩的农耕文化教育实践活动。培养学生知时节、知农事等活动,根据节气,亲自动手播种,经过一年的辛勤耕耘,在秋季收获劳动成果,培养青少年刻苦耐劳的优良习惯,将书本上的知识与实践相结合,起到教育育人的目的。充分发挥农技专家、非遗传承人、乡村工匠、民间艺人、种养能手等人力资源,积极协调现代农机装备、农业科技实验室、农业信息化设施等教学设备,建立健全开放共享机制。

(五)书籍出版

宣扬优秀农耕文化内涵,向青少年普及优秀农耕文化,出版农业知识读本,培铸青少年对传统农耕知识及先农坛文化的兴趣与探索,加强对优秀农耕文化知识的认知。

（六）农业相关文创产品

博物馆结合农耕文化设计开发本馆特色的文创产品，可以带给观众更深刻的感受和参与其中的体验。先农坛农耕文化文创产品开发要依托先农坛农耕文化的大背景，以及劝课农桑、表率天下的思想精髓。为此我们应弘扬其思想精髓，并通过文创产品把它们涵盖的礼仪文化内涵表达出来。

北京先农坛是明清两代皇帝祭祀先农和进行亲耕籍田典礼的场所，本身就具有很多可供参考与发挥的文创元素，而籍田又是先农坛农耕文化的核心载体，其体现出的文化 IP 要合理利用，把古人留下来的遗产为我们今人所用，"古为今用"，从中提取有益的价值。同时，对遗产保护、博物馆发展以及传统文化宣传都起到一定的作用，也是拉近博物馆和观众的一种好办法。一亩三分地文创设想共分为三个系列，分别是教具系列、纪念品系列和生活日用系列。设计思路和方案是：

教具系列主要立足于中小学生社教活动和研学产品。随着人们物质生活的提高，精神追求也随之提高。博物馆近两年大繁荣大发展，逐渐走进人们的视野，成为生活中休闲娱乐的好去处。中小学也逐渐提升素质教育的比重，受重视程度也越来越大，因此博物馆教具类型的文创产品亟待开发，需求量激增。

1. 农作物试验田

创意说明：把农作物试验田搬到教室中，利用盆栽的方式，提供给孩子们一种认识五谷，接触农作物的机会。亲自动手种植农作物，是一套具有科普性的博物馆通识课程辅助教具。它是由种盆、养殖土、背后的温度计和量尺组成，附带有农作物种子，例如麦子、稻子、谷子、大豆等以及植物生长指南手册。让孩子们在理论课程结束后，自己动手操作，进行一段时间的观察、记录、总结。

作用是展示说明中国的农耕文化历史悠久，农业是人们赖以生存的根本。让孩子们熟悉农作物的品种，了解农作物的生长规律，在动手的同时学习农业知识，并记录其生长过程和不同生长阶段的变化，最终取得收获的一套寓教于乐的文创产品。

2. 农耕科普绘本

创意说明：农耕科普绘本是一套博物馆通识教育的通俗读物，一套若干本。内容为北京先农坛的籍田故事，以手绘幽默的形式，为孩子们讲述一亩三分地上发生的故事，出现过的人物以及历朝历代籍田礼的发展。本套绘本以文献为依托，但要摒弃枯燥文献的方式，以小朋友们能够接受的绘本方式，通过一个个精美的小故事，展示皇家天子重视农耕的情景，并经过动手绘画和亲手加工完善等互动模式，达到加深印象和寓教于乐的目的。本丛书适合3～12岁儿童，通过简单、易懂的手绘图案和文字了解先农文化与一亩三分地背后发生的故事。

3. 耒耜拼搭模型

创意说明：耒耜是我国古代神农发明的农具，用于农业生产中的翻整土地、播种庄稼。后来，随着农业生产的发展，人们又将耒耜发展成犁。耒耜的发明证明我国古代对于农业生产工具的重视，也反映了当时生产力水平的提高。耒耜实际上是一种复合型农具，耒是耒耜的柄，耜是耒耜下端起土的部分。根据耒耜的结构，结合榫卯的原理，制作一款拼插式的模型，可结合农作物试验田文创使用。

三、开展农耕文化教育的意义

（一）培养学生识五谷、知农事的能力

我国是农业大国，农耕文化历史悠久，在中华文明中占有重要位置。农业是我国经济发展的根本。弘扬农耕文化实践活动，有助于唤醒人们对农耕文化的记忆，增强文化自信心和民族自豪感。同时，农耕文化实践教育对青少年健康成长也具有不可或缺的作用。民以食为天；农业稳，天下稳；农民安，天下安。无论是现在还是将来，都有必要让孩子们懂得这样的道理，亲身体验农耕文化实践活动，并乐于从事农业实践活动[1]。

开展农耕文化教育，要立足培养学生综合素养的考察探究、社会服务等实践活动的能力，要力求贴近学生的生活实际、认知水平。推动活动课程把学生带到田间地头、湖塘菜园实践场所的回归，开展"我与蔬菜交朋友""关爱身边的动植物""来之不易的粮食""农时季节我帮忙"等活动，这些活动都无疑会激发学生强烈的学习兴趣。

---

[1] 王玉初：《农耕文化教育是一趟好课》，湖南日报，2020年9月18日第007版。

（二）懂得稼穑艰辛

"谁知盘中餐，粒粒皆辛苦"。农业是最接近大自然的人类社会产业，因其特殊性，千百年来的艰苦性是广为人知的。农耕文化教育，让学生懂得稼穑艰辛，一次农耕文化体验教育，能让孩子们知晓农作物耕种的不易，涵养内置于心的恤农情结，也许远比百次说教更能让他们懂得节约的意义和价值。

（三）培养高尚情怀

农耕文化教育，培育学生认知农业是百业之本，进而培养他们的高尚情怀。"我希望更多青年从事现代农业。现代农业是高科技的农业，不是过去面朝黄土背朝天的农业。希望广大知识青年投身农业研究！"袁隆平院士所做所言，是我们要大力宣扬的爱农情怀典范。农耕文化教育，不仅让学生增长农业知识，培养爱农情怀，而且让更多的年轻人在未来爱上农业、从事农业，发展农业，让农业生机勃勃。

四、结语

"食为政首，粮安天下"，从来都是治国兴邦的首要任务。当下随着现代化进程的推进，传统农耕文化和勤俭节约精神正在逐渐淡出人们的视野，人们缺乏对中华农耕文明和优秀农耕文化应有的亲近和了解。农耕文明是中国优秀传统文化的核心文明成分，传承和发扬是我们不可推卸的责任。而先农坛历史上一亩三分地蕴含的丰富文化内涵，是优秀传统农业文化的精髓，如何更好地体会和弘扬，使之能在今天的时代中焕发出生命力，是我们今后相当长的历史时期内要深深加以体会和践行的重要工作。也是历史赋予我们的责任。

参考文献

[1] 董绍鹏. 先农崇拜研究［M］. 学苑出版社，2016.

[2] 金佩庆. 让中小学生"识五谷"很有必要［N］. 中国教育报，2017年11月14日.

[3] 李国强. 尊重自然馈赠重塑农耕感情［N］. 中国环境报，2020年10月21日.

周海蓉（北京古代建筑博物馆文物保护与发展部高级工艺美术师）

提高认识　建章立制
切实做好博物馆档案利用服务工作

深化做好博物馆档案的利用服务工作，让档案发挥其应有的作用，是做好博物馆档案工作的根本目的和中心任务，是博物馆档案工作赖以存在和发展的基础。本文结合多年从事博物馆档案管理工作的实践，就如何做好博物馆的档案利用服务工作谈几点看法。

一、提高认识，加强宣传

（一）强化社会博物馆档案意识

博物馆档案工作涉及社会的方方面面，联系千家万户。因此，就需要我们通过多种形式，宣传博物馆档案工作的重要性，宣传以《档案法》为主的档案法律法规，使广大干部群众理解、关心、重视和支持博物馆档案工作，在工作中自觉养成遵照博物馆档案法律法规的要求收集、整理、保管和利用博物馆档案的工作意识。

（二）提高博物馆档案管理人员的认识

博物馆档案工作人员首先要牢固树立从事博物馆档案工作的光荣感、自豪感，进一步增强做好这项工作的使命感和责任感。只有热爱博物馆档案工作，献身博物馆档案事业，端正服务态度，完善服务措施，才能变被动为主动，把工作做好，为博物馆的档案利用者提供优质高效的服务。

（三）转变利用者对博物馆档案利用工作的看法

由于过去博物馆档案采取较为封闭的管理方式，使一部分人对博物馆档案广泛的社会性和丰富的内容不甚了解，甚至认为博物馆档案是"保密禁地"，不敢或不能涉足，这些误解在一定程度上影响了博物馆档案的利用效率。随着《档案法》等法律法规的普及实施和人们对博物馆档案工作重要性认识的提高，查阅博物馆档案的人员越来越多，博物馆档案工作已越来越成为整个社会事业中不可或缺的一部分，博物馆档案作用的重要性是难以替代的，这已逐渐成为人们的共识。

二、落细落实，固本强基

（一）加强博物馆档案收集整理工作，确保博物馆档案的门类、载体齐全完整

只有掌握丰富、齐全、完整的原始资料，才能形成高质量的博物馆档案，才能在提供利用上掌握主动权。反之，博物馆档案的利用工作便失去了最基础的物质保障。为保证博物馆档案的齐全完整，就需要高度重视博物馆的档案收集工作，确保博物馆档案原始资料的完整齐全。同时把好接收关，对反映博物馆重要职能、具有科研教育指导意义的档案要重点做好收集工作。

（二）加大对博物馆档案的审查，科学整理档案

随着博物馆档案现代化管理力度的不断加强，需要档案工作者对接收的博物馆各类档案进行科学的鉴定和整理。由于许多接收的博物馆档案或多或少地存在案卷号混乱、缺少卷内文件编目、档案或页码不齐全等问题，因此，在接收档案时应严格审查鉴定，科学整理分类，规范归档手续，及时解决存在的各种问题。

（三）完善博物馆档案检索工具

能否及时准确地提供博物馆档案，为利用者服务，在很大程度上取决于有无完备的检索工具。针对这一情况，档案工作者应在原有的案卷目录、全引目录的基础上编制文号索引、专题目录、基础数字汇编等

检索工具，既为查档者提供了快捷的服务，又进一步提高了博物馆档案利用的工作效率。在档案工作中，档案目录始终处于核心地位，一是方便管理，因档案的鉴定、保管和统计都离不开目录；二是方便检索，为日后提供利用，编研史料、举办展览等提供便利条件。

（四）加强博物馆档案管理信息化人才的培养和储备

博物馆档案的利用服务绝不仅仅是档案业务部门的日常工作，全体工作人员都要在工作中不断加强对博物馆档案管理信息化重要性的认识，进一步强化保护档案信息、利用档案信息及开发档案信息的全局意识。只有这样，博物馆的档案利用工作才能在更加牢固的群众基础上全面提升，才能不断推进博物馆档案利用服务的规范化。

博物馆档案信息化管理的主要内容和核心就是计算机技术和网络技术的应用，档案工作人员必须能熟练运用计算机以及各类现代化办公设备进行电子文档的制作、使用和维护。博物馆档案管理信息化是不断完善、优化的过程，始终要依赖于档案人员素质的提高。为了培养档案管理人才，使他们掌握新知识、新技能，必须要加强对现有博物馆档案工作者的继续教育和培训，使其除了掌握档案学理论和具有档案思维外，更要具备创新意识和运用现代信息技术的能力。一方面，当前博物馆档案信息管理急需人才和高端人才的引进，以解除档案信息管理人才缺乏的燃眉之急，及时调整档案信息管理人员的知识结构；另一方面，博物馆档案工作本身是对历史资料的收集和整理，是一项长期性、延续性的工作，因此在适度引进人才的同时，更要通过博物馆岗位轮换、工作内容合理设计等途径，加大人才储备。

（五）夯实博物馆档案管理信息化基础

由于档案利用工作是博物馆档案管理的重点工作，因此博物馆档案部门必须正确认识自身所处的位置，多方面争取领导的重视和各个部门的理解，并将博物馆档案管理信息化工作纳入整个单位信息化管理体系当中，力求从资金、人员等各方面获得支持，从而改善发展档案管理信息化的条件。按照既满足工作需要，又节约成本的原则，在配备计算机、扫描仪、数码相机、刻录机等基本硬件的基础上，严格设备专用要求，加大对现有设备的维护力度，保证设备的正常工作，以避免影响信息化管理的工作效率；博物馆档案电子文件从形成到归档，涉及的岗位和人员众多，必须在电子文件的形成、运转、处置、直到归档的各个环节，实行标准化、规范化、制度化的管理，确保同一类型的档案在不同部门和人员之间产生的电子文档格式、大小、样式一致。在此基础上，要严格把控博物馆电子档案管理的各个环节，包括形成、加工、保管、借阅的程序，做到归档统一、保管安全、使用有序，确保收集到的博物馆档案信息真实、完整和有效。

（六）切实保护博物馆档案信息安全

对博物馆档案信息利用，要通过多种方式建立档案数据的保存、迁移及校验机制，并建立功能齐全的信息处理工具和利用工具，确保信息的保管安全。博物馆档案信息开发利用的正常运行，主要依赖于计算机网络的安全，应建立信息安全责任制，不断加强档案信息安全体系的建设。对档案信息利用安全，要建立层次分明、角色明确的信息利用机制，并建立权限设置的流程。在系统安全管理上，通过采取设置防火墙等技术手段，在计算机硬件环节上阻隔安全隐患，确保档案信息资源的安全、有效以及网络系统的安全。

信息时代的背景下，档案工作人员接触到的信息更加频繁和密集，其中包括单位的核心数据信息，因此要加强对工作流程、文件信息以及信息保管方式的管理，确保信息运转流畅、安全可靠。同时还要加强对信息工作人员的管理，建设一支高度自觉、遵纪守法的档案管理人员队伍。

（七）加强博物馆档案信息化资源建设

要从丰富馆藏入手，加强档案信息的储备，广泛收集，广览信息，改善馆藏结构，增加博物馆档案管理信息门类；在进行数字化处理时，不仅是把现成的档案数字化，还要对分散的档案信息进行整合、加工，把经过二次加工的信息同时进行数字化，才能真正扩充信息资源，提高信息资源的质量和利用率。此外，要不断推进数字档案标准化建设，标准化意味着系统性的进步，对信息系统的长远发展有不可估量的推动作用。因此，在对档案数字资源进行全面梳理的基础上，要对档案数字资源分类、管理职责、管理标准、管理流程以及更新、共享机制等档案数字资源进行系统化标准化的设计。

（八）充分发挥博物馆网络平台互联互通作用

在信息化和办公自动化模式下，纸质办公文件的数量明显减少，电子文件占有越来越大的比例。针对这种情况，博物馆可以通过专用的软件在局域网上实现电子文件的自动上传，将在各部门单机上形成的单个电子文件即时传送到博物馆档案室的服务器上，由档案室统一归档。档案室服务器集中管理各部门传递来的并经过归档的电子文件，并在局域网内部提供非限制性或非保密电子文件的查询和利用服务，从而实现信息资源共享。这样既能实现博物馆内部档案的集中保管，又方便各部门的利用，在一定程度上解决了集中与分散的矛盾。

博物馆档案信息服务是博物馆充分开发和利用本馆档案信息资源，并满足利用者不同需要的服务。具体做法就是在对博物馆档案信息进行深层信息挖掘和解读的基础上，完善档案信息数据库系统，利用互联网在保证档案信息安全的前提下，将博物馆档案信息进行有限度地向社会公开。这样既有利于博物馆的社会宣传，同时也为社会各界的信息需求打开了一扇窗户，实现了档案资源的有效利用。

三、立足长远，建章立制

实现博物馆档案利用，根本是要立足长远，建章立制。

（一）在提高档案管理人员素质上建章立制

做好博物馆档案利用服务工作的首要任务，即要求档案管理人员必须具有较高的综合素质。首先是政治素质，要认真学习马克思列宁主义和毛泽东思想，认真学习习近平新时期中国特色社会主义思想，牢固树立"四个意识"，始终与党中央保持一致，遵章守纪，素质过硬。要有较强的政治责任心，并且要具有全心全意为人民服务的精神态度，要对档案管理事业具有较高的热情，能够积极主动地参与到档案管理工作中，从而保证档案管理工作的质量；其次是业务素质，过硬的业务素质是做好档案管理工作的基础和保证，因此，档案管理人员需要了解和掌握档案管理的理论知识，并全面熟悉档案工作的内容，还需要对档案法规做综合的了解，只有这样，档案管理的规范化和制度化才能够得到有效的提升；最后是文化素质，档案管理人员需要具有较高的文化素质，要能够在管理档案的过程中总结经验和吸取教训，掌握好档案管理工作的规律，从而提升自身的档案管理水平。另外，档案管理工作人员还需要具有敏锐的观察力和洞察力，善于观察别人，帮助别人，从而为档案利用者提供高水平的服务工作。

随着博物馆档案业务范围的不断拓宽和现代化管理设备的逐步使用，对博物馆档案管理工作的档案人员提出了更高的新的要求。只有充分利用各种形式，抓好博物馆档案干部职工的政治、业务和科学技术的学习培训，不断提高综合素质和管理水平，才能充分发挥博物馆档案的作用，提供及时、准确、周到的服务。

（二）在档案收集整理工作上建章立制

首先，档案利用工作包括方方面面，其中前期的收集、整理和归档工作至关重要，很多单位做不好利用工作，其本质原因是缺少档案与之相关的规章制度。博物馆应建立完善的档案规章制度，如档案保管期限表、档案管理、借阅、移交等相应制度，使之在档案管理工作的源头上加以规范，唯此才能确保档案利用的高效便捷。当前博物馆档案管理中，存在的主要问题即是缺乏规范化的管理流程，从而导致博物馆档案资源质量不高，利用效果不明显。因此，博物馆要切实加强档案制度化管理建设，特别是要在档案前端工作中严格规范其收集、整理和归档流程，编制适合本单位的档案保管期限表，根据工作职能和性质划定归档范围，这是推动博物馆档案基础业务工作的重要手段，也是促进档案信息化建设、档案信息资源开发利用工作的基本保证，是一项基础性最强、时效性最长、重要性最为显著的工作，能充分检验博物馆的档案管理水平和档案工作人员的业务功底。

其次，在档案的整理方面，要按照一定的原则对档案进行系统的分类、组合、排列、编号、修正、装订。根据 2008 年国家标准《文书档案案卷格式》和 2015 年中华人民共和国档案行业标准《归档文件整理规则》，档案可以按"卷"或"件"进行整理，在整理博物馆档案时，要遵循文件形成的特点，保持档案之间的有机联系，合理区分其不同价值，便于保管和利用的原则。其中最重要的就是根据博物馆的职能和文件特点，采取合理的分类方法。常用的复合式分类法包括"年度—机构（问题）—保管期限""年度—保管期限—机构（问题）""保管期限—年度—机构（问题）"三种分类方法，按照客观性、逻辑性和实用性的基本要求，对博物馆档案进行合理区分和归档。

（三）在建好电子档案数据库工作上建章立制

在社会信息化的大潮下，档案工作同样面临着巨大的挑战和难得的机遇。一方面，社会信息化导致档案数字资源剧增，如何做好档案数字资源的统筹管理，确保档案数字资源的齐全收集、高效管理、安全保存、有效整合、共享利用，成为档案部门面临的主要问题。另一方面，"云计算""物联网""大数据"等信息技术的快速发展和日趋成熟，又为档案部门推进信息化建设提供了前所未有的发展环境。因此，要实现好博物馆档案利用服务，就要加快档案信息化步伐，以档案信息资源建设为核心，建立电子档案数据库，以档案网络建设为平台，以扩大档案信息资源开发利用为目的，加快推进档案资源的数字化、信息管理的标准化和网络化进程，从而促进博物馆档案事业持续快速发展，为社会提供服务。

（四）高度重视博物馆档案法治工作

档案法治工作包括档案立法、档案执法和档案法制宣传等工作，是档案管理工作的重要内容和依据。但是当前，多数基层单位没有意识到档案法治工作的重要性，忽视了其重要的规范作用。档案法律法规主要包括档案法律、档案行政法规、地方性档案法规及档案规章四种类型。档案法律法规是规范、促进档案事业持续、健康、协调发展的根本保障，也是保护档案安全、充分发挥档案作用的强有力手段，如《刑法》中规定了抢夺、窃取国家所有档案罪，擅自出卖、转让国家所有档案罪，以及隐匿或故意销毁依法应当保存的会计凭证、账簿、财务会计报告罪，应追究其刑事责任;《档案法》规定：对国家规定的应当立卷归档的材料，必须按照规定，定期向本单位档案机构或者档案工作人员移交，集中管理，任何个人不得据为己有。

对于博物馆的档案机构来说，应严格依据《档案法》规定，贯彻执行档案法律法规和国家有关方针政策，统一管理本单位的档案，并按规定向有关档案馆移交，监督和指导博物馆各部门文件、资料的形成、积累和归档工作。作为档案工作者，要忠于职守、牢固树立法律观念，自觉遵章守纪，熟练掌握档案实体管理和信息开发利用、档案保管与保护、档案现代化管理等专业知识，不断加强档案专业新理论、新知识、新方法、新技术的学习，依法按要求接受档案专业的继续培训教育。此外，特别要重视对保密档案的管理，严格按照《中华人民共和国保守国家秘密法》的有关规定管理密级档案。保密档案的管理人员要在思想上提高认识，增强保密意识，博物馆要建立健全档案保密制度，明确密级的划分，保密责任的落实，同时要正确处理好保密与利用的关系，严格按照档案保密范围和机密等级的规定，只向符合条件的特定对象提供服务，防止随意扩大档案的利用范围和降低档案的机密等级。

（五）建立健全博物馆档案工作各项规章制度

博物馆档案机构，应当建立科学的管理制度，便于对博物馆档案的利用；配备必要的设施，确保博物馆档案的安全；采用先进技术，实现博物馆档案管理现代化。做好博物馆档案的利用服务工作，应建立科学的档案工作管理体系和规范的档案工作制度，包括：确定档案工作管理体制、明确档案工作领导、设立档案工作机构、配备档案工作人员、建立档案工作网络等。此外，博物馆要依据档案法律法规、制度以及行政规范性文件，建立实用、系统、规范的档案工作制度，如《博物馆档案保管期限表》《博物馆档案保管制度》《博物馆档案借阅制度》《博物馆档案保密制度》《博物馆档案工作人员岗位责任制》等，这些规章制度规范了博物馆档案工作各个环节上的程序和标准，明确了博物馆档案人员工作范围和职责，确保博物馆档案利用工作建立在坚实的基础之上。

（六）逐步实现博物馆档案管理现代化

当前，办公自动化已广泛启动，博物馆档案管理现代化也是必然趋势，这对博物馆档案的利用服务工作具有重要的意义。博物馆档案管理向现代化的转变，将是一场历史性的变革，我们只有从现在起就紧跟形势，创造条件，才能尽快完成这个转变，实现这个变革，才能不断提高博物馆档案利用服务工作的质量和效果。

周晶晶（北京古代建筑博物馆文物保护与发展部档案馆员）

专项研究

《孝贤纯皇后亲蚕图》冠服制式初考

农耕和桑蚕一直是中国古代最为重要的生产活动，中国古人也一直遵从"男耕女织"的生产方式，因而也有了皇帝亲耕，皇后亲桑以为天下表率的政治活动。"国之大事，在祀与戎"，祭祀始终都是中国古代统治者极其重视的一项政治活动，中国古人信仰的神灵体系繁多且复杂，在各个方面都有信奉的神灵。桑蚕业自然而然地也产生了其信奉的神灵——嫘祖。按照"男耕女织"的概念，便由皇后主持先蚕祭祀，并且随着朝代更迭发展，最后形成了一套完整的先蚕祭祀体系。

清朝建立之初并没有延续明朝举行的先蚕祭祀，康熙年间因皇帝的个人兴趣，在西苑丰泽园东侧修建蚕舍，种植桑树、养蚕、育种、缫丝、纺丝。直到雍正十三年（1735 年）河东总督王士俊奏请依照古制，建立先蚕坛。

> "四月，己亥，礼部议覆。河东总督王士俊奏请奉祠先蚕。……周制蚕于北郊，其坛应设于北郊。祭日用季春吉巳，一切坛制祭品，俱视先农典礼。京师为首善之地，应于北郊建坛奉祀。"——《清实录·世宗实录》卷一百五十五

雍正皇帝议准了这一建议，并着手准备修建先蚕坛。

> "雍正十三年议准京师于北郊择地建先蚕坛。每岁以季春吉巳日，遣礼部堂官一人承祭。"——乾隆朝《钦定大清会典则例》卷六十一

然而，先蚕坛还未建成，同年八月雍正皇帝便离世了。乾隆元年（1736年）按照大臣疏请在京城设立先蚕祠。

　　　"春正月，癸卯。直隶总督李卫疏请出蚕省分，建立先蚕坛。总理事务王大臣议覆，为坛以祀先蚕，经传未闻，未便各省城通立。应于京师建祠奉祀，至期，遣礼部堂官一员承祭。从之。"——《清实录·高宗实录》卷十

　　　"乾隆元年议准停止建立先蚕坛，改立先蚕祠宇，至期遣礼部堂官一人承祭。"——乾隆朝《钦定大清会典则例》卷六十一

　　于是在安定门外建立先蚕祠，定为群祀，每年农历三月遣太常寺官员祭祀。

　　乾隆七年（1742年）大学士鄂尔泰负责编纂《国朝宫史》，梳理各项典章制度，以"古制天子亲耕南郊，以供粢盛；后亲蚕北郊，以供祭服……今逢重熙累洽，礼明乐备之时，亲蚕大典，关系农桑，自应举行，以光典礼。"为由，上奏乾隆请求创建先蚕坛，实行皇后亲桑享蚕。乾隆八年（1743年）先蚕坛建成。《日下旧闻考》记载了先蚕坛的形制：

　　　先蚕坛在西苑东北隅。先蚕坛乾隆七年建，垣周百六十丈（512.00米）。南面稍西正门三楹，左右门各一。入门为坛一成，方四丈（12.80米），高四尺（1.28米），陛四出，各十级。三面皆树桑柘。西北为瘗坎。我朝自圣祖仁皇帝设蚕舍于丰泽园之左，世宗宪皇帝复建先蚕祠于北郊，嗣以北郊无浴蚕所，因议建于此。

　　　坛东为观桑台。台前为桑园，台后为亲蚕门，入门为亲蚕殿。

　　　观桑台高一尺四寸（0.45米），广一丈四尺（4.48米），陛三出。亲蚕殿内恭悬皇上御书额曰"葛覃遗意"。联曰："视履六宫基化本；授衣万国佐皇猷。"

　　　亲蚕殿后为浴蚕池，池北为后殿。

　　　后殿恭悬皇上御书额曰"化先无斁"。联曰："三宫春晓

觇鸠雨；十亩新阴映鞠衣。"屏间俱绘《蚕织图》，规制如前殿。

宫左为蚕妇浴蚕河。南、北，木桥二，南桥之东为先蚕神殿，北桥之东为蚕所。

浴蚕河自外垣之北流入，由南垣出，设闸启闭。先蚕神殿，西向。左、右，牲亭一，井亭一，北为神库，南为神厨。垣左为蚕署三间，蚕所亦西向，为屋二十有七间。

院内殿宇，游廊、宫门、井亭、亲蚕门、墙垣均为绿琉璃瓦屋面，蚕署和蚕所均为灰筒瓦屋面。

自此，皇后亲享先蚕正式列入清代国家祭祀，定为中祀，包括亲祭礼、躬桑礼、献茧缫丝礼三项内容。每年季春三月吉巳举行。

乾隆九年（1744 年）农历三月初三"皇后亲享先蚕坛，翼日行躬桑之礼"，由皇后富察氏按照先蚕仪程仪轨进行了清代开国第一次亲桑享先蚕。此次祭先蚕意义重大，当年，乾隆皇帝命宫廷画师郎世宁等人绘制《孝贤纯皇后亲蚕图》，以为纪念。

《孝贤纯皇后亲蚕图》（后文中简称《亲蚕图》或图卷），绢本设色，51 厘米 × 590.4 厘米，现存于台北故宫博物院，由郎世宁、金昆、程志道、丁观鹏等宫廷画师合作绘制。图卷共四卷，内容分别描绘孝贤纯皇后富察氏诣坛、祭坛、采桑、献茧的四步仪程。乾隆皇帝曾题《先皇后亲蚕图承命弄藏茧馆并志以诗》御制诗于图卷后。

直至清朝灭亡，皇后亲行先蚕祭祀、躬桑之礼共计 54 次，如图卷中所绘流程完备次数屈指可数。该图卷为研究清代先蚕祭祀文化提供了重要及丰富的证据，其重要程度可见一斑。

服饰制度是历代礼仪制度的重要内容之一。服装的款式、质地、纹样、色彩等代表着穿着者的身份和地位。在清代各等级服饰中，最具代表性的当属皇帝和皇后的服饰。皇帝冠服分为礼服、吉服、常服、便服、行服。皇后冠服礼制上与皇帝差别不大，只是在形式上有男女区别。《大清会典》中记载皇后冠服的只有礼服和吉服。清代皇后冠服从款式、质地、纹样、颜色到各种装饰，都有严格的规定。

《孝贤纯皇后亲蚕图》绘制的是乾隆九年（1744 年）祭祀先蚕的场景，此时清代先蚕祭祀制度还并未完备，图中所绘皇后穿着冠服样式应为乾隆九年（1744 年）之前所定制式。清代皇后祭祀先蚕创立于乾隆七年（1742年），为清朝开国首创，在此之前并没有皇后祭祀先蚕之例，先蚕冠服制式更无从参照。且乾隆以前文献对于皇后冠服记载较为简单，康熙朝《大清会典》中皇后冠服"凡庆贺大典，冠用东珠镶顶，礼服用黄色、秋香色，五爪龙缎，凤皇翟鸟等缎，随时酌量服御。"（康熙朝《大清会典》卷之四十八·礼部仪制清吏司）仅此一句，无更多描述。乾隆以前《会典》记载冠服样式并不能为确定《亲蚕图》中皇后冠服制式提供过多参考。

此文中关于《孝贤纯皇后亲蚕图》中冠服样式，笔者是以《国朝宫史》中的记载为主要参考。《国朝宫史》为乾隆七年（1742年）内廷大学士鄂尔泰、张廷玉等奉敕编纂，收录了从顺治至雍正朝圣训，皇上（乾隆皇帝）谕旨，以昭垂内廷法制。其中"典礼"卷记录了内廷典礼、仪节、规制、冠服、舆卫之制。奉敕编纂具有可信度和权威性，且修书时间与孝贤纯皇后祭先蚕时间最为接近，所以笔者认为此书中记载冠服制式最可能接近图卷所绘，遂以为参考。

《孝贤纯皇后亲蚕图》四卷中，除第一卷《诣坛》中描绘皇后仪仗，皇后形象没有在画中表现外，其余三卷中皆绘有皇后形象。通过对三幅图卷对照，三幅中孝贤纯皇后所穿着冠服样式皆不相同，祭坛、采桑、献茧三个环节各有其规制冠服。笔者根据文献记载和图卷中冠服样式对照，并结合一些现存皇帝、皇后冠服，认为《亲蚕图》中皇后穿着冠服制式如下：

第二卷：祭坛

《国朝宫史》卷六　典礼二　先蚕坛享祀仪

"皇后御礼服乘凤舆出宫……右赞引，左对引女官二人恭导皇后入具服殿少俟……皇后出具服殿，盥。"

皇后礼服（朝服）包括朝冠、朝褂、朝袍、朝裙、金约、领约、耳饰、朝珠、采帨等，在祭祀和重大庆典时穿用。穿着时朝裙在里，再穿朝袍，外加朝褂。

《第二卷：祭坛》中皇后冠服

皇后冠服

青绒朝冠　并缀红缨，正中顶一座，三层，贯三等东珠各一，皆承以金凤。饰二等东珠各三，三等珍珠各一，小珍珠各十六。上衔三等大东珠一。红缨上周缀金凤七，饰二等东珠各九，小珍珠各二十一，猫睛石各一。后金翟一，饰小珍珠十六，猫睛石一。翟尾垂珠，五行二就，共四等珍珠三百有二，每行二等珍珠一。中间金桃花一，衔青金石，两面饰二等珍珠六，三等东珠六，末缀珊瑚。冠后护领垂明黄绦二，末缀宝石。青缎为带。

金约　周围金云十三，衔二等东珠各一，间以青金石，红片金为里。后系金衔松石结，珠下垂，五行三就，共四等珍珠三百二十四，每行二等珍珠一。中间青金石方胜二，两面衔二等东珠各八，三等珍珠各八。末缀珊瑚。

朝褂　并用石青色，片金缘，前绣行龙四，后正龙一、行龙二，下幅"八宝平水"。领后垂明黄绦。

朝袍　并用明黄色，披领及袖俱石青色，片金缘。前后绣正龙各一，两肩行龙各二，下幅行龙五。间以五色云，周围"八宝平水"。披领行龙二，袖端正龙一。袖相接处行龙各二。领后垂明黄绦。

朝裙　并用红色织金寿字，下镶石青行龙妆缎。片金缘。皆正幅。有襞积。

石青缎绣金龙棉朝褂，清乾隆，现存于北京故宫博物院，清宫旧藏。

此褂丝质。圆领，对衿，左右开裾，片金缘。石青缎地上绣两条上升的金龙，并彩绣流云飞蝠、海水江崖等纹饰，间以缉珍珠、珊瑚米珠团寿字，外环缀捶镖花卉嵌珊瑚、绿松石、金板，以钉珊瑚、珍珠排珠相连。朝褂上缀银鎏金蜇龙纹扣9枚。内挂红色暗团云龙金寿字织金缎里，中间薄施棉絮。

此朝褂为清乾隆帝孝贤纯皇后秋冬季御用，将其套在朝袍外，与明黄缎绣金龙皮朝袍和朝裙，共同构成礼服，用于元旦、万寿、冬至三大圣节以及其他重大典礼场合。

明黄缎绣金龙皮朝袍，清乾隆，现存于北京故宫博物院，清宫旧藏。

此服丝质。圆领，披肩，肩部加缘，大衿右衽，马蹄袖，裾后开，片金缘，缀铜鎏金蜇花扣三、铜鎏金光素扣二十四、黄缎盘花扣三。袖端内施貂皮，其余部分边镶染银鼠皮出锋。袍内亦用皮毛，上为羊皮，下用天马皮。

此朝袍是清乾隆帝孝贤纯皇后的御用礼服，为皇后在重大典礼时穿着。肩部饰缘和披肩上的金龙、金凤，嵌以翡翠、青金石、珊瑚、孔雀石和绿松石等珍贵宝玉石。

石青缎绣金龙棉朝褂　　　　明黄缎绣金龙皮朝袍

第三卷：采桑

《国朝宫史》卷六　典礼二　皇后躬桑仪

"巳初刻，宫殿监转奏，皇后吉服乘舆出宫，从桑妃、嫔咸吉服乘舆从，诣西苑。皇后入具服殿少竢……典仪奏请皇后行躬桑礼，皇后出具服殿，前引、后从如常仪。"

《第三卷：采桑》中皇后冠服

皇后吉服有吉服冠、吉服褂（龙褂）、吉服袍（龙袍）、吉服朝珠等，常朝和一般节日时穿用。

青绒吉服冠　并缀红缨，顶衔三等东珠一。

吉服袍　用明黄色，领袖俱石青色，绣金龙九。间以五色云、福寿文。下幅"八宝平水"。领前后正龙各一，左右及交襟处行龙各一。袖如朝袍，左右开襟，以袭吉服褂。缎绸纱裘，随时所宜。

明黄缎绣云龙纹吉服袍，清乾隆，现存于北京故宫博物院，清宫旧藏。

袍以明黄色缎地绣云龙纹为面，月白色绸里。圆领，右衽大襟，袖由袖身、中接袖、接袖及马蹄形袖端组成，左右开裾式双层长袍。右襟钉银鎏金水纹錾花扣四枚。领口拴黄纸签，上墨书："乾隆三十三年五月初五日收明黄金龙夹袍一件。"袍身共绣五爪正面金龙九条，其中胸、背及两肩正龙各一，下襟正龙四，里襟正龙一。另在石青色领的前后绣金正龙各一，左右及交襟处绣行龙各一，石青色中接袖绣金行龙各二，马蹄袖端绣正龙各一。下摆绣八宝立水。周身点缀五彩流云及万字、蝙蝠、磬、如意、书、瓶、灵芝等杂宝纹。

明黄缎绣云龙纹吉服袍

皇后穿着吉服应包括吉服冠、吉服褂、吉服袍，但此图卷中皇后仅戴吉服冠，穿着吉服袍，并未穿着吉服褂的原因，还需要笔者对清代冠服制度做进一步了解。

第四卷：献茧

《国朝宫史》卷六 典礼二 皇后躬桑仪

"及蚕成，蚕母、蚕妇择茧贮筐以献。皇后遂以献于皇帝、皇太后。乃择吉日，皇后行缫三盆手礼，采桑妃、嫔从缫。是日，乘舆出宫如常仪。至织室缫盆前，妃、嫔侍立，蚕母渍茧于盆，以手出绪，握其总，跪进皇后。皇后受总，亲缫三，少退，立。妃、嫔进缫，以五为节，遂布于蚕妇之吉者使缫。礼毕，乘舆还宫，警跸如来仪。"

《第四卷：献茧》中皇后冠服

其中关于献茧时皇后所穿着冠服样式并未提及。通过图卷中皇后所穿冠服样式推测出为以下制式：

皇后冠服

青绒吉服冠　并缀红缨，顶衔三等东珠一。

吉服褂　用石青色，绣八团金龙。下幅五色"八宝平水"。袖端行龙各二。春秋以缎绸，夏以纱，冬以裘，随时所宜。

吉服袍　用明黄色，领袖俱石青色，绣金龙九。间以五色云、福寿文。下幅"八宝平水"。领前后正龙各一，左右及交襟处行龙各一。袖如朝袍，左右开襟，以袭吉服褂。缎绸纱裘，随时所宜。

缂丝石青地八团龙棉褂，清乾隆，现存于北京故宫博物院，清宫旧藏。

龙褂为石青色，圆领对襟，平口袖，后开裾。以圆金线缂织四团正龙和四团行龙，周围用五彩丝线织流云海水点缀，下摆织寿山福海及杂宝纹样。这件龙褂正合于《钦定大清会典》典章定制。应为皇太后或皇后在祝寿、赐宴等重要典礼场合时穿着。

缂丝石青地八团龙棉褂

虽然《国朝宫史》中没有记载献茧时皇后冠服，但是《钦定大清会典则例》中记载了乾隆九年献茧时皇后冠服：

"九年奏准蚕事既毕，据报茧成后择吉奏请皇后亲诣蚕宫。是日质明，蚕宫令献酒果祭告先蚕之神，设缫丝器具于织室正殿。皇后常服乘舆出宫，不设仪驾，妃嫔皆常服乘舆从。皇后至坛门外降舆，前引命妇十人导皇后至茧馆，妃嫔随入。"——乾隆朝《钦定大清会典则例》卷一百六十二内务府掌仪司二

此处记载皇后所穿为"常服"，抵达蚕坛后没有到具服殿更换服饰，直接到达茧馆。嘉庆朝、光绪朝《钦定大清会典》皆记载皇后献茧诣坛御常服：

"茧成之日，由府择日奏请皇后亲诣先蚕坛行献茧缫丝礼皇后常服乘舆出宫，妃嫔亦常服乘舆从。至坛降舆，诣织室御座。"——嘉庆朝《钦定大清会典》卷二十四内务府掌仪司一

皇后常服在服制中不见记载，但从文献记载和实物来看是存在的。它的形式应和皇帝常服相类似。即常服袍的颜色及花纹随所御，常服褂色用石青。

"常服袍无定色表衣色用青，织文用龙凤翟鸟之属，不备采朝珠如采服制。"——乾隆朝《钦定大清会典》卷三十礼部仪制清吏司冠服

《国朝宫史》中只有文字记载皇后冠服样式，没有图片。所以笔者此处参考了《皇朝礼器图式》中皇帝常服的样式。《皇朝礼器图式》是清代允禄、蒋溥等奉敕初纂，于乾隆二十四年（1759年）完成。是一部记载典章制度类器物的政书，图文并茂。其中卷四至卷七为冠服，每器皆列图于右，系说于左。每件器物的详细尺寸、质地、纹样以及与相应官职品级的对照，无不条理清晰，记载详备。《皇朝礼器图式》成书年代晚于《孝贤纯皇后亲蚕图》，其中记载的与图卷所绘之时皇后冠服制式或有不同，相同制式冠服即使调整，风格应该变动不大，可以引用推测。

"皇帝夏常服冠　谨按本朝定制。皇帝夏常服冠御用之期与朝冠同，红绒结顶，余俱如夏吉服冠。

皇帝常服褂　谨按本朝定制。皇帝常服褂色用石青，花文随所御棉袷纱裘各惟其时。

皇帝常服袍　谨按本朝定制。皇帝常服袍色及花文随所御。裾左右开，棉袷纱裘各惟其时。"——《皇朝礼器图式》卷四冠服一

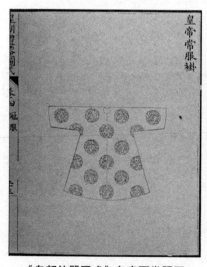 

《皇朝礼器图式》皇帝夏常服冠　　　　《皇朝礼器图式》皇帝常服袍

《皇朝礼器图式》皇帝常服褂

　　石青色缎常服褂，清乾隆，现存于北京故宫博物院，清宫旧藏。

　　此为乾隆帝皇后春秋两季穿着的常服之一。圆领，对襟，平袖，裾后开。缀铜镏金錾花扣一枚，拴系扣袢四枚。月白缠枝小花暗花绫里。领口系墨书黄纸签二，一书"石青缎夹褂一件"，一书"览石青缎女夹褂一件，乾隆三十四年十月十五日收，王常贵呈"。

　　石青色暗花缎常服袍，清乾隆，现存于北京故宫博物院，清宫旧藏。

石青色缎常服褂

石青色暗花缎常服袍

此袍为乾隆帝皇后春秋两季常服之一，用于严肃、庄重等场合。圆领，对襟，平袖，裾后开。石青团龙暗花缎面料，缀铜镏金光素扣一，铜镏金錾花扣四。月白色缠枝菊暗花绫里。领口系墨书黄纸签二，一书"石青缎棉褂一件"，一书"览石青缎夹褂一件，乾隆五十年四月初四日收，敬事房呈。"

　　通过文献记载、实际文物和相关学者研究了解，帝后常服样式基本相同，无绣工与各样彩色缘边装饰，均为素织或织暗花纹样。但是《亲蚕图》献茧一卷中，皇后所穿冠服外褂上团龙纹饰明显，且为彩色织绣。内袍下摆处"八宝立水"彩色织绣纹样也清晰可见。其颜色、图案和《皇朝礼器图式》中所绘皇帝常服样式，以及现存帝后常服素织、暗花样式差别较大。可见《献茧》卷中所绘冠服并不是常服，通过与《皇朝礼器图式》中记载皇后冠服样式对比，笔者认为与皇后吉服样式更为接近。

　　真实历史当中，皇后献茧时冠服制式到底为何，这一问题还有待继续讨论。但笔者认为应以文献记载为首要参考，为乾隆朝《钦定大清会典则例》记载的"常服"，即皇后献茧时穿着常服。

　　《孝贤纯皇后亲蚕图》为祭蚕事后绘制，并不是当场绘制，作画官员在皇后献茧时不太可能在当场，极大可能是通过对仪式过程了解之后的艺术加工，且宫廷画中所绘内容与实际情况不完全相符的情况也偶有出现，所以《亲蚕图》不是对祭祀场景的百分之百无误差地还原，可能出现与历史事实有谬误的情况。

　　还有一种可能是，乾隆九年（1744年）举行典礼当时，因是首次举行皇后祭祀先蚕，当时皇后祭蚕冠服样式可能还未完全形成定制。

　　乾隆七年（1742年），"八月，辛卯。定亲蚕典礼"；乾隆十一年（1746年），"正月。庚午。钦定祭祀中和乐章名"。在此次祭祀先蚕之后，关于先蚕祭祀的众多制度才逐步完善。乾隆皇帝十分重视祭祀礼制，又于乾隆十四年（1749年）开始对京城皇家坛庙不管是祭祀建筑规格、祭祀礼器这些物质方面，还是在祭祀礼仪制度这种精神方面都进行了整合和再确定，使祭祀内容更加制度化、规范化。直到乾隆十五年（1750年）时，清代关于先蚕坛的相关制度才最终得以确立。在这过程中先蚕祭祀制度逐渐完善，才确定下来皇后献茧时穿着常服。

"乾隆九年先蚕坛成。皇后率妃嫔暨诸命妇行亲蚕礼。求桑献茧。效绩公宫。数年来新丝告登。命官染织御衣。以朝以祭。此皆其所供也。章采犹新。祎褕遽渺。"——《大清高宗纯皇帝实录》卷三百十二乾隆十三年四月上

除了上文所写，皇后冠服还包括配饰，形成一套完整的冠服体系：

珥　左右各三，以金为龙形，末锐下曲，各衔头等东珠二。

领约　周围金云十一，衔二等东珠各一，间以珊瑚及三等东珠、二等珍珠各四。垂明黄绦二，中贯珊瑚、背云各一，末缀松石各二。

朝珠　中左右共三盘，中以三等东珠，左右以珊瑚、佛头、记念、背云、大小坠珠宝杂饰惟其宜，绦俱明黄色。

彩帨　以绿色绸为之，绣"五谷丰登"。佩箴管、縏袠之属。绦俱明黄色。

综合上文所述，笔者认为《孝贤纯皇后亲蚕图》中所绘皇后冠服分别为：《第二卷：祭坛》皇后御礼服（朝服：朝服冠、朝服褂、朝服袍）；《第三卷：采桑》皇后御吉服（吉服冠、吉服袍）；《第四卷：献茧》皇后御吉服（吉服冠、吉服褂、吉服袍）。《第四卷：献茧》中皇后虽然穿着吉服，但根据文献记载应为常服（常服冠、常服褂、常服袍）。

历史文献中并没有单独记录清代皇后祭先蚕所穿冠服，只在叙述皇后祭先蚕流程中简单涉及冠服。且皇后冠服和皇帝冠服相比在文献中记载并不全面，我们只能通过在历史文献中找寻线索，找到最可能接近合理情况的缘由。笔者不是专门从事清代服饰制度的研究，仅仅通过文献和一些文物样式推断出结果，并不能给出确定的结论，以待日后在查阅更多的历史文献后，再得出更加合理的推论。

陈媛鸣（北京古代建筑博物馆陈列保管部助理馆员）

北京先农坛神牌库建筑研究
——课题工作及成果介绍

一、课题研究背景

北京先农坛神牌库殿（神厨院正殿），始建于明永乐十八年（1420年），为明代存放山川诸神（嘉靖后改为太岁、天神地祇诸神）、先农神神牌，及清代平时供奉除旗纛神外诸神祇、神牌之所（乾隆年间太岁神牌改为太岁殿常祀供奉，因此乾隆之后这里仅供奉先农、天神、地祇神牌）。

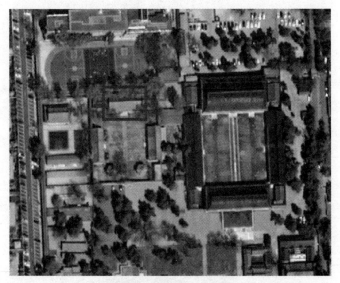

先农坛神牌库位置示意

近年来，在先农坛历史研究中，通过历史资料研究发现，神牌库在近600年历史演变中，疑似发生过建筑形制上的重大变化。明代图形资料中，它的屋顶形式为单檐顶；清代图形资料中，其屋顶形式为重檐顶；今天我们看到的实物，则是单檐悬山顶。然而在历史文献中并未发现有关神牌库形制变化的文字记载。这一疑问有待进一步的深入研究。

神牌库建筑南立面

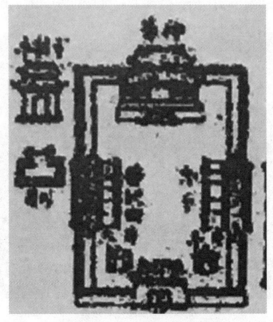

《清会典图》中神牌库为重檐屋顶

为解决上述先农坛建筑历史研究的疑问，以北京市古代建筑研究所为研究主体、北京古代建筑博物馆为协作单位，申报实施了北京市文物局2019年度科研课题《北京文化遗产保护实践探索研究（一）》的子课题三：北京先农坛神牌库建筑研究。

二、课题研究情况基本介绍

本次建筑研究是一次多方向、多学科合作的综合性建筑调查及研究。研究工作以针对古建筑的历史研究和建筑形制、尺度、工艺等特征为研究基础，并采用现代科学技术研究为辅助手段，对先农坛神牌库进行系统的科学研究。课题研究中采用三维扫描技术对建筑进行精细化测量，对建筑法式特征进行比较分析，对大木构架材质种类进行微观研究，对彩画微观成分和形制进行综合研究等。通过上述综合分析研究，寻找该建筑主体大木构架及其他部位在后代拆修过程中存在的变化，从而帮助解决该建筑的断代研究问题，探寻神牌库建筑形制与清代历史文献资料不符的原因。本次课题研究的目标是：判定现存木结构的形成年代，判定现存彩画形成的年代，解决神牌库建筑的断代研究问题。探寻神牌库建筑形制与清代历史文献资料不符的原因。

（一）课题初期基本研究思路

课题分项研究工作阶段

查阅历史文献中的建筑演变过程：从历史资料角度进行分析研究。对该建筑建造年代、历次修缮沿革进行梳理，并与各时代历史图档进行比对分析。目的是找寻历史上存在重大修缮、拆改的相关年代，形制信息及工程内容的相关信息。

建筑本体勘测研究、类似明清建筑的调查：针对神牌库殿建筑重檐改为单檐的可能性，对建筑大木构架、墙体、台基等进行勘察研究，查找历史改动的痕迹依据；与同类型、同时期建筑进行调查研究，探寻构造、工艺等方面的特点差异，帮助研究人员正确认知神牌库殿建筑各部位历史遗存的真实性。

采用科技手段的建筑研究（三维激光扫描测绘、大木构架树种研究、彩画地仗成分研究）：使研究人员能够真实、立体地了解大木构架整体状况及细部特征；从微观研究角度，对木构架的树种、建筑彩画地仗的材料进行科学分析，为建筑研究提供技术支撑。

课题综合性汇总分析研究阶段

对以上分项研究的阶段性成果进行汇总分析。从现存建筑实际存留信息的研究出发，对各分项研究成果进行横向联系、综合分析。从而科学认识建筑内含的真实历史信息，验证历史文献的存疑点。

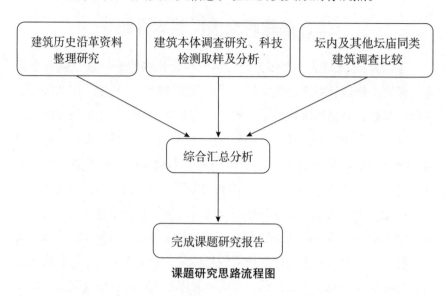

课题研究思路流程图

（二）课题创新点介绍

1. 在建筑历史疑点的研究过程中，引入先进的现代科学技术手段进行针对性的辅助研究，为研究古建筑的历史变化提供技术支撑。本次研究采用三维激光扫描技术对该处古建筑进行测绘，从而更加立体真实的反映建筑现状；特别是大木构架在后代拆改过程中造成的构件差异、木构件变形及工艺特征等；对木构件材质及彩画颜料、地仗成分进行科学检测，从而从古建筑材料学的微观研究角度对后代拆改导致的材料差异进行分析。以此得出科学结论，帮助研究人员能够真实认知古建筑拆改变化的历史真实信息。

2. 课题研究规模较小，但研究内容较为全面。是一次采用多种研究方法、多学科协作的综合性古建筑研究。课题研究中采取了建筑历史文献研究、建筑实例分析比对研究、辅助科技手段研究的多种研究手段。参与团队涉及古建筑研究、博物馆、国内知名大学、专业测绘、施工等五家单位。研究工作从书面资料的整理研究到建筑本体遗存的现场调查；从神牌库建筑本体的勘测到坛内其他建筑的调查比较分析，甚至到北京其他坛庙建筑的调查比较分析；从对建筑表观法式、工艺特征的比较研究到对建筑微观的材料检测分析研究。故本次课题名称看似虽小，但研究过程并不简单，综合性研究是本次建筑研究区别于传统研究方式的最大特点。

三、课题研究的主要内容及成果介绍

（一）神牌库建筑历史资料的梳理研究

1. 历史资料研究工作介绍

通过对先农坛建筑群自明代营建到清代、民国、中华人民共和国成立后的修缮历史沿革进行梳理，查找神牌库建筑营建、大规模修缮的时间点及相关内容，使建筑本体研究、断代研究更有历史针对性。

2. 历史资料梳理研究的基本成果

（1）根据目前掌握的相关历史资料，通过对先农坛初建至最近修缮的相关历史资料的梳理，我们对先农坛建筑群的营建修缮历史时间有了了解；对其总体布局及院落格局的演变历程有了认识。除 20 世纪 90 年代后的大修以外，历史上进行的大规模营建、改建、修缮主要集中在明永乐、嘉靖及清乾隆年间。

营建时期——明永乐十八年（1420 年）：山川坛。先农坛格局初步确定。

改制时期——明嘉靖十一年（1532 年）：明嘉靖帝登基后对先朝礼制进行了改革，并扩建天、地、日、月、先农（神祇）等坛庙建筑。先农坛格局重新确定。

大修完备时期——清乾隆十九年（1754 年）：清乾隆年间先农坛在此期间获得了大规模的修缮。并对部分建筑格局进行了调整。至此，先农坛建筑布局最终完备。

保护修缮时期——1998 年至今。自民国至中华人民共和国成立后，先农坛已失去了皇家祭祀建筑的功能及历史使命，但随着近现代文物保护意识的提高，20 世纪 90 年代，对该处建筑群进行了具有保护理念的整体修缮，使该处建筑获得新生。在此之后，又逐年对部分建筑的老化破损进行了小修和保养。

（2）在对相关历史资料及图档进行梳理研究中，也发现了史料记录中的一些问题。

相关历史资料中记录的建筑修缮历史信息并不够全面，可能存在一定记录的遗漏。如：历史资料中记录清乾隆朝修缮先农坛的内容描述极其简单，没有提到具体修缮的建筑名称，更没有提到修缮的具体内容，但现存建筑的彩画地仗、瓦面纹饰均是清乾隆年间大修的遗存。

历史图档中绘制建筑造型的准确性存疑。从《明会典》及《洪武京城图志》等反映明代先农坛建筑格局的图档来看，其绘制较粗糙、空间比例失真、建筑屋顶均为单檐并不合理，其表述的内容有限；从《清会典》等反映的清代先农坛建筑格局的图档来看，其绘制较细（开间数均有所表示）、整体比例较好，但其中的神牌库建筑均为重檐建筑，这与现存建筑实物并不符。

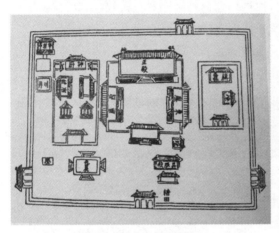
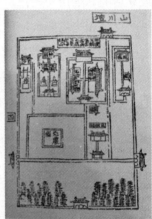

《明会典》山川坛总图　　　　　《洪武京城图志》山川坛总图

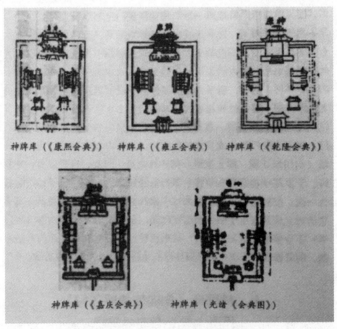

神牌库（《康熙会典》）　神牌库（《雍正会典》）　神牌库（《乾隆会典》）

神牌库（《嘉庆会典》）　神牌库（光绪《会典图》）

《清会典》中清代各朝绘制神厨院

（二）神牌库建筑本体勘查及分析

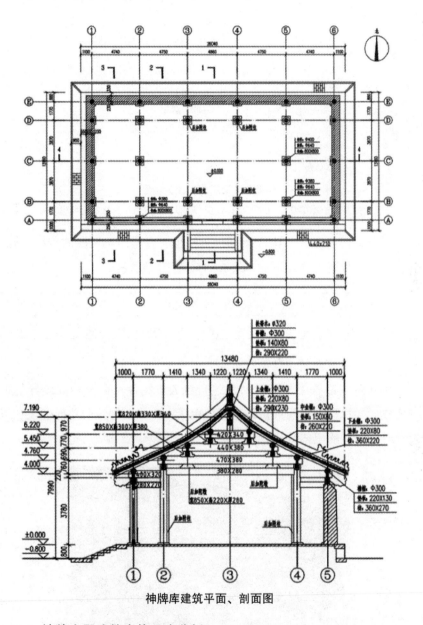

神牌库建筑平面、剖面图

1. 神牌库殿建筑本体尺度分析

通过对神牌库大木构架控制尺度的分析比较。该建筑在总面阔进深、各开间尺寸、檐柱高度、屋架举折等建筑控制尺度上与《清式营造则例》不符，特别是其屋架举折接近于宋式《营造法式》中的折减尺度。故从建筑木构架整体尺度方面分析，该建筑与清式建筑的差异较大，推断其具有明代建筑尺度特征。

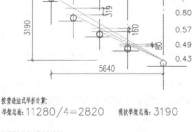

按营造法式举折计算：
举架总高：11280/4=2820　现状举架总高：3190

按现举架总高计算各部举高：
上金步举架折减：3190/10=319
下金步举架折减：3190/20=159.5
檐步举架折减：3190/40=79.75

神牌库举架尺度对比分析图

（注：以现有举架总高为准，计算各步举架举折与现有举折比较基本相符）

通过对神牌库大木构件及搏风板挑出、台明山出尺度的分析比较，其与《清式营造则例》不符，具有明代建筑尺度特征。

搏风板山面挑出：1250mm。约4.1檩径	清代出2檩径，而明代不低于2.5檩径
台明山出1000mm，金边560mm	大于清式一般1～2寸金边的要求

2. 神牌库殿建筑工艺特征分析

本次现场勘查中加强了对建筑自身大木构件特征及相互差异的勘查比较，寻找建筑木构件自创建至今由于历次修缮导致的差异变化，以及具有代表性的工艺特征。

神牌库明间东侧大木架

明间东西两侧木构架七架梁下带跨空枋（其间两个木墩为20世纪90年代修缮填配）。七架梁身整体呈中间粗大、两端略小，这与清式木构梁身顺直的造型有所区别。

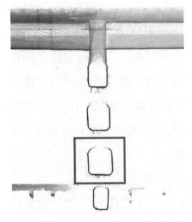

明间七架梁截面（三维激光扫描成果图）　　明间七架梁上部曲线饱满

　　梁身截面特点与清式木构梁身截面不同。梁身上部曲线饱满圆润，梁身下部为倒圆棱做法，形成上下不对称。根据现场勘查，梁身倒圆棱的尺度要比清代（按截面高和宽的 1/10）大，其梁身上部弧线形的造型也与清代梁身不同，据此推断应为明代构件遗存。

北向三步梁　　　　中柱　　　　南向三步梁

中柱两侧三步梁差距明显

（注：次间中柱两侧三步梁截面差异及插柱处榫卯差异）

　　神牌库建筑木构架南北两侧三步梁截面尺寸差距明显，北侧比南侧小得多；从中柱开挖的榫眼看，北侧三步梁高度明显小于中柱上开挖的榫眼；南北两侧三步梁插柱处榫卯工艺有区别，南侧明显比北侧做工精细，南侧虽由于构架变形有外拔，但可见榫口抱肩曲线圆润、榫头疑似有袖肩做法，北侧榫口呈 V 字形、榫头无袖肩做法。由此可推断为历史修缮补配构件所致，结合大木构架现存彩画为清乾隆年间的遗存，据此推断为清乾隆修缮乃至之前修缮所致。

3. 局部梁头有弧形线角、梁下柁墩造型稳重

　　经勘查，局部梁头发现存在弧形线角，与清式平直的木梁头有很大区别，且与先农坛内其他建筑上的多处梁头线角形制相似，据此推断其仍带有明代建筑的遗存特征。

　　梁下柁墩造型稳重、曲线柔和，与清式做法有很大区别，且与坛内、甚至天坛内部分明代建筑上的遗存形制相似，据此推断其仍带有明代建筑的遗存特征。另，局部柁墩疑似后代修缮补配导致了部分形制差异，应为清乾隆修缮甚至之前的遗存。

梁头现存弧形线脚及梁下柁墩

4. 搏风板形式

　　经勘查，现搏风板形式与清式搏风板弧线做法不同，推测为明代遗存。

神牌库博逢板形式

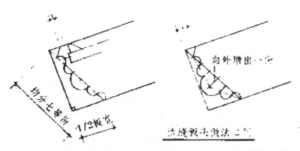

清式博逢板形式（摘自《中国古建筑木作营造技术》）

前檐柱收分、侧角：经勘查，该建筑前檐柱存在明显收分并带有侧角的工艺特征，与清式建筑檐柱做法存在差异。

神牌库梢间外立面

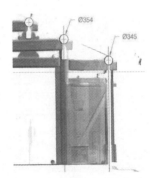

神牌库前檐廊步三维激光扫描

小结：神牌库建筑在大木构架及台基尺度控制方面，在建筑基本特征方面，体现出明显区别于清代建筑的明代建筑特征，而一些差异特点也体现了清乾隆大修或之前的历史修缮痕迹。

（三）木构件树种鉴定研究成果简述

本次委托北京林业大学对神牌库建筑大木构件及神厨院东殿、宰牲亭殿局部大木构件进行树种取样及鉴定研究工作。

神牌库正殿木构件现场取样及实验室检测

大木构件树种鉴定结果：

	木构件类型	取样位置	编号	树种鉴定结果	合计
神牌库正殿	上金檩	西次间	CD2-CD3	落叶松	16个
	上金檩	西稍间	CD1-CD2	落叶松	
	下金檩	西次间	CD2-CD3	落叶松	
	三架梁	西次间（东山面）	B3-D3	落叶松	
	五架梁	西次间（东山面）	B3-D3	落叶松	
	七架梁	西次间（东山面）	B3-D3	落叶松	
	三架梁	西稍间（东山面）	B2-D2	落叶松	
	五架梁	西稍间（东山面）	B2-D2	落叶松	
	七架梁	西次间（西山面）	B2-D2	落叶松	
	七架随梁	西次间（西山面）	B2-D2	落叶松	
	脊檩	西次间	C2-C3	落叶松	
	脊枋	西次间	C2-C3	落叶松	
	中柱	西稍间（西山面）	C1	落叶松	
	中柱	西次间（东山面）	C2	落叶松	
	金柱	西次间（东山面）	D3	落叶松	
	驼峰	西稍间（东山面）-五架梁上-南坡	B3-C3	落叶松	
东配殿	五架梁	北稍间（南山面）	A2-C2	落叶松	2个
	七架梁	北稍间（南山面）	A2-C2	落叶松	
宰牲亭	下金枋	明间	C3-C4	落叶松	2个
	下金随枋	明间	C3-C4	落叶松	
总计					20个

（四）彩画检测研究及成果

本次委托北京化工大学和北京化物天工科技有限责任公司对神牌库建筑室内彩画进行彩画地仗的专项检测研究工作。

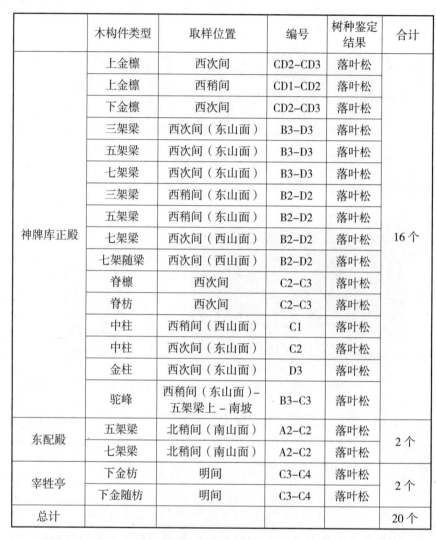

神牌库内檐木构件彩画

北京古代建筑博物馆文丛

第七辑 2020年

神牌库内檐彩画地仗

神牌库彩画地仗材质形制的相关结论：

根据先农坛神牌库内檐彩画形制中皮条线、弧线、栀花，旋眼及方心的纹饰各自具有的年代特征，结合历史文献综合判断出神牌库内檐彩画绘制于清乾隆时期。

关于神牌库颜料成分。其中绿色颜料为氯铜矿，蓝色颜料为青金石，白色颜料为铅白，黄色颜料为雌黄，黑色颜料为炭黑，金箔层赤金（主要为金龙）和库金（主要为旋眼）均有使用。根据颜料的使用情况推断神牌库内檐彩画为清代乾隆时期彩画。

地仗层主要采用一布五灰制作工艺，主要含砖灰（72%～91%，成分为石英、钙长石、透长石等）、白土粉（1%～3%）、面粉、血料、麻布等。神牌库彩画地仗工艺较为复杂，结合血料的使用，可推测彩画绘于清朝中后期。

（五）三维激光扫描成果

课题组委托北京精惟科技有限公司对神牌库建筑内外进行现场扫描工作，对扫描数据进行后期整理、制作完成了相关扫描测绘成果。

1.根据扫描数据完成了神牌库建筑三维建筑模型：鉴于课题研究需要，我们去掉了建筑屋面等遮挡，以便对内部梁架的体现更加直观。通过三维建筑模型，可以对建筑整体空间尺度、各间构架形制及立体叠压关系有更加直观、立体的认识。

神牌库建筑数字模型

2.结合课题研究需要，对扫描成果进行优化处理，制作了大量神牌库建筑的彩色、黑白表现视图。

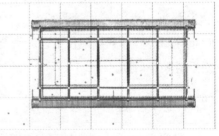

神牌库平面、梁架俯视黑白视图

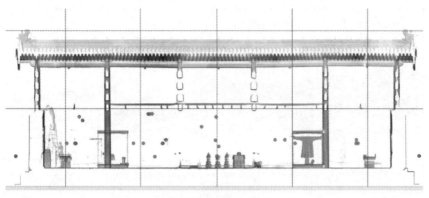

神牌库横剖面黑白视图

神牌库建筑立面彩色视图

（六）同类建筑的调查比较研究

根据研究技术路线及工作安排，本次调查研究对北京市范围内的一些明清皇家坛庙建筑进行了现场调查工作，并对调查结果进行整理、比较和分析。

1. 对同在神厨院内、建筑形式相似、同期始建的东殿、西殿、北殿及宰牲亭进行调查分析。

分析研究小结：

神牌库建筑年代分析：

（1）神厨院三处建筑现北殿为主、东西为辅的院落格局，以及三处建筑虽均是五开间悬山顶的统一风貌，但北殿在建筑尺度及梁架构造上又与东西两殿有所不同。这些总体特征与该建筑的祭祀功能及院落历史格局是相呼应的。反映了各建筑在祭祀使用中的分工有序，以及因祭祀功能导致的建筑等级主次有别的差异体现。

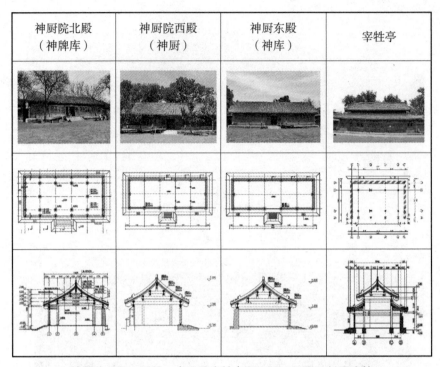

神厨院北殿 （神牌库）	神厨院西殿 （神厨）	神厨东殿 （神库）	宰牲亭

神厨院北殿、西殿、东殿及宰牲亭殿立面、平面、剖面比较

（2）三处建筑在各部控制尺度上大部分相似（如：台基面阔及平面尺度、大木架柱子与屋架高度比、屋架举折等），未发现北殿有明显区别于东西殿的拆改区别。据此推断，三组建筑应为相同时期所建，故北殿历史上重檐改单檐的可能性很低。

（3）神厨院三殿的各部材料、形制、工艺做法上具有大量相似性。特别是在作为建筑骨架的大木构件方面，柱子、梁身、柁墩等构件的形制、工艺具有相似性；另依据树种检测报告，北殿大量大木构件与东殿及宰牲亭的大木构件材质相同，均是落叶松；这些相似特征从实物遗存上证实了三处建筑应为同期营建。

——根据上述分析内容，神牌库建筑在建筑布局、尺度控制、材料形制工艺方面与明初同期营建的神厨院东殿、西殿具有大量相似的特征，据此推断神牌库建筑为明代建筑遗存。

神牌库建筑重檐改单檐的分析：

（1）神牌库殿悬山建筑的前后檐带廊步、山墙带山柱的平面布局与宰牲亭殿重檐歇山建筑的中间金柱围合、四面外包周圈廊柱的平面布局存在根本性的差异。

（2）神牌库殿悬山建筑的木构架布局与宰牲亭殿重檐歇山建筑的木

构架布局差异很大，宰牲亭建筑四面廊步坡屋顶形成首层屋面，廊步四角上作角梁插入金柱，金柱上做抬梁式二层悬山梁架，而神牌库殿稍间面阔尺寸过大、接近次间，且山墙带有中柱，不具备在稍间构建二层建筑的构架可能。

——据此推断，神牌库建筑不具备重檐改单檐的可能性。

2. 对先农坛内不同时期明清建筑进行调查分析。

太岁殿	太岁殿院拜殿	太岁殿院配殿	具服殿
庆成宫院大殿	庆成宫院妃宫殿	祭器库	神仓院仓房

先农坛内其他调查建筑

调查分析小结：

神牌库建筑与明代营建的太岁殿院落建筑、具服殿、庆成宫院落建筑、祭器库院落建筑在大量工艺特征上具有相似性，特别是与祭器库殿的总体形制、柱网面阔尺寸、木构架等形式上具有相似性。

——据此推断，神牌库建筑特征总体上符合先农坛内大部分明代建筑的特征。

3. 对北京市范围内的其他同类明代坛庙的神厨、神库等建筑进行调查分析。

调查分析小结：

通过对北京市内明代始建的天坛、地坛、日坛、月坛内神厨库建筑的调查。各坛与先农坛神牌库在建筑功能、院落格局、建筑风貌、总体控制尺度上体现出相似的明代神厨库建筑的特征；在构件形制、工艺方面也存在共同的明代建筑特征。

——据此推断，先农坛神牌库建筑符合北京明代坛庙神库建筑的特征，其应为明代所营造的建筑。

天坛北神厨	北殿（神库）	东殿（神厨）	西殿（神库）
地坛神库院	南殿（神库）	西殿（神厨）	东殿（祭器库）
日坛神库院	东殿（神库）	北殿（神厨）	
月坛神库院	西殿（神库）	南殿（神厨）	

北京市范围内的其它同类明代坛庙的神厨、神库等建筑

四、综合汇总分析及课题研究结论

（一）神牌库建筑断代问题的分析及结论

1. 在神牌库本体建筑研究方面

以神牌库自身的大木材料、工艺特征、控制尺度这三个方面的研究事实为依据，结合科技检测成果与修缮历史沿革的综合分析，初步验证了历史资料中神牌库为明代建造的记载。据此推断，神牌库建筑为明代建筑。

2. 在神牌库与同类建筑的对比研究方面

通过对神牌库建筑形制及院落格局与北京其他明代郊庙同类建筑、院落的比较分析。初步证实了先农坛神厨院建筑基本符合北京明代皇家坛庙祭祀的统筹规划。神牌库建筑与东西配殿同为单檐削割瓦悬山顶起大脊的建筑形式也是符合其明代神厨库建筑整体型式的。据此推断，神牌库建筑应为明代建筑。

通过对神牌库建筑在总体尺度控制上的特征与先农坛同类建筑乃至北京其他明代郊庙同类建筑的比较分析，初步证实了神牌库建筑不仅与先农坛内神厨院的东、西配殿及祭器库在总体尺度控制特征上具有区别于清式建筑的明代建筑特征，并且该特征在北京其他明代郊庙同类建筑上也有体现。据此推断，从建筑总体尺度控制角度，神牌库建筑应为明代建筑。

通过对神牌库建筑在材料上、工艺特征上与先农坛同类建筑乃至其他北京明代郊庙同类建筑的比较分析。初步证实了神牌库建筑不仅与先农坛内神厨院的东、西配殿及祭器库具有相同的区别于清式建筑的明代特征，并且该特征与北京其他明代郊庙同类建筑存在相似性。据此推断，在建筑的材料、工艺特征方面，神牌库建筑具有明代建筑的特征。

——据此推断，神牌库建筑断代研究结论为：现神牌库建筑应为明代建筑。

（二）神牌库建筑重檐改单檐问题的综合分析

1. 神牌库历史资料研究方面

相关资料中未查阅到神牌库建筑大修、翻建、重檐改单檐建筑的相关内容。

2. 神牌库本体勘查方面

大木构架上未发现重檐改单檐导致的大木构件差异及拆改痕迹。建筑台基未发现明显拆改痕迹。

3. 神牌库木构件及彩画地仗的材料研究方面

神牌库大木构件的树种检测研究方面：在神牌库西次间及稍间，对柱子、梁身、檩件等大木构件共计16件进行了采集，其树种均为落叶松。故从大木构件用材方面没有发现由于神牌库重檐改单檐致使大木构件更换而导致的树种差异。

神牌库大木构件的彩画检测研究：神牌库建筑室内现存彩画应为

清代乾隆年间绘制。故现神牌库大木构架在清代乾隆年之后不可能存在重檐改单檐的可能，因此"五朝会典"中所绘的清乾隆朝之后的重檐神牌库肯定是错误的。

4.神牌库与同类建筑对比研究方面

神厨院三殿在外立面形式、各部控制尺度上相似，在建筑各部的材料、形制、工艺做法上具有大量相似性，这些相似特征从实物遗存上证实了三处建筑应为明代同期营建，故现神牌库建筑不可能为重檐改单檐的产物。

通过神牌库殿与宰牲亭建筑的对比研究，神牌库建筑在柱网平面及梁架结构上与重檐建筑差异很大。按照现状情况，神牌库建筑不可能为重檐改单檐的产物。

通过对北京其它明代郊庙神厨库建筑的调查研究，天坛北神厨院与地坛神库院及先农坛神厨院的主要建筑为一座主殿、两座配殿，而日坛与月坛的主要建筑为一座主殿、一座配殿。各坛神厨库建筑的形式总体相似，均为单檐悬山建筑形式。故农坛神牌库突破坛庙建筑规制，独创重檐神库建筑是不可能的。

——据此推断，神牌库建筑断代研究结论为：历史资料中清代"五朝会典"中所绘的清乾隆朝之后的重檐神牌库是错误的。现神牌库建筑不可能是重檐改单檐的产物。

马羽杨（北京市古代建筑研究所高级工程师）

范磊（北京市古代建筑研究所高级工程师）

董绍鹏（北京古代建筑博物馆陈列保管部副研究员）

陈媛鸣（北京古代建筑博物馆陈列保管部助理馆员）

论北京古代建筑博物馆开放安全

北京，一座三千多年历史的文化古都，其拥有着深厚的文化底蕴和丰富的文物、文化资源。而想了解一个地方过去与现在的最佳场所就是博物馆了，通过博物馆我们完成了历史与现代的对话。截至 2019 年年底，北京市实有博物馆数量已经达到 163 家。其中以古建筑为馆舍的博物馆占了很大比重。

在 2015 年颁布的《博物馆条例》中明确规定，博物馆是"以教育、研究和欣赏为目的，收藏、保护并向公众展示人类活动和自然环境的见证物，经登记管理机关依法登记的非营利组织。"一方面博物馆承担着收藏、保护人类珍贵文化遗产的重大职责，另一方面博物馆还承担着向公众传播传统文化的重要使命。新时期，博物馆作为传播中华传统文化的重要场所，也越来越多地受到人们的重视，来博物馆参观的观众也与日俱增。面对新时期的新变化，博物馆在开放期间的安全保卫工作便显得尤为重要。

作为以古建筑为馆址面向公众开放的博物馆，面临着古建筑、文物、观众等众多安全风险，安全保卫工作更是博物馆工作的重中之重。

一、古建筑、文物安全保卫工作

（一）古建筑安全保卫工作

北京古代建筑博物馆是一座收藏、研究、展示中国古代建筑技术与艺术的专题性博物馆，位于明清皇家坛庙——先农坛建筑群内。

北京先农坛是明清两代皇帝祭祀先农诸神以及举行亲耕籍田典礼的场所，是北京城中轴线南部重要的皇家坛庙建筑群之一，始建于明永乐十八年（1420 年）。北京先农坛最初名为山川坛，明万历年间改名为先农坛，并一直沿用至今。先农坛古建筑群大体格局形成于明嘉靖年间，清乾隆时期经历较大规模的重修。北京先农坛分为内外坛，至清末，外坛周垣六里，北抵今永安路，东抵南中轴线，南近南外城墙，西达太平街，近陶然亭。先农坛建筑群主要建筑位于其内坛，内坛建筑以太岁殿为主，以南向北依次为拜殿、具服殿、观耕台、籍田；以东为神仓院落，包括收谷亭、圆廪、仓房、祭器库等，庆成宫院落；以西为神厨院落，包括神厨、神库、正殿、井亭、宰牲亭等；西南为先农神坛，是明清两代皇帝祭祀农神的祭坛。先农坛内坛整体布局此起彼伏，各组建筑按功能分别排布。内坛南门外，有天神、地祇二坛，为明清两代皇家祭祀风云雷雨、山岳海渎诸神的场所。

在 15 到 20 世纪的近六百年间，北京先农坛建筑群作为合祀先农、太岁、五岳、五镇、四海、四渎、风云雷雨、四季月将等诸神的皇家坛庙，多次留下了明清两代帝王"亲耕享先农"的历史足迹，经历了数百年的辉煌。中华人民共和国成立以后，北京先农坛古建筑群的保护逐渐得到各级政府和社会知名人士的重视。经过相关部门的不断努力，北京先农坛主要古建筑经过修缮后又重新焕发生机。

尽管先农坛内主要古建筑得到了妥善的保护，但是作为人类珍贵的历史文化遗产，它们还面临着很多突如其来的破坏和威胁。这就需要我们文博工作者，提高警惕，加强防备，以高度的责任心将这些危害消灭于萌芽之中。

如今，除去人为因素及古建筑建造材质老化等问题，作为博物馆开放的古建筑——北京先农坛建筑群主要面临着水火等自然灾害。

我们都知道，水火无情，中国传统建筑以木结构框架为主，高大的木建筑在水与火的面前则显得有些势单力薄。

北京的气候为典型的北温带半湿润大陆性季风气候，夏季高温多雨，冬季寒冷干燥，春、秋短促。降水季节分配很不均匀，全年降水大部分集中在 6、7、8 月，其中 7、8 月有大雨。地处北京的古建筑虽然不会像有些地区面临洪水的侵袭，但是在汛期做好相关保护措施也是十分必要的。相对于雨水的危害，对火的防范更加重要。虽然木材具有方便取材、容易加工等特点，但是木材易燃特质，再加上建造用的木材都是经过干燥处理，使得木结构建筑更容易遭受火灾的侵袭。且木结构建筑群墙壁相对较少，各个单体建筑毗连建造，建筑物之间空间狭小，一旦发生火灾，容易形成蔓延的趋势，最终造成无可挽回的重大损失。

尽管水、火会对古建筑造成不可估量的损失，但是只要我们提高警惕，以高度的责任心，采取科学、严密的防范措施，还是可以有效地避免这些灾害的发生。

以北京古代建筑博物馆为例，在长期保护实践中，形成了常年防火、汛期防汛防火两不误的防备机制。

北京古代建筑博物院作为国家重点文物保护单位，院内禁止使用明火也禁止堆放易燃物。但是作为开放单位，每天会迎接很多观众，在观众进入场馆之前，安保人员会对观众进行严格的安检，禁止火种进入馆内。在馆内明显位置摆放提示牌，时刻提醒观众，一旦发现有人吸烟，工作人员也会及时前去制止。在办公室内，工作人员也禁止同时使用多种大功率电器，每天下班时要将所有电源开关关闭，确保从源头把好用电关，避免人为因素引起火灾而造成不必要的损失和破坏。

在不影响参观效果的前提下，北京古代建筑博物馆根据古建筑布局特点在博物馆内每隔一段距离安放消防器材，并在古建筑较密集的区域适当增加消防设备，确保火情发生后，能随时就近取用消防设备，尽最大可能快速消除火情，达到自救以避免更大损失。同时，在所有展厅和办公室内装有烟感报警器，能够及时发现火情。现在古建馆内共安放干粉灭火器280个，水质灭火器160个，35公斤干粉灭火器16个，消防栓23个，烟感报警器270个。这些器材由专人负责维护保养，定期检查更换，以确保正常使用。

2019年，古建馆进一步加大了安技防设备的管理和使用，增加了监控的数量，使用高清监控设备，完善了古建馆安技防设施。升级后的监控摄像头206个，达到博物馆内无死角监控，中控室内每天24小时有专人值守，确保能够随时发现安全隐患，并及时消灭隐患。在开放时间内，安保人员每隔两小时会同社教与信息部进行安全巡视，人防技防相互结合，消除威胁古建筑的安全隐患，确保古建筑和公众的安全。

针对工作实际和每名工作人员的职责，博物馆还设立了包括处理火灾在内的各种应急预案，并且不定期举行消防安全演练和培训，通过演练让全体工作人员能够熟悉在火灾发生时自己的职责及具体所处的位置，从思想上高度重视火灾所造成的危害性，避免造成国家财产的损失和人员的伤亡。

在汛期为了保护古建筑，在汛期来临之前，安保人员会结合往年降雨情况，科学估量汛期到来时最大可能的降雨量，研究分析雨水对古建筑可能造成的危害，加强对古建筑的维护，做好相关预防措施。除此之外，还要定期维护保养古建筑的排水系统，做好屋顶排水、地面排水、地下排水的疏通工作，清理好各个雨水口，确保汛期排水系统正常运转。

（二）文物、展品安全保卫工作

陈列展览是博物馆传播中国传统文化、发挥教育功能的主要形式，是博物馆特有的语言。在开放期间保护展览及展品的安全也是安保工作不可忽视的内容。

截止 2020 年，古建馆现共有 4 组展览对外展出，分别是固定陈列——《中国古代建筑展》以及《先农坛历史文化展》，临时展览——《一亩三分 擘画天下——北京先农坛籍田的故事》和《京津冀古代建筑文化展》。囿于中国古建筑空间结构等不可抗因素，许多体量庞大的建筑构件较难放置在展厅中展示，因此古建馆现有固定陈列中上展的文物相对较少，模型以及各类展品比例较大。在展厅上展文物中，主要以陶类、砖瓦类、石质类建筑构件居多，古建馆通过封闭展柜来保护这些珍贵文物展品，并在展柜内部放置温湿度检测设备，以便随时能够掌握展品的展出环境。

博物馆陈列展览中除了封闭在展柜里的展品之外，还有很多体量较大不适合在展厅内展示而放在露天的文物展品。这些露天展品不光丰富了博物馆展览上展展品内容，同时可以让观众与文物进行近距离接触，感受历史文化的熏陶。但是这种做法也很有可能会加大对文物的危害系数。针对这种情况，为了保护这些露天存放的展品，保管部与保卫部门派专人每周定期巡视，及时发现安全隐患，并对游客有可能对文物产生危害的行为进行提醒与制止，最大力度保护这些文物不受损害。

除了常设展览外，博物馆每年都会推出临时展览，大多数临时展览都需要进入文物库房提出文物，在提取文物出库时，博物馆保管部、保卫部以及策展人所在部门三方工作人员均需要到文物库房现场，由保管员根据策展人提供上展文物相关信息进行具体文物的出库工作，策展人与保管员双方确认文物完残情况等信息无误后在出库单上签字确认，并由保卫部门派专人负责展品从库房到展厅路上的安全保卫工作。文物

上展后，策展部门要与保卫部门双方在《展品交接清单》上签字确认。展览开展后，保管员、安全保卫人员定时巡视展厅，确保上展文物的安全。展览结束后由保管员详细地对归还的文物进行检查确保文物完好无损之后与策展部门在入库单上签字确认。

二、公众安全工作

教育是博物馆作为永久性非营利结构实现其社会价值的重要途径。随着人们对社会教育的重视，博物馆的教育功能也越来越突出，走进博物馆的公众也呈现逐渐增多的趋势。如何做好博物馆公众安全的保卫规范，将安全隐患降到最小，保证观众在馆内的安全，也是博物馆安全保卫部门不能忽视的重要工作。尤其是 2020 年，突如其来的新冠疫情对博物馆的安保工作提出了更高的要求。

中国封建社会森严的等级制度在传统建筑中有着充分的体现，根据建筑的不同功用或建筑所有者的社会地位来规定建筑的规模和形制。北京先农坛作为明清两代的皇家坛庙，具有较高的建筑等级。宽阔的院落、高大的建筑、挺拔的古树为观众营造了优美安静的参观氛围。但是，这些古建筑特有的形制在有些时候也为观众参观带来了不便，甚至也会威胁到观众的安全。

首先是古建筑场馆内的地面。先农坛古建筑群从建成至今已经整整 600 年，经过漫长岁月的洗礼，收归国有之前的先农坛建筑群地面早已经斑驳不堪。中华人民共和国成立后，先农坛古建筑群得到了有效的保护，古建筑、地面等都进行了修缮。尽管如此，依照修旧如旧的原则，相比于现代建筑博物馆内平坦光滑的地面，古建馆的地面还是略显不平。老年观众以及行走不便的观众在这种地面上行走，需格外注意。另外，夏季的北京高温多雨，闷热潮湿。潮湿的环境下，地面很容易生长绿苔，再加上古建筑内古树密集，通风不畅，造成地面湿滑。面对这种情况，古建馆安保人员需要经常性地清理地面绿苔，尤其在下雨过后更是需要增加清理频率。在显著位置摆放"小心地滑"警示牌，尤其是遇见老年或行动不便的观众时，要求展厅人员提醒并尽可能帮助观众安全通过。

其次，北京先农坛每座建筑都坐落在高大的台基之上。神厨院落展厅建筑台基高为 60 厘米，太岁殿院落展厅，拜殿和太岁殿展厅台基高为 95 厘米，东、西配殿展厅台基高为 72 厘米。而具服殿展厅的台基更是高达 1.5 米。高高的台基为古建筑提供保护的同时，也增加了观众参观的难度。为了方便观众参观，古建馆在不影响古建筑环境的前提下，安装了无障碍坡道。加强展厅人员教育，随时阻止未成年观众在台基上追跑打闹。并在具服殿展厅的台基周边安装绿植防护带，既美化环境，又避免观众因不慎而跌落台基的情况发生。

保证博物馆观众的安全是博物馆开放期间，安保人员重要的工作内容，相关负责人应高度重视，制定严格的安全规章制度。博物馆管理人员要经常组织工作人员学习相关安全制度，开展安全教育，做到牢记于心。在重点部位、重要时间进行重点保卫工作，针对不同情况制定行之有效的应急预案。定期组织员工进行安全演练，在演练中不断总结经验，发现问题，完善相关预案。加强人防和技防的结合，全角度、全方位保证观众的安全。

2020 年，新冠疫情又为古建馆的安保工作带来了新的挑战和考验。当全国上下齐心协力一致抗疫的时候，古建馆也积极制定本馆抗疫方案，并要求所有安保人员严格执行博物馆防控措施。按照北京市文物局相关部署，及时召开馆务会，成立馆内疫情处置小组，加强对馆内所有职工的出京出境管理，紧急安排相关人员购买口罩、消毒液、体温计等防护物资。第一时间为一线员工、保安、志愿者发放防护物资，规定每天两次对展厅进行消毒，所有进馆人员需检测体温。在闭馆期间，禁止安保人员出馆，加强安保巡逻，每天对中控室、门卫室、配电室、绿化工宿舍、保安队宿舍、值班室等人员出入较多的重点部位进行两次消毒。确保安保人员的生命健康，也为后期恢复开放做好充分的准备。

2020 年 5 月 1 日，博物馆恢复开放，为了保证疫情期间的观众生命安全，古建馆也实施了一系列防控措施。如进行网上预约参观、限额参观、开通电子支付、为观众提供电子语音导览服务、加强巡视避免观众聚集、增加展厅消毒频次等等。

结　语

留存至今的古建筑是中华民族智慧的结晶，是人类珍贵的历史文化遗产。将古建筑尽可能地长久保存下去是我们尤其是文物工作者义不容辞的责任和义务。同时，博物馆作为公益性文化机构，其社会价值主

要是通过为公众服务来实现的。随着社会的不断发展，国家对博物馆的建设投入不断加大，博物馆业务工作广泛开展，展览展示更加频繁，社教活动也更加丰富多彩。博物馆越来越成为人们休闲、学习、旅游的文化场所。像北京古代建筑博物馆这样以古建筑为馆址的博物馆，要积极处理好文物保护与博物馆开放之间的关系，在思想上高度重视，全面落实好博物馆安全责任，充分利用现代化数字技术，将人防、技防充分结合，在做好文物保护的前提下服务更多观众。

赵宁（北京古代建筑博物馆人事保卫部）

明代天坛宰牲亭初探

一、明代天坛宰牲亭的历史沿革

中国历代国家祭祀典礼中均会宰杀牲畜用以献祭，宰杀牺牲的工作通常会在祭祀正式开始前进行，明朝时期祭坛中出现了专门宰杀牲畜的建筑——宰牲亭。明代的国家祭祀活动根据等级不同，分为大祀、中祀和小祀，祭祀场所一般配有宰牲亭，宰牲亭建筑附属于祭坛，承担着祭祀活动中牲畜及牺牲的宰杀工作，是祭祀活动中的重要组成部分。宰牲亭多设置于祭坛旁侧，属于祭坛的附属建筑，与神厨相邻建造或建造于一个院落中，方便牲畜在宰牲亭宰杀后及时送往神厨进行进一步处理和加工成合格的祭品，以及进行相关的祭祀仪程。如下表所示。

部分祭祀活动中宰牲亭的位置

祭祀等级	祭坛名称	宰牲亭位置
大祀	圜丘坛	东门外建……宰牲亭
	方泽坛	西门外迤西为神库神厨宰牲亭
	太庙	小次门……右为神厨又南为庙门门外东南为宰牲亭
	社稷坛	北门外为拜殿外门亦四座西门外南为宰牲亭
	朝日坛	东北为神库神厨宰牲亭
中祀	夕月坛	南门外为神库西南为宰牲亭神厨
	太岁坛	西为神库神厨宰牲亭亭南为山川井
	历代帝王庙	景德门门外东为神库神厨宰牲亭
	孔庙	庙门门东为宰牲亭神厨门西为神库
小祀	三皇庙	未有宰牲亭记载

北京的天坛建成于明代永乐十八年（1420年），初名天地坛。是仿照明洪武时期南京天地坛旧制而建。后又经明嘉靖改制，实行天地分

祀，正式定名天坛，建筑格局几经变化，先后建成了两座宰牲亭建筑，具体历史脉络如下：

1.明初宰牲亭

明初，朱元璋曾在南京钟山之阳建造过一座圜丘坛用于祭天，相应建造了宰牲亭等附属建筑设施，据《明史》记载："明初，建圜丘于正阳门外，……宰牲房三楹。天池一，又在外库房之北。"①

明洪武十年（1377年）改定合祀之典，在圜丘上建造大祀殿，《明史》记载："名曰大祀殿，凡十二楹，……厨库在殿东北，宰牲亭井在厨东北，皆以步廊通殿两庑，后缭以围墙。"②

这时的宰牲亭，虽然没有具体建筑形制的记载，但通过《洪武京城图志》中绘制的情况看，对于宰牲亭的规制只是简单地以一座单檐来表示，院落中是否还有其他建筑并没有图示，但史料中有提到"宰牲亭井"，由此推测，明洪武时期的大祀坛宰牲亭内或许存在水井。

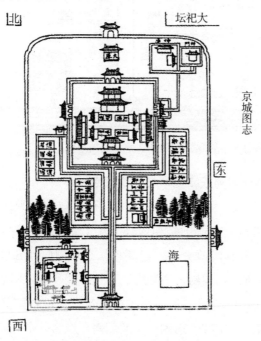

《洪武京城图志》中的大祀坛

2.明永乐时期宰牲亭

北京天坛建成于明代永乐十八年（1420年），明代建成时称为天

---

① 《明史·志第二十三·礼一》。
② 《明史·志第二十三·礼一》。

地坛，是明永乐皇帝朱棣仿南京天地坛旧制而建。《明史》记载："成祖迁都北京，如其制。"①《明实录》记载："凡庙社、郊祀坛场、宫殿、门阙，规制悉如南京，而高敞壮丽过之。"②由此可知，永乐大祀殿时期的宰牲亭，在建筑规制上应与明洪武十年时所设置的宰牲亭相同，只是更加雄伟壮丽。

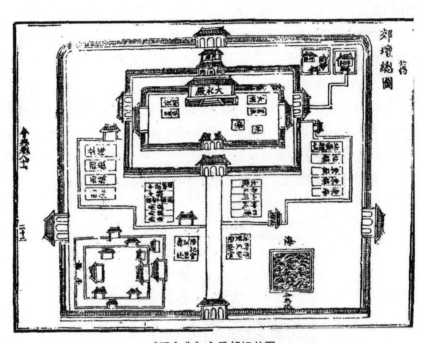

《明会典》永乐郊坛总图

3. 明嘉靖时期圜丘宰牲亭与大享殿宰牲亭

明朝嘉靖九年（1530年），嘉靖皇帝决定实行天地分祀制度，建圜丘坛于大祀殿之南，于是相应建有配套的功能性建筑，据《明史》记载："嘉靖九年，复改分祀。建圜丘坛于正阳门外五里许，大祀殿之南……东门外神库、神厨、祭器库、宰牲亭。"③据《明会典》嘉靖圜丘总图分析，圜丘坛宰牲亭是一座重檐建筑。宰牲亭院落中有另一座建筑，这座建筑位于宰牲亭东侧，坐北朝南，应为井亭。井亭中应有水井一口，是宰杀、洗涤牲畜和牺牲时取水之处，在很多明代祭祀场所的宰牲亭旁均有设置，其出现符合宰牲亭的实际功用。

---

① 《明史·志第二十三·礼一》。
② 《明太宗实录》卷二三二。
③ 《明史·志第二十三·礼一》。

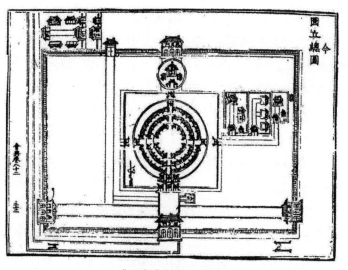

《明会典》圜丘总图

明嘉靖二十一年，嘉靖皇帝敕谕礼部："季秋大享明堂，成周礼典，与郊祀并行。……朕诚未尽。南郊旧殿，原为大祀所，昨岁已令有司撤之。朕自作制象立为殿，恭荐名曰泰享，用昭寅奉上帝之意。"[1] 大祀殿于是被改建为大享殿，用以举行秋季大享礼，宰牲亭位置没有变动记载，大祀殿宰牲亭应即为大享殿宰牲亭。但在《明会典》大享殿图中可以看出，此时的宰牲亭已经被绘制为一座重檐建筑了。井亭绘制在宰牲亭东侧，坐东向西。

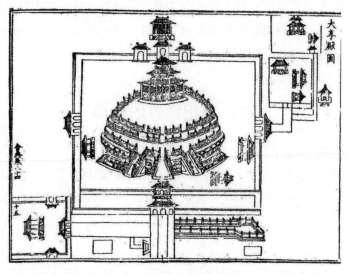

《明会典》大享殿图

① 《明史·志第二十四·礼二》。

我们由此可知：自明朝初年建成后，历经了明洪武分祀改合祀、永乐迁都重建、嘉靖改制等历史变迁，宰牲亭作为祭坛的附属建筑随着祭坛的规制和数量变化，也在发生着变动。到了明代末年北京天坛中共有两处宰牲亭，分别为大享殿宰牲亭、圜丘宰牲亭。大享殿宰牲亭的建成年代应在永乐十八年（1420年），位于大享殿神厨东北，院落内主要建筑包括：宰牲亭一座，井亭一座；圜丘宰牲亭的建成年代应在嘉靖九年（1530年），位于圜丘坛神厨以东，院落内主要建筑包括：宰牲亭一座，井亭一座。

关于宰牲亭位置的选取，我们从史料和图册中发现：天坛中的两处宰牲亭均位于祭坛东侧偏北，距离不算远也不太近，大享殿宰牲亭中间隔着神厨院落，圜丘宰牲亭中间隔着神厨库和祭器库。古人认为见血不吉，尤其是在最为隆重的国家祭祀活动中更是如此。为了能够使祭祀活动顺利举行，古人可以说是费尽心思地选择了适中的距离，既能保证宰杀后的牲畜及牺牲能够迅速运送到神厨进行制作，进而按时运送到祭坛，又能避免距离祭坛过近而宰杀牲畜产生的血腥之气影响祭祀活动的进行。

从图表中我们会产生以下几点疑问：

宰牲亭的建筑结构疑似发生变化，从单檐变为了重檐。

井亭是否在明朝初期就已建造，还是在明朝嘉靖时期才建造？

疑点主要在于史料中文字记载很少，而且图与史料记载并不相符。但是古代绘图尤其是史料中的绘图大多只能表示主体建筑大概位置，对于建筑本身规制规模和配套建筑描绘不足，并不能完全肯定是按宰牲亭原样绘制的，因此只能作为参考，以存疑来处理。

二、祭祀牺牲的选取

《左传》有云："国之大事，在祀与戎。"[①] 在古人心中，祭祀和战争是最为重要的国家大事，而祭祀时则要"祭神如神在"，要将人世间最丰富最尊贵的物品敬献给天，以表达人们对上天赐福的感谢之情，求得神灵的庇护。除了选取蔬菜、农作物外，牲畜是祭祀活动中不可或缺的一部分。

祭祀时宰杀牲畜以敬神明自古有之，在商周时期的遗址中常有发

---

① 《左传·成公十三年》。

现，殷墟就曾发现有人和动物的牺牲坑，可见祭祀用牲的礼仪活动已有数千年历史了。

明代时祭祀牲牢分为三等：犊、羊、豕。犊是最高等级的祭品，指的是小牛。用小牛作为牺牲敬献给天也是由来已久，牛作为古代农耕生产中最主要的劳动力，在人们的生产生活中占有极其重要的地位，因此很多朝代都曾下令禁止宰杀牛，不许食用牛肉。将体格健壮的牛犊敬献给天，可以说是表达了古人对天最高的敬意。《礼记·郊特牲》载："于郊，故为之郊。……牲用犊，贵诚也。"[①]

小牛的选取极为严格，《礼记·王制》记载："祭天地之牛角茧栗。"[②]《礼记要义》记载："苍犊者但天色虽玄远望则苍取，其远色故用苍也。"[③]祭祀前数月，太常寺官员会选取一批身无杂色、体格健壮、牛角为茧茧大小的小公牛，送到牺牲所中饲养。祭祀前会严格挑选出可以作为祭祀牺牲的小牛，运到宰牲亭中宰杀。毛色也作为选择的条件之一，苍犊用于圜丘大祀时皇天上帝正位前，取其近天色之义；配位则使用纯犊。在隋、唐、宋、元四朝史料中均发现使用苍犊作为正位牺牲的记载，可见这种做法也是自古有之。

以明崇祯八年冬至为例，用牲情况如下表所示。

明代祭天用牲情况

位次	神位	用牲情况
正位	皇天上帝	犊
配位	明太祖	犊
从位	大明之神	牛
	夜明之神	牛
	周天星辰之神 二十八宿之神 木火土金水星之神	牛（居中摆放） 羊（牛右侧） 豕（牛左侧）
	云师之神 雨师之神 风伯之神 雷师之神	牛（居中摆放） 羊（牛右侧） 豕（牛左侧）

---

① 《礼记·郊特牲》。

② 《礼记·王制》。

③ 《礼记要义》。

除牺牲外，祭祀中还会用到兔、鹿、鱼等牲畜用以制作祭祀时的祭品，这些都会在宰牲亭进行宰杀和初步的处理制作。

牲畜的宰杀步骤在《明史》《明会典》《礼部志稿》《太常续考》等史料中并未提及，但前朝史料如《旧唐书》中记载："宰人以鸾刀割牲，取其毛血，实之于豆，遂烹牲焉。"①《元史》中记载："次引光禄卿、监祭、监礼等诣厨，省鼎镬，视涤溉毕，还斋所。晡后一刻，太官令率宰人以鸾刀割牲，祝史各取血及左耳毛实于豆，仍取牲首贮于盘，用马首。俱置于馔殿，遂烹牲。"②《清会典》中也曾记载使用鸾刀宰牲，因此可以推测明朝时期，在宰牲亭中进行的应为清洗、褪毛、放血、宰杀等初步处理，之后送往神厨库中对牺牲及其他牲畜进行继续加工制作。

南北两座宰牲亭中的陈设在史料中没有记载，如今可见有漂牲池、灶台。笔者曾进入明十三陵中孝陵宰牲亭内部考察，孝陵宰牲亭中也有漂牲池一处，参考此情况可推断天坛宰牲亭在明代时期配有的漂牲池、灶台也是极有可能。漂牲池用以漂洗牲畜，灶台上架锅，用以烧水褪毛，比较符合宰杀牲畜的实际情况。

三、宰牲亭的厨役使用情况

明代时期，明代太常寺主要负责掌管天地宗庙社稷山川神祇等祭祀，到了明朝末年，厨役人数多达1300余人。这些厨役根据职责不同，划分为不同的小组，称为"牌"，每牌中人员9～11人不等，极为有序。负责宰杀牺牲的厨役共有十五牌，其中十四牌为每牌10人，一牌为9人，共149人。负责宰杀兔鹿的厨役共二牌，每牌10人，共20人。

在不同的祭祀活动中，根据祭祀对象的等级和配祀、从祀神位的数量，选取不同人数的厨役到祭坛宰牲亭进行祭祀牺牲和牲畜的宰杀制作。据《太常续考》记载，明崇祯八年冬至祭天时使用了57名厨役，这其中就有多名负责厨役在宰牲亭供职，具体某次祭祀活动中使用了宰杀牲畜及牺牲的厨役人数已无从考证。

---

① 《旧唐书·志第二十四 礼二》。
② 《元史·志第二十四 祭祀二》。

结　论

　　通过以上论述可知：宰牲亭作为祭坛的附属建筑，承担着祭祀牺牲及其他祭品中使用的牲畜的宰杀和初步处理工作。从宰牲亭的建造及功用角度审视天坛，我们会发现：古人将对天的理解融入了祭祀的各个细节之处，如宰牲亭位置的确定、牺牲的选取上均得到体现。这对于我们研究古人的宇宙观和天坛敬天文化开启了新的视角。但对于祭祀附属建筑史料中一直鲜有记载，专门研究祭坛附属建筑的论文也比较少见。专家学者的关注点多集中于祈年殿、圜丘、皇穹宇等天坛主体建筑上，对于宰牲亭这类附属建筑少有涉及，因此在探索过程中仍存在不少困难。具体表现在：

　　明代天坛中宰牲亭建筑规制的记载很少。虽然《明会典》或《洪武京城图志》中部分天坛图中可以看到宰牲亭的大致形象，但并不准确，宰牲亭在明代初年究竟是单檐还是重檐并没有在史料中发现明确的记载，井亭究竟在明洪武年间是否存在，规制如何也无从得知。

　　明代天坛中宰牲亭内部陈设情况不明。大享殿宰牲亭到清朝乾隆时期作为祈谷坛宰牲亭使用，清末后长期被占用，损毁十分严重，如今已开辟为展览对外开放，修缮后明代痕迹遗存并不多；圜丘坛宰牲亭在20世纪末进行了全面修缮，但明代遗存也是极少，这些仅存的遗迹已无法还原明代的宰牲亭的规制。只能根据其他明代祭祀建筑中的宰牲亭内部情况进行推测。

　　明代天坛祭祀时宰牲亭厨役的具体使用情况不详，牲畜及牺牲宰杀方法也少有提及。

　　综上所述，本文仍有许多不足之处，对于天坛宰牲亭的探索仍需继续寻找史料佐证，对于天坛宰牲亭的研究仍然需要在今后的工作中继续进行深入挖掘。

参考文献

［1］〔明〕李东阳等.大明会典［M］.广陵书社，2007.

［2］〔清〕张廷玉等撰.明史［M］.中华书局，1974.

［3］四川大学古籍整理研究所编.太常续考［M］.四川大学古籍整理研究所，2016.

［4］北京市地方志编纂委员会.北京志·世界文化遗产卷·天坛志［M］. 北京出版社，2016.

［5］徐正英，常佩雨译注.周礼［M］.中华书局，2010.

［6］〔明〕王俊华纂修.洪武京城图志［M］.1929.

［7］单世元.明代建筑大事年表［M］.紫禁城出版社，2009.

［8］胡平生，张萌译注.礼记［M］.中华书局，2018.

［9］〔明〕林尧俞纂修.礼部志稿［M］.商务印书馆.

［10］礼记要义［M］.江苏古籍出版社.

［11］〔后晋〕刘昫等.旧唐书［M］.中华书局，1975.

［12］〔明〕宋濂，王祎.元史［M］.中华书局，1976.

刘星（天坛公园馆员）

浅述太岁、月将源流及祭祀内涵

北京先农坛始建成于明永乐十八年（1420年），是现存规格等级最高的中国古代专祀农业神祇——先农炎帝神农氏的皇家祭祀坛场，主祭先农之神，同时祭祀太岁、四季月将、风云雷雨、岳镇海渎诸神祇。

北京先农坛祭祀的诸神祇以先农炎帝神农氏为核心，在明清两代皇家祭祀体系中承载着意义深远的文化职能和丰富的人文内涵。这些神祇拥有共同的农业属性，共同为护佑封建统治者实现王朝永祚的意图发挥着重要作用，其中也包括太岁祭祀以及作为给太岁陪祀的四季月将祭祀。而四季月将的祭祀，是北京先农坛祭祀文化中的少为人注意的内容。本文因此对太岁、月将源流以及先秦时期至明代的太岁月将祭祀内涵做一初步探讨。

一、太岁溯源略说

1. 岁星与木星

岁星即为现今所说木星。我国对于岁星的记载最早可以追溯至先秦时期，比如《尔雅》卷六就记载"五星者，东方岁星，南方荧惑，西方太白，北方辰星，中央镇星"，但岁星又是何时称为木星，这要从我国古人对世界本质的认识说起。

我国古人认为，世间万物无外乎是由金、木、水、火、土这五种物质所构成，这一论述见于战国时期《尚书·洪范》："一曰水，二曰火，三曰木，四曰金，五曰土。"而"五行"一词也最早见于《尚书·甘誓》中。而《国语·郑语》中就明确把金、木、水、火、土看成是构成世界万物的五种基本物质元素，并指出五种物质必须相互结合在一起才能发生作用，并能够产生新物质，由此产生了"五行说"。这一时期"五星"与"五行"尚未形成一一对应的关系，"五行"代表的也仅仅是五种自然元素，包含着古人对大自然的朴素唯物观。直到战国时期的阴阳学家邹衍等人将"五行"与国家政治及王朝永祚联系起来，而后秦王嬴政统一六国建立秦王朝后即推行邹衍等人提倡的学说，最终形成了"五德终始说"，至此"五行"这一概念带上了浓重的政治色彩，并对后世产生深远的影响。

汉承秦制，五行思想渐趋浓厚。汉武帝时期司马迁所作《天官书》也继承了"五行说"的观念，在其介绍北斗七星时对"斗"的解释中明确提到了"五行"，随后司马迁在对"五星"进行解释时称"察日、月之行以揆岁星（木星）顺逆……曰东方木，主春，日甲乙……察刚气以处荧惑（火星）。曰南方火，主夏，日丙、丁……历斗之会以定填星（土星）之位。曰中央土，主季夏，日戊、己，黄帝，主德，女主象也……察日行以处位太白（金星）。曰西方，主秋，日庚金，主杀……察日辰之会，以治辰星水星之位。曰北方水，太阴之精，主冬，日壬、癸"。由此可见，司马迁在《天官书》中就已经将五大行星和"五行"一一对应。

长沙马王堆三号汉墓出土的帛书也记载了"五行"与"五星"的一一对应关系，即"东方木，其神上为岁星，岁处一国，是司岁。西方金，其神上为太白，是司日行。南方火，其神上为荧惑。中央土，其神上为填星。北方水，其神上为辰星，主正四时"。通过以上论述可以推断出：最迟至汉代已经将岁星称为木星。

2. 太岁

古人通过对各星辰的长期观测发现，岁星运行一周天大致为十二载，《淮南子·天文训》载"十二岁而行二十八宿"，证明当时人们已经认识到岁星运行周期为十二年。《史记·天官书》当中也记载了"岁行三十度十六分度之七，率日行十二分度之一，十二岁而周天。"同理证明当时人们认为岁星十二年运行一周天，每年行经一个星次。因此，古人将黄道附近一周天分为十二等分，由东向西分别命为子、丑、寅、卯、辰、巳、午、未、申、酉、戌、亥十二地支，称为十二辰。岁星每年移动一个星次，十二年后岁星会在同一区域再次被人们观测到，古人利用黄道十二等分将冬至点定在一分的正中间，然后由西往东依次命名为：玄枵、娵訾、降娄、大梁、实沈、鹑首、鹑火、鹑尾、寿星、大火、析木，这一分法叫星纪，用来纪年，其方向顺序和自东向西的十二辰正好相反。用"岁"纪"年"的概念在《尔雅·释天》中提到"夏曰岁，商曰祀，周曰年，唐曰载。"其产生年代最迟不晚于春秋中期，《左传》襄公三十年"岁在降娄"，《国语·周语》"昔武王伐殷，岁在鹑火"，《国语·晋语四》"岁在大火"的相关用岁星纪年的记载。

但是，根据现代测定岁星实际运行周期为 11.86 年，并不是十二年整。岁星每年移动的范围实际上比一个星次多一点，因此，十二年之后岁星移动就超过一周天，若干年后就会超过一个星次，因此汉代以后的岁星纪年逐渐与实际情况不相符，误差越来越大。同时由于岁星由西向东运行，和十二辰的方向相反，所以岁星纪年法在实际应用中并不方便。为此，古人根据实际的岁星设想出一个假的岁星，称为"太岁"，让它由东向西和十二辰的方向顺序相一致，并用它来纪年，这便是"太岁纪年法"。《周礼·春官·冯相氏》载："掌十有二岁。注：岁谓太岁。疏：太岁在地，与天上岁星相应而行。岁星为阳，人之所见，右行于天，一岁移一辰，十二岁一小周；太岁为阴，人所不睹，左行于地，一与岁星跳辰年岁同。"

综上所述，太岁原本是古人便于纪年而虚拟的一颗与岁星相对并相反运行的星，太岁原本是中国古代历法中的一种虚拟的观念，产生太岁这种观念的原因是为了取代曾流行一时的岁星纪年法，后经历朝历代以及阴阳五行学说的发展才逐渐演化成一种神祇信仰，而太岁这一概念的产生不晚于战国时期。

二、十二月将含义溯源

十二月将祭祀一直作为太岁祭祀的陪祀，二者之间一定存在其必然联系以及共通性。古人经过常年观察和劳作发现月亮是有盈亏变化的，在我国出土的距今七八千年前的新石器时代陶器上，就发现刻有弯月形的花纹，而月亮圆缺盈亏的周期为二十九日或三十日，这就促成了时间单位"月"的产生。《史记·索隐》、《系本》及《律历志》载：黄帝使羲和占日，常仪占月，臾区占星气，伶伦造律吕，大挠作甲子，隶首作算术，容成综此六术而著《调历》，可见早在传说中的黄帝时代已有"月"这一时间概念，商代已将"新月"当作一个月的开始。

及至西周时期"朔"的概念出现以后，我国的历法开始以"朔"计算每个月的起始日期，之后再确定每个月的天数，然后以数字次序，即一、二、三……来记月份并排出年历，并把岁首的月份称为正月。春秋战国时代开始以十二地支纪月，即将子、丑、寅、卯等十二地支与十二月份相配。《汉书·律历志》载："辰者，日月之会而建所指也"，这里又涉及了"月建"这一概念。所谓"月建"，就是把一年十二个月和十二辰联系起来，也就是把黄道附近的一周天十二等分，由东向西配以子、丑、寅、卯、辰、巳、午、未、申、酉、戌、亥十二支。十二支和十二月相配，依序称为建子月，建丑月，建寅月等。

　　早在西周时期，人们就将四时与十二月相结合。四时即为春、夏、秋、冬四季也。《周礼》一书篇目以天官、地官、春官、夏官、秋官、冬官为间架，其中天、地、春、夏、秋、冬构成了古人所说的宇宙。《玉篇·日部》载："时，春夏秋冬四时也。"《墨子·天志中》载："制为四时，春秋冬夏。"《礼记·孔子闲居》载："天有四时，春秋冬夏。"《周书》有云："凡四时成岁，岁者春夏秋冬，各有孟、仲、季，以名十有二月……万物春生夏长，秋收冬藏，天地之正，四时之极，不易之道。"由此可见，古人将一年分为春夏秋冬四时之后，又按夏历把正、二、三月分为孟春，仲春，季春；四、五、六月分为孟夏、仲夏、季夏；七、八、九月分为孟秋、仲秋、季秋；十、十一、十二月分为孟冬、仲冬、季冬。

　　随着战国时期"五行说"的提出，春夏秋冬四时也逐渐与"五行"形成一一对应关系。成书于战国至西汉年间的《管子》中载："东方曰岁星，其时曰春，其气曰风，风生木。南方曰日，其时曰夏，其气曰阳，阳生火。西方曰辰，其时曰秋，其气曰阴，阴生金。北方曰月，其时曰冬，其气曰寒，寒生水。"

　　古人十分重视四时的区别，因为四时关系着农牧业生产的发展，尤其是农业的春种秋收。《论语》曰："天何言哉？四时行焉，万物生焉。"《释名》曰："四时，四方各一时。时，期也，不失期也。"《太平御览·时序部》卷二中对此句进行了解释："四方各一时，时，期也，物之生死各应节期而止也。又曰：时，司空也。司空，主也。各主一方物之生死。"民众只有依照四时规律进行农事生产才能有所收获。《尚书·虞书·尧典》中就有"乃命羲和，钦若昊天，历象日月星辰，敬授民时"的记载。因此，为了免除灾殃，人类衣食住行等均须合乎自然之变。《吕氏春秋·十二纪》中就运用五行理论为封建王朝的统治者制定了一个严格的四时教令。《十二纪》中将一年分成春、夏、秋、冬四季，为与五行配合，又在夏秋之间加上"中央土"一季。春分孟春、仲春和季春，夏分孟夏、仲夏和季夏，秋分孟秋、仲秋和季秋，冬分孟冬、仲冬和季冬，这样共构成十二个月。中央土乃虚设，无具体月份与之相配。

赋予天文历法中的十二月神格应不晚于战国时期。1942年出土的长沙子弹库战国楚帛书内容分为文字和图像两个部分，文字分为四时、天象和月忌三个部分，图像主要为十二月神像。帛书中提到"炎帝乃命祝融以四神降""定四极"。帛书中将四季神称为"秉司春""虘又司夏""玄司秋""塗司冬"。《尔雅·释天》中记载："正月为陬，二月为如，三月为病，四月为余，五月为皋，六月为且，七月为相，八月为壮，九月为玄，十月为阳，十一月为辜，十二月为涂。"帛书中所说掌管春的神"秉"对应《尔雅·释天》中的三月病，虘又对应六月且（祖），玄对应九月玄，塗对应十二涂。即以十二月各月之神中的三月之神、六月之神、九月之神和十二月之神分掌春夏秋冬四时。帛书十二月神像的题记也载有十二月的月名和每月适宜的行事和禁忌，末尾会载有每个月神的职司或主管的事。《淮南子·天文训》云："四时者，天之吏也；日月者，天之使也；星辰者，天之期也；虹霓慧星者，天之忌也。"《说文解字》对吏的解释为"治人者也"，可见古人认为春夏秋冬是上苍派来掌管人间万物生长与凋零的天官。清人所著《大六壬寻源》中记载了明代姚广孝对于十二月将的见解。姚广孝认为十二月将就是与十二"月建"所合之将。

十二月将的产生与古人重视农业生产有着至关重要的关系。春夏秋冬四时对于农业收成有着深刻影响，民众只有依照四时规律进行农事生产才能有所收获，四时对农业生产的重要性在《史记·太史公自序》有如下概括："夫阴阳、四时、八位、十二度、二十四节，各有教令，顺之者昌，逆之者不死则亡"，又曰："夫春生夏长，秋收冬藏，此天道之大经也，弗顺则无以为天下纲纪，故日四时之大顺，不可失也。"因此人们赋予了十二月神格，崇拜并敬畏。这正体现了人们遵循自然节律安排社会生产和社会生活的观念思想，反映出古人对自然规律的朴素认知，和人与自然关系的朴素唯物辩证思考。

三、先秦至明代太岁月将崇拜与祭祀

祭祀在我国古代社会占有极其重要的地位，《左传》说"国之大事，在祀与戎"，这里"祀"指吉礼，"戎"指军礼。吉、凶、军、宾、嘉礼在中国古代总称"五礼"，吉礼为五礼之冠，主要是对天神、地祇、人鬼的祭祀典礼。由此可见，古人对祭祀之礼是非常重视的。对祭祀的重视，殷人极其崇拜天神，这在《尚书》中多有反映。殷人通过占卜和祭祀来沟通天人之间的关系。《礼记·表记》载："殷人尊神，率民以事神，先鬼而后礼。"古人重视祭祀，因为迫于原始社会中人们的认知能力及生存的自然环境恶劣，人们认为天气的变化、粮食的丰收、生老病死都有神来掌管，因此他们崇拜神灵，出现万物有灵观。《礼记》中记载的"山林川谷丘陵，能出云，为风雨，见怪物，皆曰神"即是万物有灵的最佳体现。当古人遇到干旱、洪水、疾病等影响自身生存时他们通过祭祀以祈求上天保佑他们得以生存。祭祀也是人类对于未知世界的一种敬畏心理而产生的。

"胆敢在太岁头上动土"是我国民间沿用已久的一句老话，由此可以看出太岁在我国民间信仰当中所处的重要地位，其受到人们的广泛崇拜和敬畏。太岁信仰是我国社会极为普遍的民俗事象。凡太岁所在，既不能动土，也不可移徙，唯可避之，这就是民间所谓的避太岁。时至今日，世人建造房屋或是埋葬先人，依然小心回避，不敢触犯。我国古代对太岁的信仰起源甚早，太岁崇拜与祭祀的产生与我国古代流行的岁星纪年法和太岁纪年法有着直接关系。第一部分已经详细论述了岁星是实际存在的并可以被人们观测到的星辰，但太岁却是人们为了方便纪年而人为虚拟想象出来的，这就造成了太岁的不可捉摸性以及虚无缥缈性。因为没有实际形象，人们看不见，因此古人对于太岁产生了敬畏与崇拜，然后赋予其神格，于是太岁就由一个虚拟的星辰衍变为掌管着人间祸福的神祇了。

人们对太岁的敬畏最早可推至殷末周初之际的"兵避太岁"。避太岁的信仰是从避岁星的占星术中分化出来的，两种信仰在战国时代常常混淆，直到汉代以后才逐渐厘清。《荀子·儒效》就中记载了"武王之伐纣也，行之日以兵忌，东面而迎太岁"注："迎，谓逆太岁"，阐述的即是作战之时忌冲撞太岁。

汉代，太岁信仰得到进一步发展，这一时期，在阴阳五行学说的影响下，太岁被赋予了更多的内涵，成为掌管人间五谷丰登的神官。《淮南子·天文训》记载，太岁运行至十二辰中寅的位置时，这一年称为"摄提格""摄提格之岁，岁早水，晚旱，稻疾，蚕不登，菽麦昌，民食四升"，其他各年也都有相似的记载，可见此时太岁运行到的位置

对人间收成起着至关重要的作用。东汉王充的《论衡》卷二十四中提到这时民间亦有避太岁的习俗，"太岁在甲子，天下之人皆不得南北徙，起宅、嫁娶亦皆避之。"

降至魏晋时期，北魏道武帝时，已立"神岁十二"，即十二个太岁神专祀。及至唐宋，对太岁的信仰崇拜较汉代更甚。民间有太岁当头坐，非灾便是祸的俗谚流传。凡有动土之事，一旦遇上大小灾祸，即谓之"犯土"。统治阶级也将太岁崇拜提升到国家层面上来，宋代《政和五礼新仪》中记载："立春日祀东太一宫……灵贶殿，太岁在中，太阴在西，俱南向。三皇、五方帝、日月、五星、二十八宿、十日、十二辰、天地水三官、五行、九宫、八卦、五岳、四海、四渎、十二山神等，并为从祀。"此时，虽然祭祀太岁并没有相关的祀典内容，也没有皇帝祭祀太岁的记载，但这却是中国历史上第一次从国家层面上有关于祭祀太岁的记载。而且据《夷坚志》载，宋时常州东岳庙后所供太岁已具有人格特征，俨然已冠冕。

直至元代，才有皇帝亲祀太岁、月将的记载，元代作为中国历史上三个少数民族建立的政权之一，神灵崇拜具有鲜明的民族特性，随着其统治区域不断向南扩大、文化上的不断汉化，祭祀内容及内涵上也加入了汉民族文化。《元史·本纪第十八·成宗一》载："五月庚戌朔，太白犯舆鬼。壬子，始开醮祠于寿宁宫，祭太阳、太岁、火、土等星于司天台。"《明史·志第二十五》当中对于元代祭祀太岁也有所记载："元每有大兴作，祭太岁、月将、日直、时直于太史院。"此时虽帝王已经开始亲祀太岁，但并没有相关典仪制度。《明史·志第二十五》记载了嘉靖十年，嘉靖帝命礼部考证太岁坛规制，礼官考证后对嘉靖帝禀报称"太岁之神，唐、宋祀典不载，元虽有祭，亦无常典"。《续文献通考》载"元每有大兴作，祭太岁、月将、值日于太史院"。虽然不是专门祭祀太岁月将之神，但却是太岁及月将之神在历史上第一次享有国家之祀，但并"无常典"，即没有相关祭祀仪程、祭器、陈设等具体祭祀规定。

真正的太岁、月将国家祀典规定，是于明代才开始确立的。

第一，明代是中国封建历史中最后的汉民族王朝，明代蒙元，历经元代百年的统治及蒙古人败走之前的国家战乱，百废待兴，明代统治者从各个方面急于恢复汉族的正统地位。体现在政治上即皇权的高度集中，文化上即各种礼仪制度均有严格规范，这一时期的国家典章制度达到高度程式化。典章制度效法唐宋，礼制上采用周法。建国伊始，就编纂了《大明集礼》。无论是洪武时期的南京，还是永乐定都的北京，甚至连没有真正投入使用的安徽凤阳明中都，皆建有山川坛，以供奉和祭祀先农、太岁诸神。

国家层面对于太岁的祭祀在明代也达到了最高峰，不光建坛祭祀，而且相关祭祀典章制度也逐步完善。洪武二年，根据礼臣考证和建议，朱元璋修建山川坛、先农坛，将太岁、风云雷雨、太岁诸神分列两坛祭祀。不久，二坛合为一坛，并增四季月将，此时以上所述诸神祇已合为一处祭坛致祭。《明史·志第二十五》载："古无太岁、月将坛宇之制，明始重其祭……命礼官议专祀坛壝……宜以太岁、风云雷雨诸天神合为一坛，诸地祇为一坛，春秋专祀。乃定惊蛰、秋分日祀太岁诸神于城南。三年后……增四季月将。"洪武九年，建山川坛正殿，春夏秋冬四季月将移于正殿东西两庑祭祀。永乐帝营造北京城，仿南京旧制修建宫殿、坛庙、衙署等。及至嘉靖帝更改典章制度，实行四郊分祀，嘉靖帝命礼部考太岁坛制后建太岁坛于正阳门外之西，与天坛相对。太岁坛中为太岁殿，东庑为春秋月将二坛，西庑为夏冬月将二坛，皇帝亲祭太岁之神于拜殿中。

纵观明代帝王，明太祖朱元璋非常重视农业生产并高度重视太岁、月将之神的祭祀，这对明清两朝太岁、月将祭祀产生深远影响。洪武帝以为天下先，曾多次到南京山川坛亲自祭祀太岁、月将之神，《明实录》中就有18次其亲祭太岁、月将的记载，重视程度甚至超过了先农之神。如：

> 洪武七年二月己卯。祭太岁、四季月将、风云雷雨、岳镇海渎、山川、城隍、旗纛诸神。享先农。
> 洪武十五年二月丙寅。祭太岁、四季月将、风云雷雨、岳镇海渎、山川、城隍诸神。遣官祭先农及旗纛。
> 洪武二十一年二月乙未。祭太岁、四季月将、风云雷雨、岳镇海渎、山川、城隍诸神。遣官祭先农及旗纛。

第二，明代将四季月将祭祀列入国家祀典行列与统治者对道教的推崇有很大关系。明朝开国皇帝明太祖朱元璋本人年少时曾当过僧人，之后加入红巾军，信奉黄老，极其推崇城隍和土地，建立大明王朝后在全国各地建设了成千上万座的城隍庙和土地庙；明成祖朱棣自诩为真武大帝，并且拜"读书能诗，天文、地理、阴阳术数、兵家之学皆造其妙"的姚广孝为太子少师，让其与解缙等人纂修《永乐大典》。姚广孝就曾提及十二月将就是与十二"月建"所合之将。及至嘉靖皇帝，更是尊尚道教，当政后期更是醉心修道，不理朝政。正是统治者对道教的极度尊崇，为太岁与十二月将正式进入国家祭祀体系奠定了政治基础。

《明会典》卷八十五中详细地记载了嘉靖八年所定的太岁坛祭礼仪程。

作为太岁之神的陪祀，会典当中并没有相关的月将祭祀仪程规定，仅在祭祀太岁之神祝文和迎神乐章中提到了月将之神：

> 祝文：维嘉靖某年某月某日，皇帝遣某官某致祭于某甲太岁之神、四季月将之神，特用遣祭，以牲帛庶品之仪，神其歆此，诚敷佑康吉，尚享。
>
> 迎神乐章：吉日良辰，祀典式陈，辅国佑民，太岁尊神，四时月将，功曹司辰，濯濯厥灵，昭见我心，以候以迎，来格来歆。

嘉靖时期的四季月将祭祀陈设为：东西两庑共设四坛，每坛均犊一、羊一、豕一，登一、铏一、簠簋各二、笾豆各十、爵三、酒盏三十、尊三、帛一、筐一。

明代，十二月将之神也有了对应名字，成书于万历年间的《月令广义》中对十二月将具体名称有详细记载，其中亥为登明正月将，戌为河魁二月将，酉为从魁三月将，申为传送四月将，未为小吉五月将，午为胜光六月将，巳为太乙七月将，辰为天罡八月将，卯为太冲九月将，寅为功曹十月将，丑为大吉十一月将，子为神后十二月将。有明一代，民间对于太岁的尊崇也不稍减，《月令广义·岁令二》云："太岁者，主宰一岁之尊神。凡吉事勿冲之，凶事勿犯之，凡修造方向等事尤宜慎避。又如生产，最引自太岁方坐，又忌于太岁方倾秽水及埋衣胞之类。"

人们对于太岁的崇拜起源于殷末周初，这一时期避岁星与避太岁同时存在，"兵避太岁"是此时太岁崇拜的主要内容。降至汉代，太岁成为职掌天下五谷丰登的一方神官，这一思想对后世，特别是明清国家祭祀太岁神的内容上产生非常深刻的影响。由于受到阴阳五行学说的影响，汉代太岁崇拜在民间承载了更多的内容，修造、迁徙等均要避太岁。及至唐代，对太岁的信仰崇拜较汉代更甚。宋代开始，中国历史上才第一次从国家层面上祭祀太岁，但是却没有相关祀典制度。直至元代，才有皇帝亲祀太岁及月将的记载。而真正的太岁月将国家祀典始于明代，明太祖朱元璋为了彰显汉家政权的正统性，着手大力恢复唐宋典章制度，因无参考，这一时期的太岁祭祀制度一直在不断地改进中，同时太岁神的职掌同前朝相比也稍有变化，被视为十二辰之神。至明嘉靖帝时恢复周礼、大行调整典章制度，不仅对山川坛正殿祭祀内容进行彻底调整，对于太岁神的神职也调整到天旱祈雨这一功能上，且这种更改一直影响到清代结束。

结　语

本篇论文对太岁以及月将源流以及祭祀内涵进行了简要论述。太岁内涵之一即掌管天下五谷丰登以及天旱祈雨，而十二月将也与农业生产有着密切联系，二者功能重合，因此太岁与十二月将祭祀列入国家祀典有其必然性。同时，对太岁、十二月将之神的祭祀研究，有助于完善明清北京先农坛太岁月将之神祭祀的完整性与体系性，有助于在适宜的时间恢复先农坛清代祭祀的原状陈设、还原历史，有利于弘扬我国优秀传统农业文化，更有利于北京中轴线申遗工作的实质性开展。

温思琦（北京古代建筑博物馆陈列保管部馆员）

浅析元代匠师刘秉忠对元朝的贡献及影响

元朝是蒙古人建立起来的王朝，是中国封建王朝历史上疆域最为辽阔的国家。由于是少数民族建立的政权，所以受儒家思想的影响较小，商品经济出现了空前的繁荣，在这个时期涌现出了不少著名的建筑匠师，其中刘秉忠是最具有代表性的，他不仅是建筑大师，而且还是政治家、文学家、风水大师。刘秉忠之所以能够在建筑方面称之为匠师，是因为他曾担任了元上都和元大都两座都城设计和建造的总指挥。尤其是元大都奠定了今天北京城的雏形。元代匠师有很多，多为手艺人，从有关刘秉忠的历史史料记载来看，他不仅亲自设计规划了元大都城，而且为元朝制定了许多政策法规并提拔了一批有志之士，使得他不仅在古建筑行业有着自己的贡献，而且作为政治家他的一系列政策也影响了元朝的走向，那么作为汉人的刘秉忠对元朝的贡献都有哪些？为什么作为蒙古人的忽必烈这样重用刘秉忠等一批汉人？

一、刘秉忠的身世简介及所处的时代背景

（一）刘秉忠的身世简介

在封建王朝，由于史书上记载工匠的资料比较少，工匠能够在朝堂上身居要职的往往很少，刘秉忠的祖父在辽代为官，父亲在金朝为邢州副节度使，算是官宦人家的后代。刘秉忠在小时候就博才多学，通天文、懂地理、明天下势，而且律法、风水无一不通，17岁便任邢台节度使，后因为才华得不到发挥而辞官出家。1242年刘秉忠在海云禅师

推荐下得到了忽必烈的召见，忽必烈见刘秉忠对天下形势了如指掌，而且能够提出很多建设性意见，深得后来成为元世祖忽必烈的喜爱，从此刘秉忠就成了忽必烈的第一谋臣、元朝的总设计师，开始登上了元朝的政治舞台。直到1274年刘秉忠去世，在刘秉忠跟随忽必烈这三十多年中，参与了元上都、元大都的兴建，推行了一系列政策的实施，保全了中原许多百姓的性命，推行了元朝货币的改革等等，尤其是元大都是现代北京城的雏形，可以说没有元大都的建成就没有现在的北京城辉煌。

我们分析刘秉忠取得那么多成就的原因，天赋异禀是他的内在条件，但是在当时那个时代，要想成功还需要强大的外部资源来支持他，也就是说像他这样的一匹"千里马"也是需要"伯乐"来发现的，而在当时的封建王朝唯一能够识别刘秉忠这匹"千里马"的伯乐也只有未来大元王朝的开国皇帝忽必烈了。时势造英雄，我们要想了解刘秉忠的巨大成就，就一定绕不开忽必烈，没有历史舞台怎么施展才能，忽必烈为刘秉忠提供了才能发挥的历史舞台，所以我个人认为那个时代没有忽必烈也就没有刘秉忠。那么是什么原因让刘秉忠受到忽必烈极高的信任并且得到忽必烈的重用呢？这就得从忽必烈所处的历史背景及他所要实现的抱负说起了。

> 刘秉忠，字仲晦。其先瑞州人也，世仕辽，为官族。曾大父仕金，为邢州节度副使，因家焉，故自大父泽而下，遂为邢人。秉忠生而风骨秀异，志气英爽不羁。十七，为邢台节度使府令史，以养其亲。后弃而隐武安山中。久之，天宁虚照禅师遣徒招致为僧，以其能文词，使掌书记。后游云中，留居南堂寺。世祖在潜邸，海云禅师被召，过云中，闻其博学多才艺，邀与俱行。既入见，应对称旨，屡承顾问。秉忠于书无所不读，尤邃于《易》及邵氏经世书，至于天文、地理、律历、三式六壬遁甲之属，无不精通。论天下事如指诸掌。世祖大爱之。后数岁，奔父丧，赐金百两为葬具，仍遣使送至邢州。服除，复被召，奉旨还和林。上书数千百言，世祖嘉纳焉。

《元史·刘秉忠传》

大元帝国『设计师』

刘秉忠画像

（二）刘秉忠被忽必烈重用的历史原因和背景

纵观我国五千年来的封建社会，王朝的更迭反反复复，大部分时候都是以汉族人统治为主，在汉人统治的朝代，外族人（汉人之外的族人）在朝堂上身居要职的官员数量凤毛麟角，放到现代社会按照逻辑学理论辩证来看，刘秉忠作为一个汉人能够如此获得元朝的开国皇帝忽必烈的重用，而且位列三公，经刘秉忠推荐提拔的不少人都成为元朝开国之初的重要大臣，元朝开国所用的制度基本上也是沿袭汉制，也是一个比较奇怪的现象。从表象上看是忽必烈非常欣赏刘秉忠的才能，比较注重人才，但刘秉忠被重用的主要原因还是由当时忽必烈所处历史背景和自身的战略方针所决定的。那么究竟是什么原因使忽必烈做出了重用汉人的决定呢？

忽必烈继位前，蒙古帝国已经进行了三次西征，三次西征结束后形成了蒙古帝国的四大"汗国"，四大"汗国"分别由成吉思汗的四个儿子继承，当时漠北及中原地区还是由忽必烈的兄长蒙哥可汗统治，蒙哥可汗的弟弟忽必烈主要负责漠南也就是长江以北中原地区的管理（那时候南宋和大理还没有灭亡），在蒙古帝国入侵南宋时蒙哥可汗在征讨中死在四川，蒙哥可汗的战死使当时的蒙古帝国出现了权力真空，成吉思汗的子嗣们为了继承汗位开始进行了你争我夺，主要是蒙哥的四弟忽必烈为了和弟弟阿里不哥争夺汗位发生了内斗，那个时间段四大汗国中除了伊尔汗国支持忽必烈外，其他三大汗国都支持阿里不哥，虽然最后忽必烈争夺汗位的战争中战胜了阿里不哥，创建了大元帝国，但是也与其他三个汗国反目成仇，失去了对他们的控制（当时蒙古可汗的继承是由各大汗国的可汗一起在草原上举办亲政仪式），忽必烈和阿里不哥对汗位的争夺最终导致蒙古帝国的分裂和西征的结束，忽必烈继位后改国号为元，建立了元朝，统治漠北和漠南等中原地区，但也失去了对西亚、南亚及部分东欧的原蒙古帝国领土的实际控制权，同时还要面临同三大汗国同室操戈的战争，此时留给忽必烈的生存空间只有漠北、漠南和黄河以北的中原地区，中原地区自古富庶，要维持庞大的帝国及官僚体系必然要巩固对中原地区的统治，忽必烈早在继承汗位之前就开始了接受中原地区的汉化思想，要维护中原的统治就必须要"行汉法"，这样有利于对中原地区的统治，忽必烈迫切需要汉人为自己服务，即制定律法、安定民心，快速恢复经济，否则自己的统治不稳固也得不到更好的发展。那时候的蒙古人有一个特点：统治哪里就信奉哪里的宗教和文化，对当地人民信奉的宗教和文化从来不进行干涉，按现在的话说就是尊重当地人民的信奉宗教自由和文化自由，允许不同文化思潮和宗教思想互相激烈碰撞，只要能够促进社会经济文化稳固发展，绝不进行干涉而且还进行鼓励，有了这么一个先决条件，忽必烈就需要一大批汉人来为自己服务，忽必烈需要刘秉忠为自己制定汉法，刘秉忠也需要通过忽必烈来实现自己的政治抱负，二者为了各自利益结合成了命运共同体。那么刘秉忠也就顺理成章地成了忽必烈最信任的汉族人。

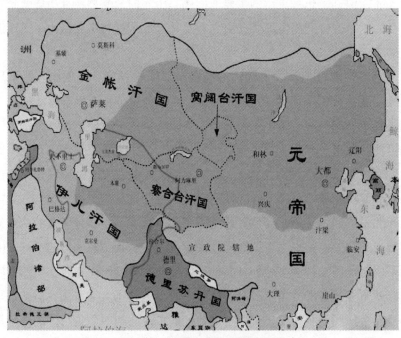

元朝与四大汗国（蒙古帝国分裂后）

二、刘秉忠的建筑代表作——元大都的规划建造

刘秉忠是元大都的总设计师

1267年，为加强大元帝国对中原地区的控制，刘秉忠开始为忽必烈营造元大都，按照刘秉忠的总体规划设计：元大都四周的城墙总长度为60里（约合30公里），北面2门，东、西、南三面各3门，总共11门，根据周易五行的说法，南面属火，为阳；北面属水，为阴；东方属木，象征生生不息；西方属金，象征孔武有力。所以结合元大都的布局我们可以看到，刘秉忠在规划元大都时将皇宫与皇城的建造地点放在了城南，皇帝祭祖的太庙和社稷坛分别安排在了皇城东侧和西侧，文武平衡象征着元朝的江山稳固，国泰民安。在这一点上符合《周礼·考工记》里面前朝后市和左祖右社的说法。帝王代表了上天的意志统治人间，皇城也是全城南面的中心位置，所以越靠近皇城越代表身份地位和与帝王的亲密关系。城北设计了集市和民居，按照阴阳五行的说法面北属水能够敛财，所以集市安排在城北，民众远离权力所以也安排在城北。可以说刘秉忠在建造元大都时将阴阳风水周易五行运用到了极致，构思不可谓不精巧，令后人赞叹。不同的是元大都并不是"方九里、旁三门"，而是方六十里，旁十一门，而不是十二门，并没有按照《周礼·考工记》规定所描述的那样规划，为什么会这样，因为五行上南为奇数，北为偶数，所以北门只有两门，元大都城从北向南看去像是一个倒立的三头六臂的哪吒，显得十分威武。就像《农田余话》里说的那样："燕城系刘太保定制，凡十一门，作哪吒神三头六臂两足。"民间还有一种解释就是皇宫在左上方，就好比哪吒的心脏，这也就好推断为什么元大都南城方向有三个门，而北城只有两个门，成了倒立的哪吒形象了。同时也寓意了哪吒降服恶龙，元朝战无不胜，也去除忽必烈心中的噩梦，即完成了元大都的布局又讨好了顶头上司。但这个传言比较牵强附会，就是百姓茶余饭后的谈资罢了。

元大都城中皇城的位置在城东南位置处，引高粱河与玉泉山的水系流经皇城，将整个太液池包裹在皇城内，并且在皇城内种植了大量绿植，皇城外面便是闪电河和金莲川，城东水草比较多，也适合蒙古兵驻

扎在这里保护忽必烈，太液池满足皇宫中人员的用水，也满足了蒙古人逐水草而居的特点，缓解了他们的思乡情绪，从侧面反映出刘秉忠在设计规划建造元大都皇城时不仅按照汉法结合阴阳五行、周易八卦、邵氏经书等风水之术，而且因地制宜地结合蒙古人的生活特点和饮食起居来确定皇城的位置分布，对外是行汉法给天下人看，对内又满足统治阶级的生活方式和特点，可谓是一举两得。

刘秉忠给元大都十一门命名结合了易经风水之术，十一座城门的命名，很多都来源于《周易》的"文王八卦"，西北为"乾"、正北为"坎"、东北为"艮"、正东为"震"、东南为"巽"、正南为"离"、西南为"坤"、正西为"兑"；再结合元大都平面分布图不难看出，很多城内建筑都以城门的位置作为参照物而确定建造位置，比如元大都的进水口就在和义门，御史台在肃清门等等，这说明刘秉忠不仅是建筑领域的大师，还精于易经、五行、风水推算。

元大都十一个城门名称及命名原由

序号	名称	古文含义
1	健德门	"乾者健也，刚阳之德吉。"
2	安贞门	"乾上坎下，九四不克讼，复即命谕，安贞吉。"
3	光熙门	"时止则止，时行则行，动静不失其时，其道光明。"
4	崇仁门	"雷出地奋豫，先之作乐，崇德殷荐之，先王作乐既崇其声，又取其义。"
5	齐化门	"观乎天文以察时变，观乎人文以化成天下。"
6	文明门	"文明以健，中正而用。"
7	丽正门	"日月丽乎天，百谷草木丽乎土，重明以丽乎正，乃化成天下。"
8	顺承门	"至哉，坤元，万物滋生乃顺承天。坤，厚载物，德合无疆。"
9	平则门	"政公平明察，平易近民，民必归之。"
10	和义门	"滋润万物莫过于水"（元大都进水口）
11	肃清门	"深秋之气，肃而清，肃杀，万物将藏。"

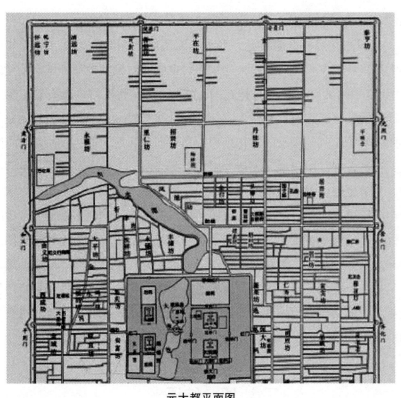

元大都平面图

三、刘秉忠的人格魅力和济世之才对元朝的影响

刘秉忠在 1242 年跟随忽必烈后就一直处在一个阶级矛盾、民族矛盾复杂的社会，刘秉忠在 1250 年曾上书万言策，对政治、经济、文化、教育等诸多方面提出了自己的意见，可以说这些意见后来为巩固忽必烈的统治和元朝的建立奠定了理论基础，但我们从历史的角度观察，刘秉忠极力推行汉法，推崇以儒家爱民的政治思想，使忽必烈改变了许多原来蒙古帝国常用的政策。让忽必烈从一位对汉文化认同的蒙古国君转变成了一位坚决贯彻用汉文化来统治国家的蒙古国君。

比如说刘秉忠在跟随忽必烈征伐云南时，他就劝诫忽必烈改变屠城政策，要笼络人心才能战无不胜，救活的百姓不计其数。同时他还为积极发展农业献计献策，解决当时"流民"现象，使得农民有了耕地种，促进了当时农业的发展。后来为了促进商品经济的发展，刘秉忠又推行了新的货币政策，刘秉忠为了国家民族的统一可以说一直是兢兢业业。一个有着旷世奇才的治国之臣和一个有着心胸宽广、海纳百川的开国国君，这两个人造就了元朝成立初期的一片繁荣景象。

元朝商品经济非常发达，各种学派思潮不断激烈碰撞。在繁华的元大都里我们不仅能看到汉人建筑同时也能够看到其他亚洲国家的建筑（比如尼泊尔人阿尼哥主持建造的白塔寺），元朝皇宫内也有着不少亚欧风格的建筑，这是比较让人吃惊的，说明当时元朝的统治者也就是忽必烈并不排斥其他国家的文化思想，只要拥护我统治能为我所用都不阻止，任其发展。所以说元朝建立之初商品经济、文化等都有了长足的发展。为了更好地促进经济的发展，加快商品流通环节，刘秉忠建立了一套中国历史上完全以纸币作为流通的货币，发行了当时中统交钞、中统宝钞和至元宝钞等纸币，制定了一系列严格的纸币管理措施并根据阴阳演算之规律告诉忽必烈切勿铸造铜钱，否则有亡国之危险。阴阳演算之说只是一个托词，实际上放到今天说白了就是停止金属等铁器的货币性交易，也就是中央把握货币发放大权，不被资本家或者其他人通过可交易性金融资产胁迫，以现在人的眼光来看当时的刘秉忠深谋远虑。

四、结语

刘秉忠作为元朝的总设计师，不仅在建筑上非常有成就，在其他方面也出类拔萃，但可悲的是刘秉忠在1274年就去世了，享年才59岁，他向忽必烈推荐了许多人才，而他也是忽必烈的心腹之臣，我们试想一下如果刘秉忠能够活的长一些，也许忽必烈会将刘秉忠设计的政策贯彻得更久一些，刘秉忠死后，没有人能够再劝谏忽必烈了，以至于忽必烈在刘秉忠死后的将近二十年当中做出了许多战略性的错误决定（比如征伐南越、日本等，弃用刘秉忠推荐的汉人等），没有更好地休养生息。最终后代没有继续坚决贯彻刘秉忠的政策，贪图享乐，残酷镇压民众，最终导致了元朝的灭亡。这也从侧面反映出了刘秉忠作为一代元朝工匠的伟大意义。

丛子钧（北京古代建筑博物馆文物保护与发展部助理馆员）

试论行政事业单位新旧会计制度的差异及其衔接问题

经济在全面迈进，会计制度改革无疑成为时代演变的必然。新会计制度的落地，让行政事业单位能够规范地使用有限的资金，督促财务部门做出更大力度的监管，从根本上提升了单位的核算水平。遗憾的是，一项新会计制度或是执行政策的落地，背后难免会涉及某些比较现实的问题，如新旧制度该如何自如地转换，如何进行衔接等。因而，为确保会计制度能够自如地完成转换，我们有必要对此展开探索与研究。

一、行政事业单位新旧会计制度衔接中产生的问题

近些年，经济社会在长效地运转，群众的生活水平也得到大幅提升。原来的旧会计制度，早就顺应不了国民政策快速的改革进程。新时代事业单位中，旧制度的存在又带来系列的会计核算以及财务问题。该情况下，更需要对会计制度做出转换与更新。为了将旧会计制度以最好的方式转变为新制度，财政部还推出《政府会计制度——行政事业单位会计科目和报表》（财会〔2017〕25 号）。它的生效时间，同样也是2019 年 1 月 1 日。为了让两项制度之间能够顺利地完成过渡，让新的制度起作用，后来也出现了《〈政府会计制度——行政事业单位会计科目和报表〉与〈行政单位会计制度〉有关衔接问题的处理规定》等多个针对性较强的处理规定。自打新会计制度出现在世人面前，很大程度上帮助事业单位提升了工作效率，使那些财务资金得到更规范地监管。正因为这样，为推动事业单位的持续运转，让新会计制度尽快落地，这也是一项基础性工作。

一是会计核算模式。新制度建立了基于会计核算的"双基础"模

式，在促进财务、预算会计二者适度分离的同时，确保了制度内容上的衔接。财务会计原本便需贯彻权责发生制，相应地，预算会计一直坚持的则为收付实现制。一个会计核算系统中，这两种核算并没有绝对的矛盾。财务核算，可以得到企业需要的财务报告。反过来，预算会计也可以制作相应的决算报告。该核算模式除了要考虑决算报告外，同时也需符合部门的权责发生制。在提升会计管理水平的基础上，将会计改革推向了新的阶层。就会计行为来说，它的核心还是在主体预算上，要让政府部门可以对自身的绩效进行优化管理。为鼓励行政事业单位及时地将内部的会计信息向社会进行公开透明化，让公众知晓真实的财务形势，有必要从思想上关注财务管理这项基础工作，引入"双基础"+"双报告"这种新型的核算制度。

二是财务会计功能。在会计核算活动中，新制度同样也牵涉到了权责发生制。特别是会计科目以及内部的账务处理，难免会用到财务会计，同时将收入、应收款以及应付款等逐步纳入核算的范畴，甚至也会提到坏账准备。若是长期股权投资，还需优先考虑权益法。故而，事业单位应当安排会计人员参加专业的技能培训，放弃原来的理念，让他们主动去顺应和遵从国家推出的新政策，促进自我建设。

三是资产清算。新制度下，保障性住房、固定资产以及摊销等均纳入清算的范畴。除了对资产进行清算外，行政事业单位还需注重对新旧制度作出科学地转换，特别是资产盘点、归类以及检查等。针对单位资产，需集中核算。而固定资产，需根据"资产管理信息系统（三期）"的各项要求进行优化。

四是会计报表体系。新会计制度早已说明，报表有两种形式，一种为预算会计报表，还有一种为财务报表。前者，即预算收入表，也可以是财政拨款收支。要做好一项决算报表，关键在于这项工作。后者，则涵盖了会计报表及其附注，如资产负债表、现金流量表。所有工作，均需要会计人员适时地调整工作思路，搜集必要的基础资料，顺应行业改革的基本需求。

二、对行政事业单位新旧会计制度衔接相关问题的建议和意见

考虑到新旧会计制度在实际衔接中遗留下了不少问题，故改革需

从下列方面入手：

一是行政事业单位应当适时地引入先进的会计信息系统。结合新制度提出的基本要求，对原信息系统进行摒弃与创新，转换其中原始老化的数据，在最短的时间里完成两项制度的对接。要督促财务人员将自己的分内事做到位，定期对财务人员组织系统而有计划的培训。在补充理论知识的同时，让财务人员能够更有效地做好工作。

二是健全预算、资产管理机制。预算管理，必然要上升到单位的发展战略上来，要细化各单位的工作要点、基本职责。尤其财务人员，必须认真排查收入、支出的动向。财务人员切勿擅自对项目已给的预算标准进行变更，要以本部门为准。为确保会计信息的精准性，提升资金的利用水平，要注重对资金预算实施规范地管控。除上述外，会计人员还要切实对资产进行定期盘存，适时抽检，把握资产实际的去向和使用状况，确保资料的完整性，从而将内控制度执行到位。

三是要设置好新账，认真编报科目余额。财会〔2018〕21号精神也提到，需执行财务报告相关的编制措施，确立一套规范的会计体系。财务人员必须转变自身的传统理念，设置新账，及时地编报上年度的科目余额。同时，要按照新会计准则的各项要求，认真对初期余额、财务报表进行规范地编制。考虑到新旧会计本身有较大的区别，会计人员要做到事无巨细，对资产负债进行科学的监管。事业单位需要对财务软件做出稳步地创新，确保财务数据的精准性，使其符合新会计制度的基本需求。

四是优化会计报表体系。这里说的会计报表，可以体现单位真实的财务状况。它涵盖了预算会计以及财务报表这两个不同的部分，同时也反映出了单位自身的财务水平。按照新会计制度所明确的会计科目余额，行政事业单位需要对资产负债表对应的年初余额进行编制。同时，2019年在新账中显示的会计余额，在同年"年初预算结转结余"中也要及时地填列进去。应确保每一项财务数据，均能够反映出单位的财务指数，切勿胡编作假。

三、应对新旧会计制度衔接问题的具体策略

（一）明确会计目标定位

事业单位必须确认会计人员的工作目标。结合单位真实的情形与

会计方向，编制合适的工作计划。要如实体现出单位内部的财务情形，从而对资金流转提供可靠的指引；编制会计工作目标，能够督促财务部门更好地行使自身的监管职能，协调部门关系，统计事业单位的真实情形，经济资源等。

（二）完善核算体系

在国内，有些事业单位还是会坚持收付实现制，来办理财政拨款等传统的业务。针对其他业务，则推行权责发生制。对此，单位可考虑慢慢地深入与推广。采购方面，按照政府在编制采购方案中提到的计价方式，实施有序监督，节约采购成本。除上述外，投资主体由于经济体系的更新也做出适当的改观。事业单位内部的会计体系，渐渐地向企业靠拢。这方面，事业单位也可以适当地学习企业，将它们的核算体系作为模仿对象。

（三）完善科目编报工作

新会计制度的落地，要求事业单位认真地设置详细的账目，并对科目余额进行编报与管理。换言之，事业单位也要遵循新会计制度明确的基本要求，以财务科目为基准，及时编报内部的初期余额，并制作出资产负债表。另外，立足于单位已有的科目余额，重新设计新账目。如此，在会计核算的基础上，才可以确保新旧会计制度得到更合理地衔接。

（四）加强预算与资产管理制度

新会计制度实施的进程中，资产、预算管理体系也是不能不去考虑的问题。有关部门应当对单位实际的资金支出、收入等情形作出集中地核算，遵从各个部门编制的预算标准，切勿盲目地作出变动或是更改。除上述外，完善既有的预算体系，优化财务管理制度，同样也能够确保会计信息的精准性，使资金得到更高效地流转。而这点，要求会计人员仔细地清查单位手中的资产情况，做好统计。要定期对各部门日常的资金走向进行盘查，确认财产总额及其整体的调动状况，确保事业单位能够将会计工作做细、做好。

结束语

　　会计制度的创新，与经济增长密切挂钩。就行政事业单位来说，要在短期内对新旧会计制度进行自如转换，促进衔接，显然也有一定的难度。但是，该工作关系到行政事业单位今后的运转。新会计制度的诞生，可以更精准地统计各类财务数据，了解单位和资金的具体走向，让领导者可以站在高处来展望单位的未来，提出更有益的决策，满足行业的发展之需。尽管在新旧会计制度的实际转换工作中也碰到了不少问题，但是会计人员要结合行政事业单位的基本情形，采取合理的解决方案。我们相信，行政事业单位必定可以顺应新的会计制度，探索适合自己发展的正确道路。

参考文献

[1] 徐睿. 高等学校新旧会计制度转换中的相关问题研究——以 XX 大学为例 [D]. 兰州交通大学，2015.

[2] 刘文辉. 如何进行所得税会计的新旧衔接 [J]. 会计之友，2007(1)：35-36.

董燕江（北京古代建筑博物馆办公室高级会计师）

"天桥双碑"考略

所谓"天桥双碑",为本人提出的概念①。特指天桥以南,东西两侧碑亭内的"正阳桥疏渠记"和"皇都篇、帝都篇"两座乾隆御制碑。此二碑对称立于南中轴线两侧,形制相似,是清乾嘉时期北京中轴线上的重要景观。

十年一刹,天桥及"双碑"已经南移"复建"而起。但关于"天桥双碑"的讨论并没有停歇。这两座碑刻的历史钩沉,仍需我辈文物界人士深入研究探讨,在此将近年来所得资料略做论述,也为北京中轴线申遗提供些许资料参考。

一、天桥之地的变迁

天桥是旧时北京著名的休闲娱乐场所,驰名全国。其范围东起金鱼池,西到香厂一带均可泛称天桥地区。天桥位于北京中轴线南段,在正阳门(前门)和永定门之间,它的东南是天坛,西南是先农坛。所以清代诗人孙尔準在天桥酒楼留下了"两坛烟树郁相抱,左为太乙右籍田"的诗句。

天桥始建于何年,史无详载。元代诗人许有壬《酒恶行丽正桥水滨》中有"天桥流水碧悠悠,徙倚吟筇数过舟"的诗句②。晚清诗人方济川的诗注中也说明"天桥"在元代已经存在。其诗注云:"天桥在元朝早已有之……为元代妓舫游河必经之地。"当时天桥一带水网纵横,莲叶田田,经常泊有小艇供游人乘坐,宛如江南水乡。

明初永乐帝迁都北京后,分别在天桥东南修建了天坛(天地坛),

---

① 详见 2011 年 6 月 18 日《北京晚报》,《天桥双碑能"回归"原址吗?》、2011 年 7 月 29 日《中国文物报》8 版《天桥双碑——被遗忘的中轴线景观》。
② 《全元诗》三十四册,第 415 页,许有壬另有《天桥夜月》诗一首。

合祀皇天后土；在天桥西南修建了先农坛（山川坛），以祭祀农神、太岁。明嘉靖三十二年（1553年）增筑外城28里，北京的中轴线由此延伸至永定门为起点。天桥就成为外城中轴线上的交通要冲。天桥两侧商贾云集，酒肆林立。端午时节更是游人如织，号曰走桥避毒，以祛百病；又集于天坛坛根，进行走马射柳比赛，这种风俗一直延至清末。

清代前期实行满汉分治，回汉民等居于外城。各省举子来京应考，亦多住外城。文人士子就近在天桥、陶然亭一带宴饮游乐，留下了不少诗赋笔记。清康熙年间，曾将东华门外灯市移于天桥一带，天坛道观（神乐署）每年还举行赏花盛会，使得天桥之地更加繁荣。

清雍正七年（1729年）颁谕："正阳门外天桥至永定门一路，甚是低洼，此乃人马往来通衢，若不修理，一遇大雨，必难行走。至广渠门内之路，亦着一并查勘具奏。遵旨查勘……天桥起至永定门外吊桥一带道路，应改建石路，以期经久。"① 至此，天桥至永定门一带成为旧京第一条块石铺砌的大道。

清乾隆年间，又疏浚了天桥河道，补植杨柳荷花，景色盛极一时。现在天桥红庙街78号院内，还保存着乾隆五十六年疏浚天桥河道的记事碑，现为市级文物保护单位。

天桥是为"天子"南郊祭祀通行专用，两侧设有边桥，供百姓交通往来。天桥原为木桥，在中轴线上跨河而建。因位于东、西龙须沟正中，故天桥又有"龙鼻"之称。1750年《乾隆京城全图》的天桥部分因剥蚀不清，已难辨形制。约在乾隆十八年改造天坛时，将天桥改造为单拱石桥。1906年修筑外城马路时，拆去高拱的桥身，改建为低矮的平桥。1934年后，由于拓宽马路，拆去天桥的地面构件，桥基被埋入地下。原址位置就在今前门大街与天桥南大街的十字路口处。

二、天桥双碑的设置

清乾隆五十六年（1791年），在天桥以南东西两侧建立碑亭，将乾隆帝御制《正阳桥疏渠记》文与《皇都篇》、《帝都篇》诗石碑置于两座碑亭之内。这在乾隆《御制诗集》第五集69卷中得以印证："正阳桥南

---

① 《清会典事例》卷932《工部》71《桥道·桥梁道路》，中华书局影印本，1991年，第十册，第701页。

至天坛石路两旁夏多积潦。上年命于石路左右自北而南各疏渠凡三，渠中之土培以为山，周植树木，用以洁坛垣而颐涂轨。御制文纪事与御制《皇都篇》、《帝都篇》，勒碑建亭于渠之左右，计用帑六万两"。

另据中国第一历史档案馆馆藏档案，也记载了清嘉庆年间的天桥双碑的情况，并详细记述了天桥双碑的满汉文字及朝向："谨查天桥两旁圣制诗文碑二座，碑式俱系四面见方。东首碑座系镌刻圣制《正阳桥疏渠记》，南面、西面系汉字，东面、北面系清字。西首碑座南面系镌刻汉字圣制《帝都篇》，北面系镌刻汉字圣制《皇都篇》，东西两面俱系镌刻清字谨奏。"①

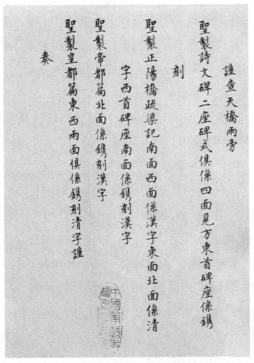

第一历史档案馆关于的天桥双碑的档案记录

《正阳桥疏渠记》碑原为天桥以南东侧御碑亭内放置的乾隆御制碑，乾隆五十六年建造。它与天桥以南西侧的《皇都篇》《帝都篇》御制碑一起，共同构成了乾隆年间天桥南岸中轴线上的对称景观。这在嘉庆年间的京师《首善全图》中明确标示出来。

---

① 中国第一历史档案馆馆藏档案 03-1646-027《奏为详查天桥二座圣制诗文碑事》嘉庆朝无纪年。

嘉庆《首善全图》中描绘的天桥双碑景观

嘉庆十一年还曾对天桥西侧的《皇都篇》《帝都篇》碑亭进行维修："九月二十三日奉宸苑来文，正阳门外天桥西边重檐碑亭一座。头停南面上层檐，添安六样黄色筒瓦十三件，勾头一件。下层檐添安筒瓦二件，勾头二件。按宫殿例粘修内重檐碑亭一座……"①据此可知当时碑亭的形制为重檐歇山式，黄琉璃筒瓦方亭。嘉（庆）道（光）间诗人邵葆祺在其《同人游天桥池上》中留下了"四角亭深十丈碑，拜手如披郊祀志"的诗句，也指出了天桥碑亭的形状②。

三、双碑撤置

嘉庆十八年（1813年）九月十五日，天理教主林清所部教徒兵分两路，冲进东华门、西华门。几十名起义军在太监高广福带领下，登上午门五凤楼，与清军展开激战。清廷火器营官兵千余人投入反攻。天理

---

① 中国第一历史档案馆馆藏档案 05-08-006-00164-0086 营造司房库《嘉庆十一年正阳门外天桥西边重檐碑亭添安瓦料估清册》嘉庆十一年十二月二十二日。

② 张次溪：《人民首都的天桥》第33页，修绠堂书店，1951。

教军寡不敌众，归于失败。这次起义攻入了清廷内部，严重打击了清王朝的统治。

在清人笔记中谈到，在这次事件之后，堪舆家端木国瑚说天理教"作乱"与乾隆时疏浚天桥沟渠有关。此河破坏了清廷的风水，导致了这场千古奇变。于是清王朝下令"湮河流，填土入之""闻之潘文勤公云：'天桥甬道，两旁近坛，墙外从前系河池，满植芰荷，茶肆酒楼鳞次，夏日游人憩息其间。嘉庆时白莲教匪作乱，堪舆家言有关风水。始湮塞河流，填土实之。然识者谓，自塞后国家财源渐竭，亦失计也。'"① 虞山丁国钧按："所谓堪舆家，盖青田端木国瑚也。曾见端木与人书，言是河之当塞，故知之。"②

自清嘉庆十八年"林清之变"后，由于风水原因，"天桥双碑"被撤销拆毁，两座石碑被分别弃至与斗姥宫与弘济院中"魇镇"。据档案记载："前奉军机大臣传谕，令臣派晓识相度之员看视天桥迤南河渠六处事宜。臣近日带同钦天监灵台郎何元富、主簿许翰二员，前往周视审度方位。据何元富等查称正阳门居北，位属坎水，永定门在南位属离火。正阳桥之护城河水周流环绕直达通潞，本属水火既济之象。至天桥迤南天坛、先农坛之左右为外明堂。凡明堂总宜平坦正直，不宜有坑洼积水，泄明堂之气。且永定门值离火之位，尤不宜积水，现在所有六处河渠似涉水火相争。理宜将两岸积土填实，六处河渠并凡有坑洼之处，均一律垫平。俾明堂宽敞平坦，其气自聚，则诸事协吉。臣等悉心查看，相应据实奏闻，伏乞睿鉴训示施行谨奏。嘉庆十八年十二月初五日，臣绵恩谨奏为遵旨复奏仰祈圣鉴事。"③

嘉庆帝为了否定先皇乾隆关于"天桥双碑"这座中轴线景观的合法性，搬出钦天监官员相度天桥地区的风水，指出六处河渠涉水火相争，应当垫平，以免泄露明堂之气，才合乎风水吉地要求。

嘉庆二十年，掌管工部的武英殿大学士曹振镛等上书请旨核销填垫沟渠、种植树木的工程款项："为题销填垫天桥河泡六个并移栽树株，核给工料银三万六千八百三十六两一钱。内扣除奏请树株变价并节省种树掬水银一千一百十九两八钱。实应领银三万五千七百十六两

① 李佳继昌：《左庵琐语》，光绪三十年刻本，第45页。
② 张次溪：《天桥丛谈》，北京：中国人民大学出版社，2006年，第4页。
③ 中国第一历史档案馆馆藏档案03-2095-087钦天监管理大臣绵恩《奏为遵旨复奏请填实天桥迤南河渠坑洼事》嘉庆十八年十二月初五日。

三钱。在于内务府广储司支领拣派司员填垫工竣。遵照新例移咨原估大臣查验相符在案。相应将用过工料钱粮造册送部核销等因，前来查填垫天桥迤南石道两边河泡六个并开刨土山移种树株等工，先经臣部照依查估大臣册报丈尺做法按例核算共需工料银三万六千八百三十六两一钱，动用内务府广储司银两奏请派出吏部尚书英和、吏部侍郎吴烜承修。嗣据该承修大臣奏请，将土山树株变价银五百四十六两八钱，并节省种树搊水银五百七十三两，共扣除银一千一百十九两八钱，实领银三万五千七百十六两三钱。兴工填垫工竣后，咨报原估大臣曹振镛查验相符各在案。今将修竣前项工程用过工料银三万五千七百十六两三钱造具细册并抄录验收原奏咨部核销前来臣部按册核算所用工料银两均属与例相符，应准开销。俟命下之日，臣部行文内务府步军统领衙门查照，再此案于嘉庆十九年十二月初二日咨文到部，于嘉庆二十年二月二十日办理，具题合并声明，臣等未敢擅便谨题请旨。"①

道光元年，曹振镛等又请旨核销了拆卸"天桥双碑"碑亭的工程款项："为题明核销钱粮数目事，前于道光元年正月十四日准步军统领衙门奏称奉旨拆卸天桥黄亭挪移碑座咨交臣部办理等因。臣等遵即率同司员前往详细勘估。将应行拆卸木料、砖瓦、石料等件并挪移碑座，拆撤有碍房间等工逐一造具。做法按例核算钱粮共需工价运脚银二千三百六十九两九钱一分。并声明将拆卸旧料知照臣部派员查勘丈量。再由该工运交臣部木仓存贮等因，于道光元年正月二十五日，请钦派大臣承办奉朱笔圈出常起书铭钦此。嗣经该工将拆卸旧料咨交臣部派员查丈。并因挪移碑座其斗母宫旗杆间有伤折木料等项应酌给运价，经臣部拣派司员勘估查明柱、木、枋、梁大件木料，及琉璃料件尚可堪用者，照数运交木仓存贮。角梁、椽、望等项小件木料糟朽伤折不堪应用者，作为柴薪变价。又该工因应领架木不敷给发本工自行赁用报部核给赁价。经臣部将木仓存贮架工酌给三成，其余准其赁用。咨明该工令其俟工竣后，将运仓存贮木植及糟朽木植，变价续修旗杆等项并赁用架木钱粮俱俟造册题销后，再行找领等因，各在案旋据承办大臣常起等将前项工程办理完竣，咨部查验，臣等率同司员持册核对，均与原续估做法

① 中国第一历史档案馆馆藏档案 02-01-008-003039-0021《为题请核销填垫天桥迤南石道两旁河泡六个并开刨土山移种树株等工用过银两事》嘉庆二十年二月二十日。

相符。今据该工程造册送部核算。臣等按册详细查核，除前经该工领过工价运脚银二千三百六十九两九钱一分计，应找给该工物料工价，并赁用架木拆安旗杆银九百七十八两四钱五分。内除旧料糟朽，松木并碎砖变价拉运原估车脚工价银一百九十三两九钱六分。净应找给赁用架木拆安旗杆物料工价银七百八十四两四钱九分。统计原续估工料运脚并赁用架工银三千一百五十四两四钱。俱属与例相符应请一并核销理合循例题明。俟命下之日，臣部将应行找给银两移咨该工仍由户部支领。再此案于道光元年八月初六日 咨文到部九月十七日办理具题合并声明，臣等未敢擅便谨题请旨。"[1]

四、迁移双庙

天桥是为"天子"南郊祭祀通行专用，在中轴线上跨河而建。因位于东、西龙须沟正中，故天桥又有"龙鼻"之称。而此双碑在民间传说中被称作"龙角"。民国时期著名史地民俗学者张次溪在其《天桥一览》序言中记载"闻父老言，桥之两侧，旧各一亭，内有方石幢一。咸丰年犹在，至同治，其一移桥东某寺。又一置桥西斗姥宫，至今尚存。迄光绪间，仅余二亭之三合土基址而已，今则并基址亦渺不可寻矣。"[2]在张次溪先生记录的这段旧闻中，桥东某寺应为今红庙街78号院。该院名曰弘济院，俗称红庙，建于清顺治年间，属私建僧庙。[3]该院内的石幢就是现市级保护文物——正阳桥疏渠记碑，记载了乾隆年间，整治天桥南河道工程的经过，故此碑置于天桥附近理所当然。

又据北京市档案馆藏《外五区弘济院僧智峰关于登记庙产请发寺庙凭照的呈文》中寺庙法物登记条款上明确记载有"汉白玉石幢一座，高约二丈方约四尺，系清朝乾隆五十六年所建。"[4]也与正阳桥疏渠记碑的形制、纪年相吻合。

---

① 中国第一历史档案馆馆藏档案 02-01-008-003334-0019《为题请核销工部拆卸天桥黄亭挪移碑座用过工料银两事》道光元年九月二十七日。

② 张次溪：《天桥一览》序言第 1-2 页，中华书局，1936。

③ 北京市档案馆编《北京寺庙历史资料》172 页，中国档案出版社，1997。

④ 见北京市档案馆藏档案 J2-8-17。

红庙街 78 号院内的正阳桥疏渠记碑

张次溪所提到的天桥以西之斗姥宫现已不存。在今永安路东口路北 59 路公交车站北侧，有一条死胡同，名为永胜巷，即原斗姥宫的西夹道。由此可以大致判断出斗姥宫的位置。斗姥宫为道观，清康熙三十四年建，有圣祖御书普慈、延寿阁二块匾额，乾隆二十二年敕修。该观在《日下旧闻考》《宸垣识略》《光绪顺天府志》等北京历史文献中均有记载。然至民国年间，斗姥宫却销声匿迹，在 1928 年、1936 年的北平市政府寺庙登记中均未提及，可见其早已圮废。

首都博物馆东北侧的乾隆御笔"皇都篇，帝都篇"石幢

据 1935 年《晨报》记载："先农坛石幢，旧在前门外天桥西路北之斗母（姥）宫内，因便于保存，乃移置于先农坛外坛之坛墙下。后外坛拆除，古柏地亩皆标卖，乃又将幢石迁移于内坛。"[①]

斗姥宫之石幢移至先农坛内坛东北角保存后，幢顶、幢身、幢座，被分别拆卸，散倒于地。中华人民共和国成立后因久历风尘，被深埋地下 50 余年。其形制与永定门外之燕墩石幢相同，亦刻有乾隆御笔之《皇都篇》《帝都篇》诗赋。2004 年底，该幢终于在先农坛北坛门附近的京青食品厂院内重见天日，现置于首都博物馆东北侧广场上。

另外 1750 年《乾隆京城全图》所绘斗姥宫、弘济院的位置亦分别与今永胜巷、红庙街 78 号院的位置相符。从而进一步印证了张次溪先生在《天桥一览》中记载的天桥两侧置有石幢一事的准确性。

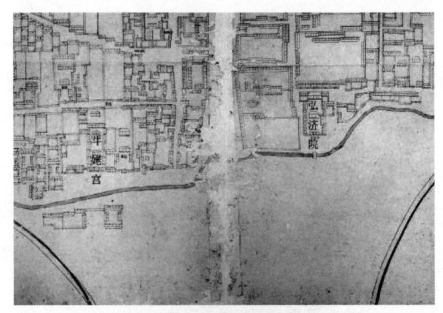

1750 年《乾隆京城全图》天桥地区弘济院、斗姥宫位置

斗姥宫与弘济院位于天桥两侧，遇有皇家祭祀、巡幸南苑等重大活动，都是皇室拈香祈福的重要场所。例如，清乾隆二十二年十月四日"圣驾诣德寿寺开光……臣等谨择得初三日斗姥宫、海会寺开光，初四日弘济院开光。恭候皇上亲诣合行奏请训示。至四处庙宇应行献戏之处，请仍派臣允禄、弘晓、允秘、弘昼戏前往预备，其供献香烛随工备办。是日除德寿寺交僧录司传集僧众敬办吉祥道场一永日外，其余三庙

---

① 北京市档案馆藏档案 J2-8-17。

令本庙住持办理道场一永日"①。另一方面，弘济院、斗姥宫等庙宇还承担着王公大臣斋戒寄宿②与烘托神圣氛围的职能③。

　　天桥双碑命运多舛、几经流落，因历史信息的匮乏而至今分置两地，其现状可谓遗憾。建议借助古都北京中轴线申遗之契机，由政府出面，配合天桥遗址考古，对双碑进行原址复位，同步开展周边环境风貌整治，恢复天桥一带传统中轴线两侧的历史面貌。

---

① 中国第一历史档案馆馆藏档案 03–1646–027《奏为详查天桥二座圣制诗文碑事》嘉庆朝无纪年。
② 中国第一历史档案馆馆藏档案 05–08–006–00164–0086 营造司房库《嘉庆十一年正阳门外天桥西边重檐碑亭添安瓦料料估清册》嘉庆十一年十二月二十二日。
③ 张次溪：《人民首都的天桥》第 33 页，修绠堂书店，1951。

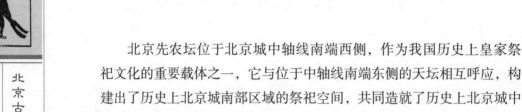

先农坛内坛环境整治工程

——工程前期调查研究

北京先农坛位于北京城中轴线南端西侧，作为我国历史上皇家祭祀文化的重要载体之一，它与位于中轴线南端东侧的天坛相互呼应，构建出了历史上北京城南部区域的祭祀空间，共同造就了历史上北京城中轴线的整体空间序列。

恰逢北京文化中心建设加快步伐、中轴线大力推进的今天，先农坛内坛环境整治工程设计方案正在进行，于此时做一些工程前期的调查研究工作，梳理出先农坛内坛历史环境与历史格局变迁，对于内坛环境整治方案乃至整治工程，我想是十分必要的。

一、先农坛内坛历史环境变迁

（一）从历史文献中梳理坛内历史环境变迁

《养吉斋丛录》卷八记载："先农坛围墙内，有地一千七百亩。旧以二百亩给坛户，种五谷蔬菜，以供祭祀。其一千五百亩，岁纳租银二百两，储修葺之需。康熙间，将地拨与园头，粢盛无所从出。雍正元年，命清还地亩，仍给太常寺坛户耕种。"

这段记载描述了清雍正年间，先农坛内有一千七百亩的土地，将原拨给园头的二百亩土地现拨给坛护耕种，以供祭祀，其余一千五百亩土地所获租银用于修缮坛内建筑。因此，先农坛内这一千七百亩地原是作为耕地之用，但直至乾隆十九年，坛内环境发生了改变。

"（乾隆）十九年三月，重修先农坛。

"十八年冬奉谕旨：朕每岁亲耕籍田，而先农坛年久未加崇饰，不足称朕祇肃明礼之意。今两郊大工告竣，应将先农坛修缮鼎新。其外墙隙地，老圃于彼灌园，殊为亵渎，应多植松、柏、榆、槐，俾成阴郁翠，庶足以昭虔妥灵。该部会同查明具奏。……外墙隙地计一千七百亩，乘时种树，交太常寺饬坛户敬谨守护。疏上，从之"①

这段记载描述了先农坛在清乾隆十九年经历了一次较大修缮。至此，先农坛的面貌发生了改变，乾隆帝取消了坛内护坛地的耕种，与此同时坛内广植松、柏、榆、槐，坛区经过整饬，松柏成荫，更加肃穆庄严。

（二）从历史文献、图片中梳理内坛植被历史分布情况

"清道光十一年四月初一日：托恩多"奏为恭查先农坛树株完竣事"。

原文：奏为恭查，先农坛树株完竣恭折覆。奏仰祈，圣鉴事窃奴才等钦奉。谕旨恭查，先农坛内树株奴才等遵于三月二十七日起带领奴才等所管旗员分段往复详细查看，谨查得，天神坛、地祇坛、太岁坛、先农坛周围松柏树株俱系分行排列，除缺空、风损、回干外实有松柏树八百四十七株，外有槐榆树四十八株。"②

这段记载描述了清代太岁坛、先农坛、天神坛、地祇坛周围广植树木且均分行排列，呈仪树形式排列。

神祇门外南面一带松柏树株按五行分种，除缺空、风损、回干外实有松柏树二百零八株，槐榆树十一株。至外围东西北三面所有松柏槐榆等树俱系，丛生实有松柏树一千二百零九株，槐榆树三千三百六十八株。其间虽有缺空之处，因无行列

---

① 《奏为恭查先农坛树株完竣事》道光十一年四月初一。
② 《清会典图》/ 卷一二。

碑难计其数目，谨将恭查得天神坛、地祇坛、太岁坛、先农坛内外围松柏槐榆等树并风损、回干倒木以及缺空之处实在数目另缮清单。恭呈御览所有奴才等 连日恭查缘由理合据实覆。奏伏乞皇上圣鉴谨奏。道光十一年四月初一日。[①]

这段记载描述了清道光年间神祇门周围树木所在位置、数量、排列方式，指出神祇坛南、北、东、西面广植松、柏、槐、榆且神祇门以南的松柏树株是分行布置的，神祇坛虽不属内坛范围但是其树种和分布情况我们可以作为参考。

雍正帝祭先农坛图、躬耕籍田图（《清朝图典·雍正朝》）

其次，从《雍正帝先农坛亲耕图》中可以看出具服殿北侧树木呈仪树形式排列，在《亲祭图》中，先农神坛西侧至内坛西门、拜殿西侧至先农神坛东侧、拜殿东侧广植树木且呈仪树形式排列；由东向西的这条祭祀道路以南也有树木分布，但具体位置不详。

通过比较《亲祭图》与文献记载中的树木分布情况（"……谨查得，天神坛、地祇坛、太岁坛、先农坛周围松柏树株俱系分行排列"）我们可以得知，图片上所画树木的位置及分布形式与文献记载能够相互对应。

最后，从《洪武京城图志》山川坛图可清晰地看到内坛籍田南侧区域有种植树木，而北京建造山川坛之初也是按照南京山川坛的规制实施的，因此我们可以推测明代籍田南侧区域是有树木分布的。以上，通过史料、历史图片及平面图的分析，我们可以大致归纳出历史上部分树木的位置及分布形式，其有助于下一步设计方案的实施。

（三）道路体系

1. 祭祀路线探究

通过对清代籍田礼的探究并结合《钦定大清会典》卷四十六中记

---

① 《钦定四库全书》卷七十二。

载，大致可推测出籍田享先农礼祭祀路线：皇帝及官员由外坛先农门进入，向西通过内坛东门，再向西至观耕台，继续向西然后北折至先农坛，祭祀完毕，由原路返回至太岁殿上香，后至具服殿更换龙袍以进行耕籍礼，皇帝于籍田亲耕，进行三推三返的耕种（或加一推），亲耕完毕，于观耕台观看三公九卿从耕。如皇帝首次亲耕，籍田礼成后向南由内坛东坛门达庆成宫行庆贺礼。

> 《钦定大清会典》中记载："太岁之礼为殿于正阳门之西岁以正月上旬诹吉及岁除前一日均遣官，太岁之神正殿神位，南向……由拜殿南左门入，出北门降阶，赞引官赞盥洗，遣官盥洗，引由正殿左阶升至门外正中拜位，南向……"

结合文献记载可以得知，祭祀太岁神的路线为：官员由先农坛外坛太岁门入，达内坛北门，进入后南行至拜殿南，左门入……以上即是乾隆帝改建后先农坛的祭祀路线。通过祭祀路线的探究，结合下一步考古勘探结果，有助于准确恢复历史道路规制。

2. 历史道路体系

> 《清会典图》卷一二中载："……宫墙后为祠祭署，其甬路由先农坛门入者，北达庆成宫，直西达先农坛东门，达观耕台……观耕台东折而北，西达具服殿，又北，东达神仓，直北达坛北门，观耕台西南达太岁殿神路，直西达坛西门，观耕台西北亦达神路，少南，折而西而北，达先农坛，北达神库……"

> "太岁门入者，西达坛北门，门内直南折而东，北达神仓，坛北门内又南，西达具服殿，又西达太岁殿神路，北达太岁殿，南达坛南门，西达坛西门，东达坛东门……"①

这段记载描述了先农坛的道路走向：庆成宫向西达内坛东门，再至观耕台，再向东折而北，再向西至具服殿，具服殿向北达内坛北门……太岁门入，向西达内坛北门，向南再向东折北可达神仓，坛北门

---

① 《钦定四库全书》卷七十二。

向南再向西达具服殿，再向西达太岁殿神路，神路向北达太岁殿，向南达坛南门，西达坛西门，东达坛东门。

通过对祭祀路线的探究并结合清郊庙图、光绪钦定大清会典所载路由做比对分析，先农坛内坛由北向南主要有三条历史道路，从东向西依次为：北坛门—观耕台东区域历史道路；太岁殿院落—内坛南坛门的神路；神厨院落—观耕台南历史道路。而东西向的道路分别贯穿了这三条历史道路，主要有三条轴线，依次为：西坛门—神路、东坛门—神路、先农神坛—神路。其中，内坛东门向西的道路是直达神路的，由于在乾隆十九年，观耕台改用砖石制造，以为永久用之，清乾隆帝下令将仪门拆除，所以，坛东门向西道路由直达神路改为由观耕台南向西达神路，其余道路在乾隆朝改造前后没有太大变化。历史道路体系的确定，有助于设计方案中道路恢复工作的开展。

（四）历史道路及地面铺装形式

首先：经过前期的调研工作，在相关的历史资料中未发现内坛历史道路有明确的形制、做法的记录。

再次，对清代画师郎世宁学生所绘制的《雍正亲耕图》的分析，我们可以看出，拜殿南侧道路形制为两侧牙石，内部城砖海墁的道路铺装。

最后，通过历史照片我们可以推测出马匹所在位置即是北坛门—观耕台东的历史道路上，其地面铺装形式为两侧砖牙子，内部条砖海墁。

除历史道路外，观耕台、具服殿周边地面也存有传统铺装。从《光绪钦定大清会典图》中"先农坛、天神坛、地祇坛、太岁殿总图"可以看出，观耕台与籍田中间有一条道路，自具服殿南至籍田北，地面应有铺装，但铺装方式不详。

拜殿南侧道路铺装

二、先农坛内坛历史格局变迁——明代永乐年间山川坛与乾隆改造后的先农坛相比较

北京先农坛内坛经历了近六百年的沧桑变化，建筑配置几经变化。洪武年间，山川坛合祀天地诸神，明永乐十八年（1420年），悉仿南京旧制，在北京建山川坛。至嘉靖十一年建神祇坛，并改山川坛名称为神祇坛，同年，建神仓。明万历四年又改称先农坛，乾隆年间重修先农坛，撤去旗纛庙，移建神仓，改木构观耕台为砖石结构，至此，经过明、清两代建设，先农坛内坛形成了较为完备的建筑格局。

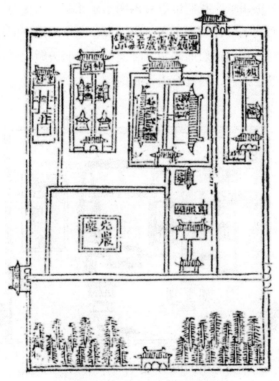

洪武京城图志—山川坛图（南京）

（一）永乐山川坛建置

明代初年，明太祖朱元璋确定在南京建立山川坛，明永乐年间由南京迁都至北京，于正阳门外西侧仿南京旧制营建北京山川坛。

《明实录·太宗实录》中载"凡庙社郊祀坛场宫殿门阙，

规制悉如南京，而高敞壮丽过之。"

《钦定续文献通考》中记载："初山川坛建于正阳门外，合祭太岁风云雷雨山川诸神，至是始定太岁、风云雷雨、岳镇海渎、钟山……建正殿拜殿各八楹，东西庑二十四楹，坛西为神厨，六楹，神库十一楹，井亭二，宰牲池，亭一，西南建先农坛，东南建具服殿，六楹，殿南为籍田坛，东建旗纛庙，六楹，南为门，四楹，后为神仓，六楹，缭以周垣……"①

通过史料记载，对比《洪武京城图志》南京山川坛与《明万历会典》中的北京山川坛，我们可以看出明永乐北京山川坛与洪武南京山川坛除图面比例问题外，区别不大，可以说，北京山川坛的建置基本保持了原洪武年间南京山川坛的规制（除此以外，明天顺二年在山川坛东侧内外坛之间增建斋宫，因其范围不属内坛，本文不做详述）。

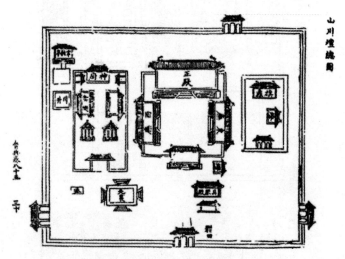

明代山川坛总图（大明会典）

（二）嘉靖改制

在明永乐至嘉靖年间，山川坛陆续进行了建设。明嘉靖时期进行了礼制大辩论，造成先农坛内坛格局发生变化。

第一，增建太岁坛。"嘉靖八年始建太岁坛，命礼部考太岁坛制，

———————

① 《明史》卷四九。

礼冠言：太岁之神唐宋祀典不载，元虽有祭，亦无常典……遂建坛于正阳门外至西，与天坛对，南向，中为太岁坛，东庑春秋月将二坛，西庑夏冬月将二坛，南为拜殿，殿东南为燎炉……"①

第二、搭建木质观耕台。先农坛建坛伊始，于具服殿南侧即建仪门，仪门是天子观看王公大臣从耕的场所。嘉靖十年，有大臣上奏"其御门观耕，地位卑下，议建观耕台一"②，于是，嘉靖帝下令建造木质观耕台。天子观耕移至木质观耕台，仪门闲置。

第三、将风云雷雨岳镇海渎诸神迁出内坛，增设天神、地祇坛。《明实录》记载："嘉靖十年七月乙亥，以恭建神祇二坛"③，十一年山川坛更名为神祇坛。

第四、嘉靖十一年在山川坛正殿之东的内坛东墙处建成神仓，用以储备粢盛。至此，神祇、太岁、先农各有专祀场所，先农坛建筑群形成了新的格局。明万历四年，将神祇坛祠祭署印更换为先农坛祠祭署印，神祇坛改称先农坛，清代沿用。

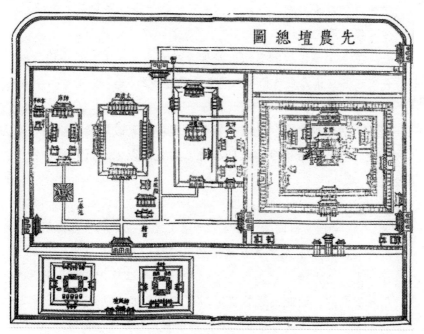

《雍正会典》先农坛总图

---

① 《钦定四库全书》卷七十四。
② 《清朝文献通考卷》卷一一零。
③ 《钦定四库全书》卷五十五。

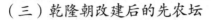

（三）乾隆朝改建后的先农坛

首先，重修先农坛。

> "（乾隆）十九年三月，重修先农坛。
>
> 十八年冬奉谕旨：朕每岁亲耕籍田，而先农坛年久未加崇饰，不足称朕祇肃明礼之意。今两郊大工告竣，应将先农坛修缮鼎新。"①

其次，撤去旗纛庙（不含后院），移建神仓。

> "原旗纛庙在太岁殿之东，亦永乐中建，神曰旗头大将，曰六纛大神，曰五方旗神，曰主宰战船之神，曰金鼓角锐炮之神，曰弓弩飞蟾飞石之神，曰阵前阵后神抵，五猖等众皆南向，旗纛藏内府，仲春遣旗手卫官祭于庙，霜降祭于教场，岁暮祭于承天门外。"
>
> "（臣）等谨按旗纛庙旧址即今神仓，乾隆十八年奉谕旨：先农坛旧有旗纛殿可彻去，将神仓移建于此"②

最后，增建观耕台。乾隆十九年，观耕台著改用砖石制造，以为永久用之。清乾隆帝下令将仪门拆除。自乾隆以来，石质观耕台保存至今。

> 《钦定日下旧闻考》中载："（臣）等谨按：观耕台旧制以木为之，乾隆十九年奉旨改用砖石台座，前左右三出陛，周以石阑。"《大清会典》如是记述："十九年奉旨，观耕台着改用砖石制造，钦此，遵旨议定，台座用琉璃，仰覆莲式成造，前左右三出陛，砌青白石，阑板用白石，台面铺墁金砖。"③

---

① 《清会典·钦定大清会典事例二》卷六百六十三。
② 《清会典·钦定大清会典事例二》卷六百六十三。
③ 《先农坛内坛环境整治工程勘察评估及设计方案》北京市文物建筑保护设计所。

乾隆二十年，奉御笔将北京先农坛斋宫改为庆成宫，作为天子籍田礼成后的庆贺、亲耕籍田前天子临时休憩之所。《大清会典》记述之："二十年奉旨，先农坛斋宫改为庆成宫。"

经过乾隆年间的改建和重建，最终形成了由太岁殿院落、具服殿、神仓院落、神厨院落、庆成宫院落、先农神坛、观耕台、神祇坛（天神、地祇坛）组成的一组规模宏大，功能齐全、建筑风格独具特色的皇家坛庙。直至清末，先农坛的格局始终未改变。

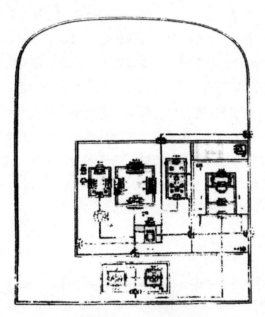

《大清会典》先农坛总图

三、现状分析

本文主要从先农坛内坛历史环境与内坛历史格局进行分析。首先，先农坛内坛的历史格局主要分为两方面，包括文物建筑院落历史格局和内坛整体格局，其中文物院落内历史环境有所保留，文物院落整体格局保存较好。但是，先农坛内坛整体格局及环境变化较大。其次，现内坛区域院落铺装除太岁殿院落、神厨院落、神仓院落采用了传统铺装形式外，其余均改为非传统铺装形式。再次，坛内植被树种较多，绿化配置根据需要进行了增植和改变，除挂牌古树名木呈仪树形式排列外，新增的植被多以行道树或散植的方式进行排列，先农坛的文物环境发生了较大改变。以下分别对先农坛内坛历史环境保存现状与内坛历史格局保存现状进行阐述。

（一）先农坛内坛历史环境保存现状

1. 植被配置现状

乾隆十九年，先农坛经历了一次较大修缮，面貌发生了改变，坛内广植松、柏、榆、槐，且种植方式规整，数量庞大，坛区经过整饬，更加庄严肃穆。但民国以后，先农坛外坛逐渐消逝，坛内的树木也由于各种原因遭到砍伐损毁，先农坛的文物环境发生了重要改变。

先农坛现状绿化面积约 36210 平方米，绿化率约 25%。现状植被的品类、数量发生了较大改变，与祭祀坛庙的氛围不符。开放区域以古树名木为主，树种多为侧柏，有少量银杏、国槐、洋槐等落叶乔木。非开放区域植物品种非常丰富，现有玉兰、樱花、榆树、杨树、龙爪槐等。目前先农坛内坛的植被树种较多，同时绿化配置风格也逐渐城市园林化。古树树间距均值约 5 米左右，呈行列式分布，与文献资料以及其他同时期、同类型文物古迹（天坛）的树木分布排列方式一致，除挂牌古树名木呈原有"井"字形排列外，新增的植被多以行道树或散植的方式进行排列。古树生长环境多为铺装地面。

类型	数量	品种
古树（挂牌）	64 株	侧柏、桧柏、国槐
非古树（松、柏、槐、榆）	11 株	国槐、洋槐
非古树（其他类）	1 株	椿树
地被植秀	6506 平方米，绿化率约23%	丹麦草、紫花地丁、冷季型草

2. 道路体系现状

先农坛内坛由北向南主要有三条轴线，从东向西依次为：北坛门—观耕台东侧区域、太岁殿院落—内坛南坛门、神厨院落—观耕台。由于受新建建筑影响，原有的历史道路轴线仅保留北坛门—观耕台东侧区域，其余道路轴线皆发生改变；由东向西主要有三条轴线，依次为：西坛门—神路、东坛门—神路、先农神坛—神路。其中西坛门—神路受新建建筑影响，原有的历史道路轴线已发生改变。

涉及历史道路的主要变化如下：

①内坛北坛门向南至观耕台西的道路现为车行道，沥青等非传统形式铺装。

②内坛西坛门至观耕台南的道路现已被新建建筑等侵占。

③太岁殿至内坛南坛门的道路南段现已被新建场地侵占，北段拜殿向南的道路为石材铺装。

④内坛东坛门向西至观耕台的道路现为非传统形式铺装。

⑤先农神台南向东至神路道路已被新建场地侵占。

⑥神仓院南向西道路已被新建建筑侵占。

3. 地面铺装现状

内坛区域内太岁殿院落（含拜殿南侧区域铺装）、神厨院落、神仓院落采用了传统铺地形式，但院落其余区域均采用了非传统铺地，铺地形式有沥青、水泥、透水砖等，历史铺装已无存。

（二）先农坛内坛历史格局保存现状

先农坛内坛的历史格局主要分为两方面，包括文物建筑院落历史格局和内坛整体格局，其中文物建筑院落主要分为太岁殿建筑群（包含拜殿及焚帛炉）、神厨建筑群（包括宰牲亭）、神仓建筑群，除此以外另有先农坛、观耕台坛台两座。文物院落内新建了部分仿古建筑，其功能多为展示配套或行政办公用房，对文物建筑院落格局有一定影响，但影响较小。先农坛内坛整体格局变化较大，尤其是新建的非文物建筑对历史格局破坏较严重。综上，虽然文物院落内历史环境有所保留，文物院落整体格局保存较好，但是，先农坛内坛整体格局及环境变化较大。

（三）基础性设施现状

先农坛内坛的基础设施包括给排水设施、电力电信设施以及环卫设施。给排水设施未统一规划设计，由各管理使用单位根据各单位使用需要进行铺装。管线较为杂乱、由于管线老化，跑冒滴漏等问题严重。电力电信设施未统一规划设计，飞天管线杂乱。区域高压线路由先农坛内坛北部引入，经降压后经电线杆架设后进入使用单位，建筑内部的线路已进行套管埋地或入墙处理。环卫设施未经过统一设计，由各使用单位根据不同的使用需要进行配置。垃圾桶材质主要包括塑料、铁质、木质等，风格各不相同。

先农坛内坛文物环境已发生了较大的改变，而这种改变不符合先农坛作为坛庙祭祀建筑所处的原有历史环境，对先农坛内坛的文物价值造成了一定影响。

结　语

　　文献历史资料是文物保护工作的重要依据。我们在进行文物保护工作之前，应对建筑本体及文物环境始建年代、各时期损毁情况以及对修缮、改造的基本情况、历史照片，进行尽可能详实地搜集研究。从而帮助我们了解该处遗产在整个历史过程中，因何理由而造成的变化；帮助我们在保护恢复文物本体及环境时，更加准确的制定方案。

　　我们应该通过不懈努力，恢复先农坛的规模建制，使先农坛独具特色的建筑较好的保存下来，同时也希望通过北京先农坛的保护工作，让源远流长的中华民族传统农耕文化继续发扬光大。

孟楠（北京古代建筑博物馆文物保护与发展部工程师）

张恨水先生、《啼笑因缘》与先农坛

我们平日里说起先农坛，赞美先农坛留下的这些林林总总的明代官式建筑，赞美蕴含在这些建筑身上的历史文化背景，感叹它的与众不同的建筑布局，都是情理之中的景象。其实，与先农坛有过这样那样关系的历史上的名人，在津津乐道的同时让我们又可以久久地回味，他们为先农坛抹上浓重的人文色彩，更应值得人们的瞩目。

这些名人中，张恨水先生可以说是受众广泛、最接我们生活地气的文化界名人。

张恨水先生（1897年—1967年）原名张心远，安徽省籍潜山县人，因其父于江西为税吏而生于江西上饶，童年和少年时代在江西度过。童年就读旧式书馆，对传统章回小说兴趣浓厚，沉溺于《西游记》《东周列国志》等古典小说中，特别喜爱《红楼梦》的写作手法，醉心于风花雪月式的诗词典章及才子佳人式的小说情节。这为日后张恨水成为所谓"鸳鸯蝴蝶派"作家打下了坚实的思想基础。一生创作了120多部小说和大量散文、诗词、游记等，共近4000万字，被尊为现代文学史上的章回小说大家，有"中国大仲马""民国第一写手"之称，是民国时期最多产作家、作品最畅销作家。

张恨水先生少年时肄业于蒙藏边疆垦殖学堂。1914年开始使用"恨水"这一笔名，取自李煜"自是人

张恨水先生

生长恨水长东"之句，该笔名充分体现了其喜爱传统浪漫主义的情怀。

　　青年时期的张恨水先生成为一名报人，历任《皖江报》总编辑，《世界日报》编辑，北平《世界日报》编辑，上海《立报》主笔，南京《人报社》社长，北平《新民报》主审兼经理，1949年后任中央文史馆馆员。1952年加入中国作家协会。

　　张恨水先生在成为报人的同时也开始了创作生涯，1917年开始发表作品，作品如《青衫泪》《南国相思谱》等，以描写痴爱缠绵为内容，消遣意味浓重，均可列入鸳鸯蝴蝶派小说中。1924年4月，张恨水先生开始在《世界晚报·夜光》副刊上连载章回小说《春明外史》，这部九十万字的作品在此后的五十七个月里风靡北方城市，张恨水先生为此一举成名。1926年，张恨水先生另一部更重要的作品《金粉世家》面世，他的影响得以进一步扩大。

　　真正将张恨水先生声望推到最高峰的，是将言情、谴责社会不公、武侠成分集于一体的长篇小说《啼笑因缘》。这部小说不仅已有几十个版本，小说发表的当时就因各大电影公司争夺小说的电影拍摄权而成新闻，以后由它改编的戏剧曲艺也不在少数，而各种因《啼笑因缘》而作的续书更是民国小说之最。至此，张恨水先生的名声不仅如日中天，更成为妇孺皆知的通俗文学作家名扬天下。

　　《啼笑因缘》写于1929年—1930年，在上海《新闻报》副刊《快活林》上连载。本书在二十世纪华文小说一百强排名第27名。内容描述青年学子樊家树游北京天桥时，结识了武师关寿峰、关秀姑父女，又同天坛鼓书艺人沈凤喜一见钟情，他的表嫂则撮合他和财政部部长的千金何丽娜的姻缘。后来军阀刘将军霸占了沈凤喜，关秀姑扮作用人深入刘宅，把刘将军诱到西山极乐寺刺杀……本书采用一男三女的爱情模式为故事的核心结构。青年樊家树到天桥游乐，认识卖艺为生的关寿峰，寿峰女秀姑更暗恋家树。其后家树偶遇唱大鼓的少女凤喜，相互爱慕，家树更助凤喜摆脱卖唱生涯，供她读书。家树虽得富家女何丽娜垂青，亦专情如一。其后，凤喜三叔贪图富贵，使凤喜亲近刘大帅，刘更迫凤喜做妾，凤喜不知如何是好。刘大帅以杀家树威迫凤喜做妾，凤喜含泪应允。其后家树与凤喜重聚，二人余情未了，一次私会后，事情为大帅知悉，凤喜被拷打成疯。寿峰与秀姑冒险助家树救出垂危的凤喜，更把大帅杀死，可惜寿峰亦中枪而亡，临终将秀姑托付家树照顾。《啼笑因缘》的精致在于作者讲故事的技巧和对"因缘"二字一环扣一

环的镶嵌，它的沧桑感在于故事结束后的余味和萦绕于脑海的那一段凄凄婉婉的大鼓书。章回小说的布局更为作品增添了一份古色古香的意蕴。

《啼笑因缘》电影剧照

主人公樊家树和沈凤喜的初恋，就是在先农坛与天桥市井的古朴幽静与嘈杂的交织当中发生的：

　　这一天，先农坛的游人最多，柏树林子下，到处都是茶棚茶馆。家树处处留意，都没有找着凤喜，一直快到后坛了，那红墙边，支了两块芦席篷，篷外有个大茶壶炉子，放在一张破桌上烧水。过来一点，放了有上十张桌子，蒙了半旧的白布，随配着几张旧藤椅，都放在柏树荫下。正北向，有两张条桌，并在一处。桌上放了一把三弦子，桌子边支着一个鼓架。家树一看，猜着莫非在这里？所谓茶社，不过是个名，实在是茶摊子罢了。有株柏树莸上，有一条二尺长的白布，上面写了一行大字是"来远楼茶社"。家树看到，不觉自笑了起来，不但不能"来远"，这里根本就没有什么"楼"。

　　家树望了一望，正要走开，只见红墙的下边，有那沈大娘转了出来。她手上拿了一把大蒲扇，站在日光里面，遥遥的就向樊家树招了两招，口里就说道："樊先生！樊先生！就是这儿。"同时凤喜也在她身后转将出来，手里提了一根白棉线，下面拴着一个大蚂蚱，笑嘻嘻向着这边点了一下头。家树还不曾转回去，那卖茶的伙计，早迎上前来，笑道："这儿清静，就在这里喝一碗吧。"家树看一看这地方，也不过坐了三四张桌子，自己若不添上去，恐怕就没有人能出大鼓书钱了。于是就含着笑，随随便便地在一张桌边坐了。凤喜和沈大娘，都坐在那横条桌子边。她只不过偶然向着这边一望而已。家树明白，这是她们唱书的规矩：卖唱的时候，是不来招呼客人的。

……

次日，家树起了一个早，果然五点钟后就到了先农坛内坛了。那个时候，太阳在东方起来不多高，淡黄的颜色，斜照在柏林东方的树叶一边，在林深处的柏树，太阳照不着，翠苍苍的，却吐出一股清芬的柏叶香。进内坛门，柏林下那一条平坦的大路，两面栽着的草花，带着露水珠子，开得格外的鲜艳。人在翠荫下走，早上的凉风，带了那清芬之气，向人身上扑将来，精神为之一爽。最是短篱上的牵牛花，在绿油油的叶丛子里，冒出一朵朵深蓝浅紫的大花，是从来所不易见。绿叶里面的络纬虫，似乎还不知道天亮了，令叮令叮，偶然还发出夜鸣的一两声余响。这样的长道，不见什么游人，只瓜棚子外面，伸出一个吊水辘轳，那下面是一口土井，辘轳转了直响，似乎有人在那里汲水。在这样的寂静境界里，不见有什么生物的形影。走了一些路，有几个长尾巴喜鹊在路上带走带跳的找零食吃，见人来到，哄的一声，飞上柏树去了。家树转了一个圈圈，不见有什么人，自己觉得来得太早，就在路边一张露椅上坐下休息。那一阵阵的凉风，吹到人身上，将衣服和头发掀动，自然令人感到一种舒服。因此一手扶着椅背，慢慢地就睡着了。

……

二人走着，不觉到了柏林深处。家树道："你实说，你母亲叫你一早来约我，是不是有什么事求我？"凤喜听说，不肯作声，只管低了头走，家树道："这有什么难为情的呢？我办得到，我自然可以办。我办不到，你就算碰了钉子。这儿只你我两个人，也没有第三个人知道。"凤喜依然低了头，看着那方砖铺的路，一块砖一块砖，数了向着前面走，还是低了头道："你若是肯办，一定办得到的。"家树道："那你就尽管说吧。"凤喜道："说这话，真有些不好意思。可是你得原谅我，要不，我是不肯说的。"家树道："你不说，我也明白了，莫不是你母亲叫你和我要钱？"凤喜听说，便点了点头。家树道："要多少呢？"凤喜道："我们总还是认识不久的人，你又花了好些个钱了，真不应该和你开口。也是事到头来不自由，这话不得不说。我妈和"翠云轩"商量好了，让我到那里去唱。不过那落子馆里，不能像现在这样随便，总得做两件衣服。所以想和你商量，借个十块八块的。"家树道："可以可以。"说时，在身上一摸，就摸出一张十元的钞票，交在她手上。

……

只见凤喜一直跑进柏树林子，那林子里正有一块石板桌子，两个石凳，她就坐在石凳上，两只胳膊伏在石桌上，头就枕在胳膊上。家树远远地看去，她好像是在那里哭，这更大感不解了。本来想过去问一声，又不明白自己获罪之由，就背了两只手走来走去。

……

当下两个人都不言语，并排走着，绕上了出门的大道，刚刚要出那红色的圆洞门了，家树忽然站住了脚笑道："还走一会儿吧，再要向前走，就出了这内坛门了。"凤喜要说时，家树已经回转了身，还是由大路走了回去。凤喜也就不由自主的，又跟着他走，直走到后坛门口，凤喜停住脚笑道："你打算还往哪里走？就这样走一辈子吗？"家树道："我倒并不是爱走，坐着说话，没有相当的地方；站着说话，又不成个规矩。所以彼此一面走一面说话最好，走着走着，也不知道受累，所以这路越走越远了。我们真能这样同走一辈子，那倒是有趣！"凤喜听着，只是笑了一笑，却也没说什么，又不觉糊里糊涂的还走到坛门口来。她笑道："又到门口了，怎么样，我们还走回去吗？"家树伸出左手，掀了袖口一看手表，笑道："也还不过是九点钟。"凤喜道："真够瞧的了，六点多钟说话起，已说到九点，这还不该回去吗？明天我们还见面不见面？"……

先农坛自民国初年开始，逐渐被开辟为北京南城的一处市民公园，利用坛内幽静的环境，为南城市民提供了一个休闲之地。1918年，正式称为城南公园，以内坛北门（即今天进入北京古代建筑博物馆和育才学校的先农坛门）作为公园入口，范围涵盖内坛全体、神祇坛、庆成宫和部分南外坛区域。当时，城南公园是北京的第二大公园，与1915年开放的社稷坛中央公园并驾齐驱。

小说中男女主人公初次约会的地点，正是先农坛内坛北门外至内坛南门一线。这也是当时城南公园的游览主线路。

先农坛东北坛墙外，曾有一处早已无存的富有江南水乡特色的游乐去处——水心亭，也是那时候引致这一地区热闹非凡的主要因素。

张恨水先生笔下的男主人公樊家树，之所以结识了富有一定市井气的少女沈凤喜，也有着一段与水心亭的关联经历：

　　……刘福道："我知道表少爷是爱玩风景的。天桥有个水心亭，倒可以去去。"家树道："天桥不是下等社会聚合的地方吗？"刘福道："不，那里四围是水，中间有花有亭子，还有很漂亮的女孩子在那里清唱。"家树道："我怎样从没听到说有这样一个地方？"刘福笑道："我决不能冤你。那里也有花棚，也有树木，我就爱去。"家树听他说得这样好，便道："在家里也很无聊，你给我雇一辆车，我马上就去。现在去，还来得及吗？"刘福道："来得及。那里有茶馆，有饭馆，渴了饿了，都有地方休息。"说时，他走出大门，给樊家树雇了一辆人力车，就让他一人上天桥去……由此过去，南边是芦棚店，北方一条大宽沟，沟里一片黑泥浆，流着蓝色的水，臭气熏人。家树一想：水心亭既然有花木之胜，当然不在这里。又回转身来，走上大街，去问一个警察。警察告诉他，由此往南，路西便是水心亭。

　　……当下家树听了警察的话，向前直走，将许多芦棚地摊走完，便是一片旷野之地。马路的西边有一道水沟，虽然不清，倒也不臭。在水沟那边，稀稀的有几棵丈来长的柳树。

再由沟这边到沟那边，不能过去。南北两头，有两架平板桥，桥头上有个小芦棚子，那里摆了一张小桌，两个警察守住。过去的人，都在桥这边掏四个铜子，买一张小红纸进去。这样子，就是买票了。家树到了此地，不能不去看看，也就掏了四个子买票过桥。到了桥那边，平地上挖了一些水坑，里面种了水芋之属，并没有花园。过了水坑，有五六处大芦棚，里面倒有不少的茶座。一个棚子里都有一台杂耍。所幸在座的人，还是些中上等的分子，不做气味。穿过这些芦棚，又过一道水沟，这里倒有一所浅塘，里面新出了些荷叶。荷塘那边有一片木屋，屋外斜生着四五棵绿树，树下一个矮瓜架子，牵着一些瓜豆蔓子。那木屋是用蓝漆漆的，垂着两副湘帘，顺了风，远远地就听到一阵管弦丝竹之声。心想，这地方多少还有点意思，且过去看看。

家树顺着一条路走去，那木屋向南敞开，对了先农坛一带红墙，一丛古柏，屋子里摆了几十副座头，正北有一座矮台，上面正有七八个花枝招展的大鼓娘，在那里坐着，依次唱大鼓书。家树本想坐下休息片刻，无奈所有的座位人都满了，于是折转身复走回来。所谓"水心亭"，不过如此。这种风景，似乎也不值得留恋。

关于水心亭，民国著名民俗学者张江裁《北平天桥志》有如下记述：

> 天桥自民元成立平民市场，五方杂处，百商猬集。唯地势低洼，每夏，积水成渠。入夜，则蛙鸣不已，蚊虻麇集。明沟秽水，臭气熏熏。六年，高尔禄长外右五区，督清道队，削平其地，筑土路，析以经纬。同时是区绅士，卜荷泉诸氏，复鸠资于先农坛之东坛根下，凿池引水，种稻栽莲，辟水心亭商场，招商营业，茶社如环翠轩、绿香园，杂耍馆如天外天、藕香榭，饭馆如厚得福，皆美善。沿河筑长堤，夹岸植杨柳，其南其西，各启一门，皆跨有木桥。河置小艇，一届炎夏，则红莲碧稻，四望无涯，一舸嬉游，有足乐者。其入门券价，只收铜币二枚，亭西空地，则跑马场在焉。

又民国九年北京指南云：水心亭在先农坛东北隅，四周皆水，中峙一楼，楼以席木构成，而有玻璃窗。东南西北，皆可远眺。楼南之旷地，则引水种莲稻，夏景最佳。东北西三隅，各建草亭，其形为八角六角三角。东北有茶肆，环亭之水。上跨木桥三，桥甚高，小船可行其下。西堤北堤，各有木栅门，兼司售券之警士守之。券价，铜圆二枚。茶楼亦售西餐，可咽饮。夏日，水心亭外之北与西，茶棚鳞栉，宛如小巷，亦城南之一幽雅处也。

民国八年，高尔禄解职，孙辑五继之。益加整顿，同时内务部未改先农坛为城南公园，而城南游艺园亦同时改建房舍于坛中，更就芦坑之深处，修成小渠，种莲放舟，杂植花木，居然一小型之公园矣。外左五区署长金锐川，亦督工将金鱼池岸拓宽，招商列摊，天桥适处两者之中，且相连也。迨九、十两年，天桥三遭大火，而水心亭尤烈，不能修复，后将亭之北部地基，售与电车公司，建筑总站，尘嚣既甚，遂不复花明柳绿矣。

水心亭旧照

意思是说，民国初年先农坛东北外坛墙地势低洼，一到雨季积水成泊，到了民国六年，有人组织了市民将此地顺势开挖水池，池南种稻，水塘里栽植莲花，池中建造了一个亭子，名叫水心亭；水池西北东三面与龙须沟接临处设三个木栅栏式水门，小船在丰水时可通过。此处作为城南公园外的又一处游玩去处，还设警察值守，门票两个铜板。茶棚饭肆，微风杨柳，水心亭成为当时京城平民消夏的好去处之一。

先农坛以及当时已经成为城市平民去处的天桥，以其丰富的市民生活内涵成为张恨水先生创作的素材来源，因此小说的描写充满了生活气息，让人读来倍感亲切。而小说中描写的先农坛，正是 20 世纪 20 年代初先农坛城南公园的真实情况，为研究这个时期历史提供了很好的参考依据。

在说起《啼笑因缘》的影响深远，一直到今天都为人们关注时，也要记住，这也是先农坛走入文学世界最有影响力的所在。今天，当我们听到江南的戏剧中"我们在先农坛中订姻缘"唱词时，应该感到是那样的温暖和亲切。

董绍鹏（北京古代建筑博物馆陈列保管部副研究员）

专项研究

中国古代籍田的种植与管理考

籍田既然是田，实质与普通农家耕田并无二致，并不因为它的属性高贵而与别的田地相异。籍田之礼的制度描述出现于春秋，但籍田的记事文字，要早到商代，个别古文献也有记述。随着考古学科学考古工作的逐步深入，出土文献中的甲骨、金文中零星的有关籍字的记事文字逐渐成为籍田礼这一古老礼仪制度研究的关键材料，从而得以重视。

商代制度记述远低于周代，虽秉承上古五帝及成汤的圣业，但毕竟尚属礼仪教化的原始阶段，各种制度相当粗犷，无论衣着、饮食、车仗、君臣之礼等，保留浓厚的原始氏族公社时期的风格。人们在相当淳朴的生活中，度过几百年的岁月。当时，商王是天下共主，诸侯替代商王驻守着大片国土，因人口稀少，国家不可能对遥远之地直接管辖，所以诸侯成为商王治理天下的必备政治工具，有效忠天子的职责。不过，商王朝的天下共主属性，又决定了商之国家更像一个超大型部落联盟，部落之间有着相当宽松的自由，在自己的方国内有着全权，而商王只不过是王天下象征，也有着自己的领地进行保障生活的农耕农业，并不需要诸侯进行供给，只需要诸侯按时朝贡，进献土特产品、奇珍异玩，与天子交好而已。这样，以商王朝国都为中心的特定区域，是为王畿（帝畿），需要商王委派职能官员在其中的可耕地上开展农业生产，安排、监督、统筹农事，并将农业生产情况以及总结的规律形成文字，报告商王。根据已知的考古资料，负责在帝畿之内农业生产的责任官员，称为"小籍臣"；派驻到帝畿之外进行开垦荒地、开展农业生产的职能官员，称为"田"，也称为"甸"，为周代甸师的前身（《周礼》中对甸师氏的记载，表明周代掌管籍田事物已改由甸师执行）。

甲骨材料中，不乏商王任命小籍臣、观看籍田农事的记事卜辞：

己亥卜，贞：命小籍臣……。己亥卜……观籍。——《甲

骨文合集》（第 5603 片）

己亥卜，贞：命小籍臣……。——《甲骨文合集》（第5604 片）

己亥卜，贞：王往观籍……。——《甲骨文合集》（第9501 片）

庚子卜，贞：王其观籍，唯往。十二月。——《甲骨文合集》（第 9500 片）

贞：呼籍，生。王占曰：丙其雨，生。——《甲骨文合集》（第 904 片）

告枚侯籍。——《甲骨文合集》（第 9511 片）

20 世纪 70 年代发掘河南安阳殷墟遗址时，出土过青铜器中封装的商代酒饮料，后人从出土的大批各式各样形制的酒具爵、觚、尊、壶、区、卮、卣、斝、觥、瓿、彝看，喜饮酒是殷商时期的风尚，煮酒器、盛酒器、饮酒器、贮酒器的大量使用，一方面反映出商代贵族的生活品质，也管窥出支撑酿酒业如此发达的物质基础，是农业生产特别是粮食作物产量的大增。没有足够的作为食物需求之外的粮食作为酿酒业的保障，如此大量饮酒不可思议，因为酒业的发展要消耗大量的粮食。这说明，商代在前代基础上，通过对农时的较为准确地把握，通过改良农耕技术、合理安排农田休耕恢复地力，虽然仍然使用着原始的骨质、石质、木质、蚌质农具，粮食亩产不过几十斤，但仍较前代的刀耕火种已然有了质的飞跃，实现了粮食生产的稳产。

古气候学告诉我们，夏商周三代中国的黄河流域处于第四纪冰川间冰期中的暖期，中间虽有过间断与反复，即气温年平均值偏暖期与偏冷期交替，但总体上年平均气温高于当代。商代时中原地区的自然环境远非今日可比，气候温暖、雨量适中、植物茂盛、动物云集，基本上是亚热带风貌。从商王外出狩猎的收获中，我们得知今日已为绝迹或罕有的动物，如熊、麋鹿、犀牛、象、扬子鳄等，都是商王的常有之猎物。气候的温和适宜，决定了北方地区以旱作农作物为主的农耕农业可以持续稳产，小米、黄米、燕麦、莜麦等作物的收获量长期稳定，为酿酒业提供了原材料保证，更保证商王室及贵族饮酒风俗的维持。

粮食作物的稳产，除却气候因素外，诸如小籍臣、田等农业官员的农事管理至关重要。保障衣食之需的道理，想必商王十分明了，这时的农官监督农业工作进程，比如春耕、秋收，这些节点上商王亲自观看，应该是既体现出商王对沟洫耕作的看重，又可以引申为对农业收成保障以供宗庙粢盛的关心。

周代与商代的最大不同，是兴于周公时期对下至文武、上至尧舜禹汤逐代典章制度的归纳与执行，使周代成为重礼仪教化民众、教化四方的楷模。作为国家政治秩序的重要内容之一的官制，行业管理概念在商代基础上进一步明确。农业领域，掌管天子籍田事务的官员设为甸师，即殷商时代田官，负责籍田播种、收获的指导，也参与天子的籍田之礼终亩；掌管全国农业生产管理、督促、巡察的官员设为后稷（后，《说文解字》释为"继君体也"，意为继承前代职业之意。传说夏代官职中司空、司马、司徒、司稷等为国之重要官职。启为避讳其父禹曾任舜时司空之职，特意将司字反写，造新字后。引申为掌管、管理之意），后稷以下还有指导耕作、观察农情的官员田畯。各官职分工有序，甸师只为天子农事服务，管理籍田一切事物，保证秋收有成，以为宗庙、山川、社稷之祀粢盛充足。而管理全国农业事务的后稷、田畯，虽在春秋周室式微以后逐渐消失，但却因与地方联系较为密切，在实际工作中较为重点地突出与民生密切相关的姿态，在百姓尚处于民风淳朴的时代，人们对这些官职寄予特殊的期望，希冀他们能够带来农业的好收成，因而逐渐将其转化为民间崇拜的农业神祇，反而忘却他们原本只是掌握农业经验从而进行农业指导、督促百姓开展农业生产的国家官员。

周代，黄河流域的主要农作物与商代没有差别，主要都是旱地作物，五谷中的稷、麦、黍、菽、粟等广泛种植。考古出土文献和传世文献，均未提到帝籍种植品种。不过，在那个时代，天子所食亦不外五谷，"春食麦，夏食菽，季夏食稷，秋食麻，冬食黍"（《礼记·月令》），"黍稷重穋，禾麻菽麦"（《诗经·豳风·七月》）。因此，事神之田的帝籍，应遵从此理，种植不外五谷。

> 稷，不黏的黄米；麦，指燕麦、荞麦、莜麦等；黍，黏黄米；粟，谷子，小米；菽，豆类，如大豆、红豆、绿豆、蚕豆等，"甚多而贱，果腹之功不啻黍稷也"（《天工开物·卷上·乃粒第一》）。

按照《礼记》记载，天子在籍田礼中，要由王后率六宫向天子进呈早熟与晚熟谷中的步骤，"内宰上春诏王后帅六宫之人，而生穜稑之种，而献之于王"，也即进呈穜稑之种。所谓穜（tóng），是早种晚熟的作物，所谓稑（lù），是晚种早熟的作物，早期文献没有说明穜稑之种的涵盖，宋代根据当时的中国粮食品种情况，对穜稑之种描述为"穜稑即早晚之种，不定谷名，今请用黍、稷、秫、稻、粱、大豆、小豆、大麦、小麦"（《文献通考·郊社考二十》）。而后宫藏谷种，蕴意女性生育职能能够给谷种播下丰收带来吉利之意。帝籍播种区分穜稑之种，将播种这一环节细化，这个做法一直沿用到后世清亡，而后宫藏种后世则极少采用，属于非常祀中的非常礼（南北朝北齐和宋代偶有行之）。

《礼记》所载"昔天子帝籍千亩"，周代的千亩约合今三百亩。

汉代，汉文帝重开天子籍田、皇后躬桑之礼，效法周天子亲耕籍田，以为宗庙、山川社稷祭祀粢盛，皇后躬桑以为祭祀祭服之用。为此，实行籍田亲耕与先农炎帝神农氏祭祀并举，并将祭祀先农的神祠建于帝籍附近。但是，两汉皇帝亲耕籍田，多采取耕无定所之制，并不在国都郊外帝籍专门亲耕，有很大随意性。虽然如此，汉文帝仍专设籍田令，归三公之一的大司农领辖，专门负责管理籍田事物：

> 治粟内史，秦官，掌谷货，有两丞。景帝后元年更名大农令，武帝太初元年更名大司农。属官有太仓、均输、平准、都内、籍田五令丞，斡官、铁市两长丞。又郡国诸仓农监、都水六十五官长丞皆属焉。驺粟都尉，武帝军官，不常置。王莽改大司农曰羲和，后更为纳言。初，斡官属少府，中属主爵，后属大司农。——《汉书·百官公卿表第七上》

自汉代以降至元代，籍田令成为国家专职管理帝籍的政府官员，打理帝籍的一切事物，专司籍田耕作、收获、归仓、籍田仓廪（神仓及其他附属建筑），甚至国家祭祀中需用的果、蔬等，以及以上诸物的四季存储，一并归籍田令执掌，《文献通考·职官考七》更为详尽的描述说：

籍田令，周为甸师。汉文帝感贾谊之言，始开籍田，置令、丞，掌耕国庙社稷之田。春始东耕于籍田，祠先农，大赐三辅二百里孝弟力田、三老帛种。百收万斛，立为籍田馆，皆以给祭天地、宗庙、群臣之祀。东汉及魏阙。晋武复置，江左省。宋元嘉中又置。宋掌帝籍耕耨、出纳之事，五谷、蔬果、藏冰以待用。元丰三年，诏籍田令隶太常寺。渡江初阙，绍兴十五年初除康与之为籍田令。二十一年，诏籍田司权罢，官吏并罢。后复置。

历史上籍田令虽归属有变，如大司农、太常寺、籍田司，但具体官职名称没有改变。

唐代之前，天子籍田农作物种植品种除了北朝北齐之外，没有任何记载。南朝因地理环境之因，北方旱作农作物不可能种植，疑皆江南稻作为主。北齐帝籍是这一时期的代表：

北齐籍于帝城东南千亩内，种赤粱、白谷、大豆、赤黍、小豆、黑穄、麻子、小麦，色别一顷。——《隋书·志第二·礼仪二》

也即，籍田种植赤粱（红高粱）、白谷、大豆、赤黍、小豆、黑穄（跟黍相似，子实不黏，也叫"糜子"）、麻子（胡麻）、小麦计八种作物，均为旱地作物。籍田种植的八种作物共八顷，计八百亩（约合今575亩），每种作物一顷（一百亩）。

隋制沿袭，文献中只有播九谷之词。

唐及北宋时期，考南北朝以来所做，因帝都位于旱作地区，千亩之内体现旱作农作物是为必须，如宋太宗时期：

（雍熙四年九月）今请用黍、稷、秋、稻、粱、大豆、小豆、大麦、小麦陈于箱内。——《文献通考·郊社考二十》

这一时期已经引入稻作，推测为旱稻。

南宋移都江南临安（杭州），高宗赵构时仿照北宋时先帝做法，"命临安府守臣度城南之田，得五百七十亩有奇，乃建思文殿、观耕台、神仓及表亲耕之田"（《文献通考·郊社考二十》）。因南方为水田，南宋籍田应植水稻为妥。五百七十亩帝籍内建系列先农坛功能建筑。

元代，至元七年（1270年）始开籍田千亩于大都东南郊（至元七年六月丙申，立籍田大都东南郊。——《元史·本纪第七·世祖四》）；至元十四年（1277年）二月戊辰，祀先农东郊；至元十五年（1278年）二月戊午祀先农，以蒙古胄子代耕籍田。元代仿照唐宋之制，不仅都城东郊设籍田，还设籍田令（署），管辖大都东郊籍田千亩事宜：

> 籍田署，秩从六品，掌耕种籍田，以奉宗庙祭祀。至元七年始立，隶大司农。十四年，罢司农，隶太常寺。二十三年，复立大司农司，仍隶焉。署令一员，从六品；署丞一员，从七品；司吏一人。——《元史·志第三十七·百官三》

虽然至元九年（1272年）二月开始祭先农，祭先农如祭社之仪，至元七年（1270年）即已设籍田令一职，但元代并未记载帝籍千亩的种植为何。

明代建都应天府（南京），籍田所植推测为适宜江南种植的水稻。明代，明政府不再设置专职籍田事物的籍田令，改设管理籍田及山川坛诸神祇、先农坛事物的籍田祠祭署，迁都北京后更名山川坛祠祭署，后嘉靖时更名神祇坛祠祭署，明万历时方更名先农坛祠祭署。明清时无论是开始时期的籍田祠祭署还是最终的先农坛祠祭署均归太常寺管辖，设奉祀、丞、执事各一人。

从明初起，太祖朱元璋在令人考证历代籍田礼、籍田的前提下结合自己的理解，根据应天城南地域不开阔的现实，更籍田所谓千亩之地为一亩三分，以阳数一和三来确定天子的籍田大小，使籍田完全成为天子政治活动的道具，籍田也因此成为完全的政治象征意义样板。周之千亩推耕，此时仅以一亩三分推耕替代。这样做，可以说是朱元璋煞费苦心，客观上当时的南京南郊外地域并不广阔，无力提供千亩以为籍田；主观上，一为一千的千分之一，用以抽象代表一千的一；三为天子推耕之数，视为天子之数。朱元璋巧妙地将籍田千亩的含义与天子亲耕制度要求的含义抽象化相结合，以一亩三分之数代指天子的私有之地，可谓奇妙。

永乐迁都以后的历史时期中，又尤其是清代，一亩三分地成为华北京津地区人们的口头禅，民间意指个人的势力范围，不容别人染指。

明永乐十八年（1420年），北京作为新都建成投入使用，永乐十九年（1421年），明成祖朱棣正式迁都北京，北京先农坛（时称山川坛）籍田成为向明王朝皇家坛庙提供粢盛的来源。

关于明代北京先农坛内所植农作物，文献有较为明确的记载：

先农坛围墙内，有地一千七百亩。旧以二百亩给坛户，种五谷蔬菜，以供祭祀。其一千五百亩，岁纳租银二百两，储修葺之需。——《养吉斋丛录》卷八

清初，仍沿袭明代做法。清乾隆帝时修葺北京先农坛，认为在坛内隙地役使农夫挑肥灌园，串来走去，简直是有损先农坛内的清净宁和，对神灵也不能体现出敬畏。于是坛地禁止再植五谷，改种松、柏、榆、槐：

（乾隆）十八年谕：先农坛外墙隙地，老圃于彼灌园，殊为亵渎。应多植松、柏、榆、槐，俾成阴郁翠，以昭虔妥灵。著该部会同该衙门绘图，具奏，钦此。——乾隆《工部则例》

（乾隆）十九年三月，重修先农坛外墙，隙地多植松、柏、榆、槐，交太常寺饬坛户敬谨守护。——《清通志》卷三七

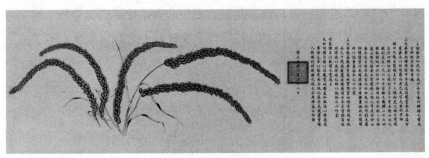

瑞谷图（清·郎世宁）

因此，自清乾隆十九年起（1754年），明代先农坛原来所具有的种植祭祀菜蔬功能被完全禁止。作为提供京城皇家坛庙粢盛的五谷，重新成为先农坛种植作物的核心内容。

皇帝的"一亩三分地"（1901）

关于清代北京先农坛籍田收获，民国文献《中国历代民食政策史》记载说，"黍，一石二斗二升一合八勺；谷一石五斗五升七合八勺；大麦，五斗七升九合七勺；小麦，一石三升五斗三合"，即是说，旱作作物黍、谷、大麦、小麦是北京先农坛籍田所植，产量为大致约数。

历史上，籍田还有四个比较有意思的历史功能或事件：

一，北宋神宗元丰二年（1079年），神宗"诏于京城东南度田千亩为籍田，置令一员，徙先农坛于其中，神仓于东南，取卒之知田事者为籍田兵"，"以南郊鏺（音 pō）麦殿前地及玉津园东南茭地八百四十余亩，并民田共千一百亩充籍田外，以百亩建先农坛兆，开阡陌沟洫，建神仓、斋宫并耕作人牛庐舍之类"（《文献通考·郊社考二十》）。高宗绍兴二十一年（1151年），高宗裁撤祖制籍田兵至三人，废籍田司（籍田令）：

> 二十一年八月，诏权罢籍田司，免其官吏、胥徒。太常少卿王普请以印归礼部，存卒八人，以守坛壝及凡种植之物，农三人，以给种植供礼料（籍田司初募兵卒三十一人，存者二十三人，今量存七人。甲头十人，以农民充，免其科役，今量存三人）。典吏以寺吏兼之。——《文献通考·郊社考二十》

后虽复置籍田令，但至宋亡时，只为一闲职。宋代设置籍田兵，是历史唯一的一次。

二，宋代，对于籍田的管理采取自养之制。南宋时，籍田所植除为郊庙、神祇之祀提供粢盛，更多的出产变卖为银钱，用以支付籍田维护、先农坛维护开支。因籍田田亩众多，开支足以保障先农坛及其附属建筑的维护，以及籍田耕作差役人等度之所需。明代，继续这一做法，"先农坛围墙内，有地一千七百亩……其一千五百亩，岁纳租银二百两，储修葺之需"（《养吉斋丛录》卷八），使用大部分的坛地租银维持坛内修葺开销。满清入关后，沿袭明制，直到清乾隆十八年（1753 年），乾隆帝下令废止坛内空地植五谷、菜蔬，改植松柏榆槐，开始自宋代的籍田自养之制才退出历史舞台。

三，历史上，籍田令除了作为维护天子籍田相关事务的责任官员外，还作为皇帝亲耕籍田时的伴随官员参与亲耕，"宋文帝元嘉二十一年……籍田令率其属耕竟亩，洒种"（《文献通考·郊社考二十》）。唐代时，籍田令有时也直接参与天子亲耕活动。

四，籍田令，虽在籍田礼作为非常祀之礼的汉至元代期间显得并不是很重要，但作为政府官员中的一级，这个职位上也出现过几个历史名人，例如南宋谢深甫、董槐、贾似道，均任职过籍田令。

五，据《清会典·雍正会典》所载，清雍正时还有用籍田在内的坛地种植岁入，累计作为太常寺官员养廉银的做法。这种源自自养思维的制度，可谓"靠山吃山、靠水吃水"的杰作。

董绍鹏（北京古代建筑博物馆陈列保管部副研究员）

综合探讨

澳大利亚堪培拉北京
花园工程——赏鹤轩

一、背景介绍

"北京花园"是一座面积近1万平方米的花园式景观，距澳大利亚联邦议会大厦和中国驻澳大使馆均只有咫尺之遥。花园依坡傍水，高贵典雅又不失清灵闲适，其设计既源于中国传统文化的形象元素和传统建筑语汇，又吸收了澳大利亚园林轻松空旷、方便游人休憩、感受天地之气的特长，与周边自然环境有机结合，体现了中国古典园林"天人合一"的造园理念。

2013年是堪培拉建城100周年，作为其姐妹城市，北京市决定于堪培拉格里芬湖边上的Lennox公园中建设一座具有中国特色的花园——"北京花园"，作为礼物送给堪培拉市政府。"北京花园"选址位于澳大利亚首都堪培拉市行政区的格里芬湖畔，一个向西伸入水面的半岛上。岛上是城市绿地公园，林荫遮蔽，有较好的自然生态环境。公园主入口在东，有一条东西向的笔直园路直达半岛西端。公园中已建有日本"奈良公园"，并拟再建设中国"北京花园"和东帝汶"帝力公园"。"北京花园"选址在路南东部的地片，用地面积约1万平方米，紧邻水面，与主路以北已建成的日本"奈良公园"相邻。

建设"北京花园"应不改变用地上的自然生态环境，不破坏既有林木，建构筑物要与环境协调，花园要开放式、具有中国传统文化特色。

二、北京花园设计原则、理念

本方案针对选址地的空气湿润、光照充足、林木丰茂等自然条件，并遵循前述限定条件，确定"北京花园"设计总原则为：一、尊重场地自然生态环境，建设开放式花园。二、建构筑物、小品、植物配置等均具有突出的中国传统文化特色。三、在"北京花园"各元素中体现中国历史文化内涵。四、具有文化大国形象。五、材料耐久性好，防虫耐腐；建成后免维修或有较长维修周期；建筑安装能够由当地使用管理者自行施工。

中国"北京花园"设计理念：一、与总园区相协调，重视统一和协调，园林结合地形和现存植被，基本自由布局。二、突出园林元素的差异化，建筑和小品传统化，展现御园风格。首先，按清代传统形式的建筑设计。其次，择取现存清代皇家园林实物为原型，经再设计的景观作品。最后，吸取中国早期文化遗存的形象元素、沿袭中国传统园林中的皇家御园陈设手法，设计为小品陈设。

三、花园布局与建筑、小品

（一）花园布局

在自由布局中突出园门、赏鹤轩和五行铜鹤；其余随路布置小品。其中，园门为第一组景观；赏鹤轩和五行铜鹤形成对景，自成一组。各组、点用游线组织起来。

（二）建筑

赏鹤轩是一座清式歇山顶前出一悬山顶抱厦建筑风格的敞厅，全高 6.27 米，建筑面积 75.52 平方米。赏鹤轩以石料混合木材建造，下部柱枋用石料，上部梁架用木材。石梁枋上雕刻旋子彩画图案。抱厦正面当心间两石柱上做石楹联，上书"引鹤徐行三迳晓，与梅并作十分春"，檐下做石匾额，上书"赏鹤"。

屋面做六样绿琉璃瓦黄剪边屋面，一勾两筒为黄琉璃瓦，屋面为绿琉璃瓦。

台明高 0.45 米，总进深为 10.4 米，面阔为 8 米，呈"凸"字状。柱高 3 米，为青白石梅花柱，柱径 360×360 毫米，鼓镜 500×500 毫米。青白石地面，表面作防滑处理。

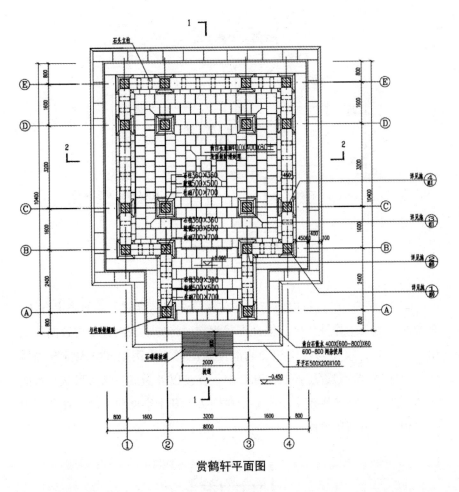

赏鹤轩平面图

　　此建筑特殊之处在于下部柱、垫板、枋均为石作，上部的檩、垫、枋则为木作。其有别于传统的木结构建筑，其难点就在于榫卯的处理上不同于传统的木结构榫卯结构，以下是对构件榫卯的做法说明。

　　1. 固定垂直构件的榫卯——管脚榫

　　石柱与柱顶石相交处做法与木结构类似，榫的端部适当收溜，以便安装，柱顶石做海眼。

　　2. 水平构件与垂直构件拉结相交使用的榫卯

　　（1）"馒头榫"：柱头与梁头垂直相交时使用，在柱头顶部，作用在于柱与梁垂直结合时避免水平移位，与之对应的是梁头底面的海眼要根据馒头榫的长短径寸凿作，海眼的四周要铲出八字楞。

　　（2）拉结联系构件：因考虑石质材料特性并解决根部抗剪力性能差的问题，石枋、石随梁、穿插枋等与柱头相交的部位，采用根部宽端部窄的做法，榫卯呈台阶状逐层递减，有些类似于带袖肩的燕尾榫做法。

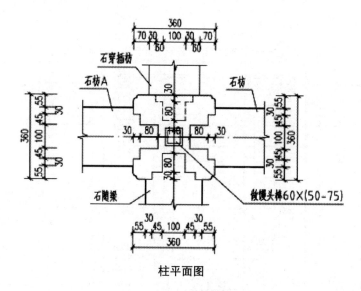

柱平面图

（3）"箍头榫"：石檐枋与石柱在转角部位结合时采用的固定方法，其做法类似于木作箍头榫，但又不尽相同。将枋子头由柱中位置向外加出一柱径长，将枋与柱头相交的部位做出榫（采用根部宽端部窄的做法，榫卯呈台阶状逐层递减）和套碗。柱皮以外做成三岔头形状，若面宽和进深方向都使用箍头枋时，则在柱头上开十字卯口，两枋在卯口内十字相交，山面压檐面。

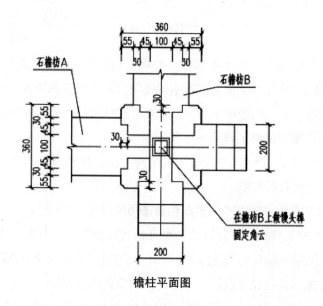

檐柱平面图

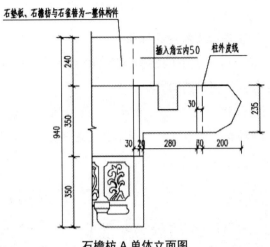

石檐枋 A 单体立面图

（4）"透榫"：抱头梁与石柱在转角部位结合时采用的固定方法，榫的穿入部分按梁的本身高度，穿出部分高度减半，透榫穿出部分的净长约半个柱径。

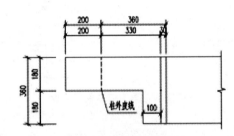

抱头梁 A 单体立面图

3. 水平构件相交部位使用的榫卯

（1）A3-C3 轴两木梁相交处，各在梁上面、下面刻去一半的厚度，然后插销子固定。

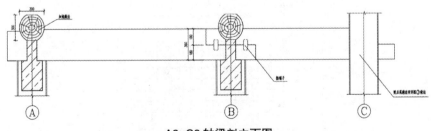

A3-C3 轴梁剖立面图

（2）十字卡腰榫，用于搭交檩。沿高低面分为两等，按山面压檐面的原则各刻去上面或下面一半，然后扣搭相交。赏鹤轩中檩类构件材质为木材，因此不再赘述。

4. 水平构件重叠稳固所用的榫卯

为解决雀替与枋子上下两层构件之间的结合问题，在雀替与枋子相交处，雀替上方采用栽销的方法稳固。

但在一些特殊部位，考虑其整体性，将垫板、枋子、雀替联做与柱连接，且以骑马雀替的方式与柱子结合，这样能使多层构件组成一个完整的结构体。

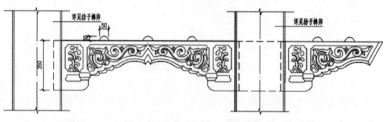

石雀替立面图（骑马雀替联做）

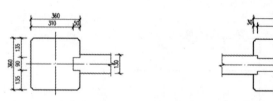

石雀替平面图（骑马雀替联做）

5. 其他榫卯

（1）石匾额与垫板、枋子联做。

抱厦正面当心间两石柱上做石楹联，故增加柱径至360×390mm。考虑其整体性，将匾额与垫板枋子联做。

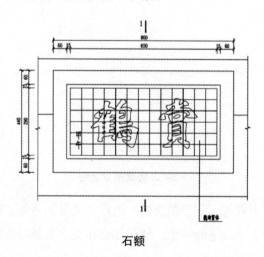

石额

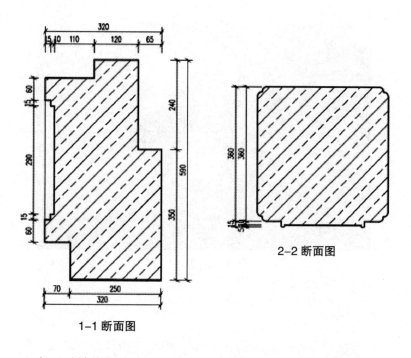

320

15,10 110 120 65

60

15

290

15

60

240

590

350

70 250

320

1-1 断面图

360

360

5

2-2 断面图

上书"引鹤徐行三迳晓，与梅并作十分春"；檐下做石匾额，上书"赏鹤"。对联学里有个门类，称作"集句（集古）联"。就是从两位古人的名句中各摘录一句或从一位古人的不同作品中寻觅两句，结合在一起，形成一副对联，要求严格符合对联格律。上联出自宋朝诗人真山民的《闲中》诗。附原诗：

　　　　敢咎章缝解误人，甘於闲处著闲身。

　　　　腹中书在温仍熟，梦里诗成记不真。

　　　　引鹤徐行三迳晓，约梅同醉一壶春。

　　　　今朝有喜谁知得，新换街头号散民。

下联出自宋朝诗人卢梅坡的《雪梅》诗。附原诗：

　　　　有梅无雪不精神，有雪无梅俗了人。

　　　　日暮诗成天又雪，与梅并作十分春。

（2）石座凳，将石凳两侧做榫插进柱子，石凳下矮柱做榫固定。

赏鹤轩景色

（三）小品

赏鹤轩与轩前草地上的五行铜鹤、梅花交相呼应，带来中国文人"梅妻鹤子"式的优雅气息。仿"马踏飞燕"的"马超龙雀"雕塑、太湖石、仿汉代画像石等小品无不带着浓浓的中国韵味。

马超龙雀是东汉青铜器，又名马踏飞燕。1969年出土于甘肃省武威县。其名取自东汉张衡的《东京赋》："龙雀蟠蜿，天马半汉。"天马昂首疾驰，三足凌空，一足踏于展翅回首的龙雀之上，表现出天马奔驰如飞超越风神龙雀。这一作品体现了中国古代的艺术和青铜器制作工艺水平。"马踏飞燕"自出土以来一直被视为中国古代高超铸造业的象征。小品马超龙雀底座为石须弥座，上部为青铜制作，全高2.2米。

太湖石是中国传统园林中观赏石之一，也是皇家园林的布景石材，起源于五代，兴盛于唐朝，大诗人白居易在《太湖石记》中描述："石有族聚，太湖为甲"，"待之如宾友，视之如贤哲，重之如宝玉，爱之如儿孙"，反映了诗人对其的专爱。至宋代，太湖石在园林中的使用达到鼎盛，并出现了"皱、瘦、漏、透"的观石审美标准。小品太湖石底座为石须弥座，上置太湖石。

汉画像石是汉代祠庙等建筑上雕刻有纹饰或故事的石质构件。其题材主要有花卉动物、生活场景、历史故事、神话传说。画像石是宝贵的艺术品，又是研究汉代政治、经济、文化的重要资料。本画像石表现了一对汉代贵族夫妇于宫殿内宴饮、欣赏乐舞的场景。小品汉画像石底座为石须弥座，上部为整石雕刻而成，全高1.7米。

四灵，位置临近赏鹤轩。又称四象、四神，是青龙，白虎，朱雀和玄武四种瑞兽的合称。起源于东周时期，作为东西南北四个方位的代表，并形成中国古代天文学四神二十八星宿体系。秦汉时期受阴阳五行学说的影响，演化成为道教所信奉的神灵。小品四灵底座为石须弥座，上部为整石雕制而成，按东西南北四个方位对应雕刻四灵图案，全高1.6米。

四象石

石狮子一对置于园门前，基座长0.94米，宽0.71米，全高1.30米。中国人历来把石狮子视为吉祥之物，在中国众多的皇家园林、宫殿、衙署、庙宇中各种造型的石狮子是常见的。

园标位于园门内小广场旁，仿昆仑石设计，昆仑石是一种特殊规制的石碑。昆仑石象征传说中神仙居住的昆仑山而得名，顶部圆形象征跃出海面的红日。北京皇家园林中有多座昆仑石碑竖立。园标由三部分组成，分为基石、碑座、碑身，石碑高2.8米，碑身上书"北京花园"的缘起。

四、材料和技术做法要求

1. 砖、瓦、灰浆

砌筑用砖选用澳大利亚当地机制砖，强度应达到MU15。瓦料应进行饱和含水率试验，渗透试验。墙体砌筑选用1∶2水泥砂浆。各种灰浆中，必须使用块灰水发，禁止使用袋装石灰粉。各种麻刀灰浆用麻，必须选用上等黄麻、精梳麻，禁止使用大包装劣质麻刀。

屋面苫背，曲线须柔顺，掺灰泥背分层苫抹，每层不超过 50mm，掺灰泥背配比：白灰：黄土 = 5：5，严禁掺加落坡土，分层苫抹，每道厚度不超过 15mm，各道的苫抹方向应相互垂直，层层轧实、干透。青灰背表层不得少于三浆三轧，保证成品不出现裂缝，青灰背配比为白灰：青灰：麻刀 = 100：8：3，严禁使用劣质糟朽麻刀。青灰背晾至九成干再瓦瓦。板瓦沾生石灰浆，瓦与瓦的搭接部分不小于瓦长的6/10。瓦底瓦时用瓦刀将灰"背"实，空虚之处应补足。清除瓦与瓦搭接缝隙以外的多余灰。筒瓦抹足抹严雄头灰，盖瓦侧面不应有灰。交接处的脊件砍制适形，灰缝宽度不超过 10mm，内部背里密实，灰浆饱满。

2. 石材

台明、须弥座、柱、枋、石凳、赏鹤轩地面等选用青白石；园门匾额选用汉白玉；园路地面选用页岩。

3. 木材

柱、檩、枋等，所用木材强度等级必须达到 TC17 以上，可用树种为东北落叶松、欧洲落叶松等，用其他树种代替时，必须有国家承认的检测部门提供的正式报告。

椽杆、飞子，选用一级杉木。装修用料，选用杉木、一级红松等不易发生干裂变形的木材。制作构件时，同一组构架、同一层次中，尽可能选用同种木材。

所用木材，含水率应低于 15%，优先选用自然干燥材。部分材料须强制干燥时，干燥完成后应再次送样检测，取得正式的报告书。木构件必须进行防腐、滞燃涂料处理。处理方式视构件具体情况决定，分别为压浸渍、涂刷。

4. 木构件制作

制作各类构件前，必须详尽阅读设计文件，理解、掌握各种尺寸变化的规律，以保证构件制作的准确性。各种木构件制作前，必须有专人负责放实样，实样经二人（必须有施工技术负责人在内）校核、确认后，方允许实施。

木构件榫卯，制作须严密，严禁外严内松。制作时无完全把握时，适当预留修整余量，待安装中处理。

建筑构架，必须经过地面预安装后，方可立架。在预安装过程中，各种榫卯应做进一步修整。

5. 地仗、油饰

所有露明大木构件做单披灰。

外檐露明大木构件、搏风板、山花板、内檐大木构件饰栗子壳色。材料的重量配比要适当，所选用大色调配后必须打样板备案。样板必须经过有关部门认定许可后方可实施。

6. 防水层做法

（1）清理基层，不许有渣土、杂物等；涂布环氧刚性底胶，干燥1～2小时后，方可涂刷单组分聚氨酯（CCW-525 V）涂料。

（2）二布六涂施工工艺（涂膜最小厚度2.5毫米）。

①需先涂刷二遍单组分聚氨酯涂料，再使用湿铺法。

②湿铺法——在已凝固的底涂层上，边涂单组分聚氨酯涂料边铺贴轻质无纺布增强材料。为了操作方便，可将轻质无纺布增强材料卷成圆卷，边滚边贴，随即用刮板将轻质无纺布增强材料碾平整，排除气泡，并用刷子、刮板沾单组分聚氨酯涂料在其上面均匀涂刷，使轻质无纺布增强材料牢固粘接到底涂层上，并且使全部轻质无纺布增强材料浸满涂料，不得有漏涂现象和皱褶。凝固后再涂刷一遍单组分聚氨酯涂料。

③按上述做法铺第二层轻质无纺布增强材料和涂刷单组分聚氨酯涂料。

④施工时要注意，每层轻质无纺布增强材料必须保证黏结牢固，无滑移、翘边、起泡、皱褶等缺陷后，再表面涂刷单组分聚氨酯涂料覆盖。

⑤在表面涂刷第六遍单组分聚氨酯涂料，随后立刻均匀撒布干燥清洗净得小八里石屑，完全固化后，扫净浮石屑。

⑥每层单组分聚氨酯涂料用刮板涂布均匀，每层固化干燥4小时以上，待不粘手后再进行下层涂布。

7. 木构件防腐做法

木构件必须进行防腐处理，采用ACQ木材防腐剂，涂刷三遍。

2014年春北京花园工程竣工，其使用的大部分石材采自北京房山，是与故宫石材相同的房山青白石。石材的选择、加工、雕刻和琉璃瓦的烧制等工作全部都在国内，用了约4个月时间完成。《北京花园记》中这样描述："2014年春北京花园落成，时值两地友好城市关系14周年。

这座中式古典园林是北京赠予堪培拉的珍贵礼物，更是两市文化交流的重要标志。中国造园师精心设计，融中华古法于当地自然环境，继而，开石解木，精雕细琢，辗转越洋，筑门立轩，始得功成。佳园所在，林木森森，喜待宾朋，永志两市友好情谊。"

孟楠（北京古代建筑博物馆文物保护与发展部工程师）

北京先农坛：庚子六百年的随想

2020年，是北京先农坛建成的600周年。1420年，是明永乐十八年，庚子年。

其实，历史上的很多物质遗存建成时间，都有各自不同的内涵，都具有可以缅怀的因素。

北京先农坛也属于其中之一。

不夸张地说，这一组祭坛建筑遗存，完美地再现了600年前的历史旧貌，同时也涵盖了中明特色与清初特色。所以当年著名古建专家单士元老先生在考察了北京先农坛现存古建筑后不假思索地说：这里就是一座明式古建筑博物馆。老先生的眼光不得不令人钦佩，一下就把这里给世人展现的一切的本质道了出来。

先农坛的主打内涵就是一个农字，一个在过去和将来都必然牵动亿万人们心绪的主题，一个人类永远不能回避的主题，一个实质上所有生物要想在这个世界上生存下来而必须面对的生存主题。虽然亿万人们逐渐走出农村进入城市，甚至伴随迫不及待地城镇化"被"变为非农业人口。但这个主题，是挥之不去的埋在民族记忆深处的影响，你不可能忘却。先农坛的这个主打内涵，其实也是几千年小农社会的核心思想主题。

一

时间倒退到600年前的大明。

众所周知的大明成祖永乐帝朱棣，开国后被父皇洪武帝封为燕王。作为大明开国不能无视的响当当的功臣，朱棣一直恪守父皇的训诫，率领燕军驻守于今天的北京当时的燕京北平，为帝国屏蔽着来自北方的蒙古民族的威胁。岁月如梭，转眼间燕王朱棣驻守这里已有二十几年了，相当于半辈子留在了远离家乡的北方，苦心经营的北平卓有成效，这里已经成为他的政治大本营。

1397年，洪武帝去世，其孙即位，是为建文帝。

俗话说：初生牛犊不怕虎。不过这建文帝多少是怕"虎"，对登基时那些健在的叔辈之类开国功臣们还是有所顾忌。坏事就坏在那些文臣身上，不断对年轻而又对政治一无所知的建文帝进行怂恿，企图削藩，剥夺各位亲叔叔的封王。对别人无所谓，但对燕王朱棣来说，无异于虎嘴拔毛。这样，叔侄彻底翻脸，燕王朱棣打着当初西汉七国之乱反叛的"清君侧"旗号，欣然在北平拉起大旗，向远在江苏南京的建文帝发动进攻。这场打了几次拉锯式回合的内战，最终以武功高强的燕王一方取得胜利，结束了这场史称的"靖难之役"，攻下国都，扫清了燕王称帝的一切障碍。于是，众望所归的燕王朱棣正式登基，是为永乐帝。

永乐帝

永乐帝深知，只有自己苦心经营的北平才是最可靠的根据地。因此登基后时间不长，下令开始营造燕京。1411年，京杭大运河疏浚后，开始营建已晋升为北京的北平宫室。以后的时间，北京作为即将取代南京的新都城一直在营建中，终于在1420年完成全部新都营造事宜。其中，北京先农坛的前身北京山川坛也身在其列，而且与其他皇家场所一样，"凡庙社、郊祀、坛场、宫殿、门阙，规制悉如南京，而高敞壮丽过之"。这样，原本建在南京的山川坛，原样不动地被克隆在北京，完全保留了明初的一切建筑特色，誓如朱洪武习惯的简朴之风、思维怪异之风、实用主义，——被还原在北京山川坛身上，诸如：坛区建筑色调单一，建筑等级比后世同类建筑低，不具奢华，基本围绕着山川祭祀功能布局的各处建筑——列位，先农神坛不设周代以来标准祭坛建筑布局的二壝八棂星门，违背神祇坛祭的传统搞出的山川诸神庙祭。可以说，体现出种种不合汉代以来的祭坛布置之规。当然，倒是符合朱洪武本人一贯的所谓"不泥古"风格。为了体现政治正确的政治传承，永乐帝真是绝对不做变动，传承的十分到位。因此客观上倒是为后世得到一处富有明代早期建筑风格的文化遗址提供了方便。

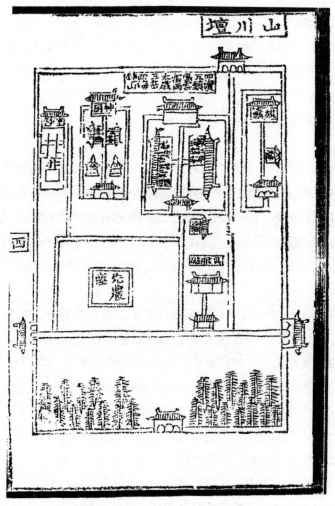

建成之初的北京山川坛原样克隆了南京山川坛布局

从北京建成的 1420 年到明世宗嘉靖帝九年（1530 年），这一时期除了那位听信太监之言贸然出兵当了俘虏而后复辟的明英宗时期建造的内坛东侧位的山川坛斋宫外，山川坛一直保留着建成时的状态，偶有建筑修缮。

这个时期，是山川坛时期。

这个时期的山川坛规规矩矩，大明统治者一直牢记着成祖的教诲：凡遇登基祭祀先农之神亲耕籍田。因此大明天子亲自祭奠先农之神、亲耕籍田的频率很低，多数时间祭祀由顺天府尹代祭，至于山川之神更是如此。其间仅在弘治帝时期莅临山川坛较勤，还对山川坛的先农之神祭祀礼仪做了一些调整。当然，英宗天顺时建造了斋宫，理论上为了天子祭祀山川坛诸神祭祀之用，实际上就是摆设，建造就是目的，从未发挥名副其实的作用。这一时期，山川坛祭祀建筑群（正殿、拜殿、东西庑殿）、神厨建筑群及宰牲亭和山川井、先农神坛、具服殿及其仪门、旗纛庙，以及斋宫，一起构成了山川坛的内涵。

二

时间到了武宗正德帝驾崩的 1521 年。由于这位民间传说里爱着李凤姐的风流天子 31 岁驾鹤西去时无后，其母皇太后与大臣们商议后下懿旨，诏武宗皇叔兴献王朱佑杬之子朱厚熜入宫继承大统，是为嘉靖帝，时年 16 岁。这位英年有为的少年天子成长在荆楚之地的钟祥，湖北当地的风俗习气沾染一身，好的不说，单单好鬼神迷信就够大明诸帝的典型。

登基初年，少年天子嘉靖帝思念父亲，梦想着将亲父的牌位移进太庙供奉。这本是一个普通致孝之人的亲情所现，但这在朝廷却是了不得的大事。按照祖训，嘉靖帝只能称武宗正德帝为父，体现皇统。规矩是规矩，无奈少年天子血气方刚，不认这一班老套之词，坚持将自己的亲生父亲奉为正统。因此，朝中大臣围绕着这个大事你一言我一语，打开了口水仗，互不相让。在这个打太极式的政治争斗中，嘉靖帝忙中偷闲，顺势通览了京城坛庙祭祀之制。不看不知道，一经了解才发现，敢情京城遵照老祖宗朱洪武定下的规矩在营造北京城时建造出的各处坛庙，不少在年轻的天子看来就是任意妄为，不合周礼古制。这对于好鬼神的嘉靖帝来说，简直就是无法忍受。于是嘉靖帝大兴土木，大胆"厘正祀典"，大刀阔斧地将以大祀殿为代表的祭祀坛场进行改造，顺势落实了周礼的四郊分祀，确立了天地日月都城四面坛场祭祀布局。唯独令人惋惜的是，因周礼祭祀之制中独缺先农坛祭祀的内容（实则周代尚无先农坛之故），为此嘉靖帝无从对山川坛所属的先农坛进行规划调整，只是对体现神鬼祭祀集中地的山川坛正殿重新规划一番，除留下太岁之神外，原来放置殿内的岳镇海渎地祇、风云雷雨天神、天寿山等自然之神，除天寿山外统统迁移到内坛南门之南，辟建西侧的地祇坛供奉岳镇海渎，辟建东侧的天神坛供奉风云雷雨，而天寿山融合进地祇坛的五山之神龛进行祭祀。山川坛正殿内的城隍之神作为人鬼，迁移到今金融街所在地另建神庙供奉。为了体现敬鬼神之诚意，还下令把山川坛改为神祇坛之名，也就是用新建成的地祇天神坛的简称"神祇坛"，作为山川坛的名称。嘉靖帝的做法，体现鬼神至上的思维不可谓不彻底到位。

嘉靖帝也对坛区的功能完善做了有益的工作。比如原来籍田的收获没有正式场合收储，只能存放在籍田祠祭署内，除了符合朱洪武的简朴思维外，完全不合周代以来的传统。嘉靖帝按照传统增设粮仓，下令在旗纛庙和东侧内坛墙之间起一小院，盖设碾房和仓房各两处，供奉祭祀前取用神粮的圆廪神仓一处，并将此院命名为神仓；又如一直以来遵照朱洪武的神奇思维建造的天子观看属下耕作的仪门，嘉靖帝听取大臣溜须之言，认为平地坐着看人耕作不能体现自己的威严，于是下令恢复自南朝刘宋时早已有之的观耕台之制，每年亲耕时临时用木材搭建，用后拆除备用。我们今天从礼制建设角度来审视嘉靖帝的举措，无疑是完全恢复正规传统的做法，是值得肯定的。

这一时期的布局，除了内坛南侧新添建的神祇坛、内坛东侧以里的神仓，以及仪门下每逢天子亲耕时搭建的木制观耕台外，其余与山川坛时期一样。

嘉靖帝之后的万历帝时，神祇坛全坛正式更名为先农坛。多有意思？除了没叫过太岁坛外，整处坛区把内里祭祀祭坛的名称，几乎都叫了一遍。

这个时期，可以称之为神祇坛—先农坛时期。一直到后世清代乾隆帝初年时期。

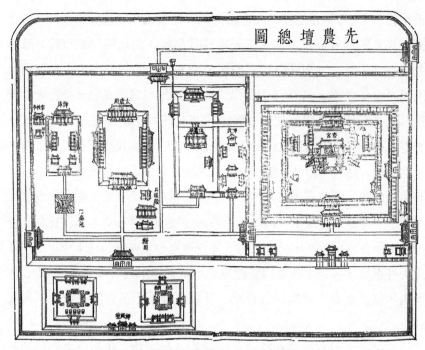

山川坛时期之后的神祇坛 – 先农坛时期的布局

三

　　历史在人们不情愿中又向前推进。大明结束了，取而代之的又是一个远比中原汉族王朝的文明落后的朝代—清代。正是由于清朝王朝文明上的落后，因此再一次体现出当初元朝世祖忽必烈的文化宽容大气，对远比自己先进多的明朝各项国家制度包括典章制度在内照搬照收，"清袭明制"，在开国近八十年时间内用实际行动守护着明代遗留自己的各处皇家设施，少有更改。先农坛在这一时期除了偶有坛墙维护外，完整地保留了前明嘉靖帝添建后的全坛格局，就连建筑的瓦件也还是盖着嘉靖年制的款识。难怪乾隆帝初年来到先农坛举办先农之神祀典时都看不下去，自我反省承认先农坛自开国以来"本朝未有修禋"。

　　乾隆十五年（1750 年）发生了一件清代开国以来的大事，那就是乾隆帝在之前祭奠南郊圜丘行礼时，刻意留神了所有祭祀之用，对那些体现着朱洪武自作主张简单化原则制作的祭祀器皿深为不满，深感如此粗糙不成体统的享神之用不能体现敬神的诚敬之意。以此为由，乾隆帝敕令大臣考证，分祀人鬼之庙和祀神之坛重新确定了体现周礼精神的祭祀器用，重新考订了各种祭祀礼制。史论对乾隆帝的做法定位为"再造了大清典章"，开起了清代自有本朝规章制度的时代，所谓康乾盛世到了乾隆之时也该开始清代特色的制度规范，所以乾隆帝的改制自然也成为之后各帝制度恪守的依据，在清史上具有再造大清的作用。先农坛也就是在这个大背景下，启动了奠定今天格局的大修缮和局部改造。

乾隆十八年（1753年），因为对映入眼帘陈旧的先农坛面貌发出自我反省，于是乾隆帝下令撤除先农坛外坛区自耕自养坛场种粮种菜的农民，只留下少数坛户植树，改善先农坛的祭祀氛围；下令将前明斋宫宫墙改廊式为单体墙，拆除宫前广场西南角的鼓楼；将前明时一年一搭建木制观耕台变为琉璃白石砖造观耕台，还刻意命工部在设计台子时结合了乾隆帝自己笃信佛教的爱好，将佛教文化的内涵融合进观耕台台座设计中；撤除旗纛之祀，拆除旗纛庙前院，将东侧神仓院移建于此；命工部对全坛建筑大修，挑顶更新瓦件，重新油饰彩画，特别是太岁殿全院和神仓院主要建筑一律更换绿剪边黑色琉璃瓦。遗憾的是没有改变原有建筑等级，因此也就没对地位低下的先农神享殿——神牌库及宰牲亭更新为该有的绿色琉璃瓦，以及改造屋顶样式为歇山顶。这样，体现前明朱洪武时期特色的先农坛建筑得以幸存，能够有幸为今天的我们观瞻，也创造了北京皇家坛庙的奇观现象，而且没有之一——国家大典的祭祀坛场的祭祀主神神殿，竟然是不着琉璃的削割瓦悬山顶！

今天的先农坛你能看到的琉璃瓦的背面，几乎都有"乾隆年制"的款识。明代的瓦件一扫而光（20年前修缮宰牲亭时发现了一块"嘉靖年制"款识的削割瓦，已是弥足珍贵）。所以我们也不可能知道明代的太岁殿和神仓屋顶的瓦件是什么颜色。

从这个时候起直到清亡，可以称之为先农坛时期。结束于1911年清亡，也就是先农坛坛庙本体功能的终结。他的影响一直延续到今天。

乾隆帝的大手笔，是不是也可以印证有钱能办大事的豪迈风格呢？

我看，不是也是。

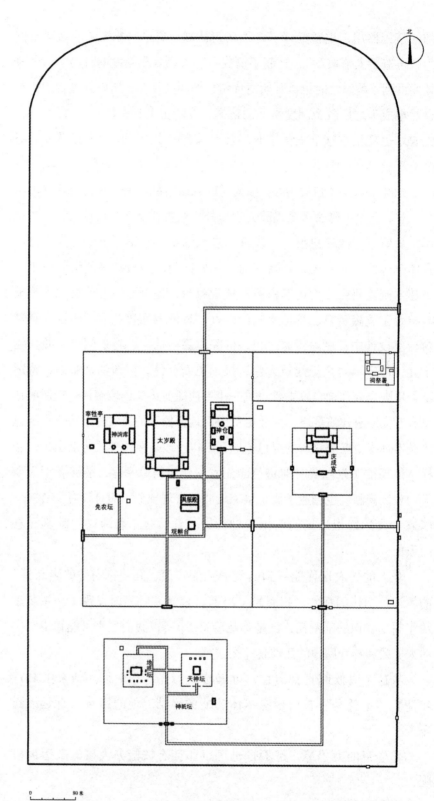

北

宰牲亭
神牌库
太岁殿
神仓
祠祭署
庆成宫
先农坛
具服殿
观耕台

地祇坛
天神坛
神祇坛

0   80米

乾隆二十五年（1760年）乾隆帝大修改造后的先农坛布局

四

1911 年的辛亥革命结束了延续长达近 2000 年的封建大一统专制国家，开启了共和时代。作为昔日神圣不近平民的先农坛，也在一片共和的氛围中，进入了民有民享的新时代。

不过，先农坛在这个所谓共和时代过得并不幸福，正像一位耄耋老人一样，病痛开始折磨已近 500 年的身躯，沉重不堪，步履蹒跚，又仿佛是生活在地质学的中生代海洋巨无霸利兹鱼那般，被周边众多死死盯住的各类小魔兽们蚕食，开始了长达几十年的悲惨衰落过程。

这个时期分成前后两个阶段：城南公园时期，育才学校时期。

1915 年的北京尚无公共游乐场所，虽然共和已经四年。这年，管理前清各处坛庙事物的民国内政部，把社稷坛和先农坛并列为第一批开办公园的场所，宣布这里初夏之时作为先农坛公园向市民开放。开放不久，坛区北部因为没有任何建筑，大片空场逐渐开始了有计划的蚕食过程。那时，除了合法商人租用场地开办游乐场所外，更多的是北京周边地区的贫民们在这里讨生活，摆地摊，打把式卖艺，卖各式家乡的小食品或者制作专供贫民们食用的食品。渐渐地人多了，北边的坛墙虽然开了门但也无法阻挡进一步企图进入的人们，于是坛墙逐渐被推倒了。1917 年经过短暂的公园一分为二后，1918 年，公园正式退缩到内坛一线，称"城南公园"。

城南公园在艰难困苦中勉强维持运作，期间经历了北洋军阀治国，北伐战争的南北形式上的统一，国都南迁，经历了抗战的民族磨难，经历了解放战争的洗礼，从贩卖坛区树木补充公园经费，从出租公园坛地给大小商人作为经营场所和活动场所，到惨淡经营的入不敷出和处处茅草丛生。毫不夸张地说，城南公园及其前身先农坛公园生于不平凡的 1915 年京城独创，1952 年消失于大众视野被世人遗忘的，公园生命维持了 37 年。消失于平静没有波澜的历史之中。

到 1950 年 10 月公园被撤并时，仅余内坛和神祇坛作为向其后的学校移交的合法坛区范畴。而庆成宫早在日伪时期就被单独划为日本侵略军的卫生防疫学校，抗战胜利后又被国民党军队医疗系统所用，建国时又为国家卫生部门接管使用，甚至做过结核病疗养院；庆成宫以南广大的空场则于民国初年就变为市民体育运动场所，1937 年正式确立为

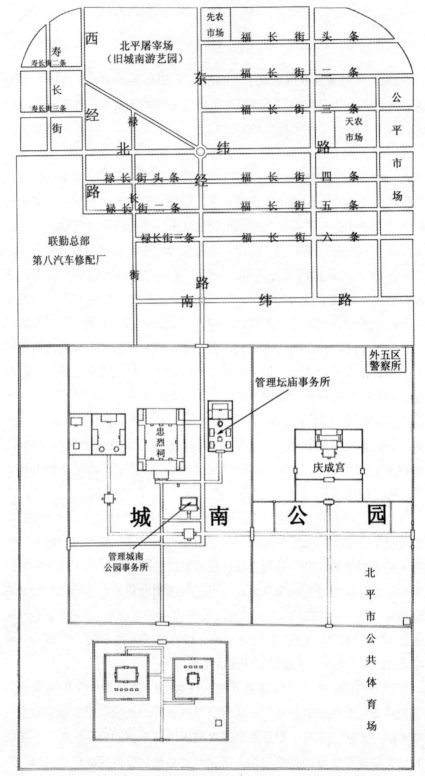

20 世纪 40 年代作为城南公园的先农坛状态图（示意图。周磊绘图）

北平市公共运动场，直到中华人民共和国成立后成为先农坛体育场，事实上早就不计入坛区概念之中，在北京成为富有举足轻重意义的体育场所，是远非一般人想当然那样的存在。

昔日颇为热闹的北平市公共运动场（先农坛体育场前身）

五

这个阶段的第二个时期，就是育才学校时期。这个时期，先农坛从维持大体完整的状态，进入一直影响到现在的坛区支离破碎状态，因此也是令人无比惋惜的时期。它从中华人民共和国开始，一直延续到1987年北京市文物局在太岁殿院成立北京古代建筑博物馆筹备处。

应该说，北京育才小学（后来的北京育才学校）进入先农坛作为校区使用，在1952年与作为先农坛区接管部门的天坛公园管理处签订接收使用协议时，按照天坛公园的要求只在坛内空余场地建造校舍，原有古建筑室内可以作为校舍使用，但要维护古建筑的完整，校方恪守这些文物保护要求还是可圈可点的（尽管早期有毁坏坛内铁香炉制作工具的现象，以及大跃进时期过激的局部文物毁坏行为发生）。学校的孩子们改造道路，动手清理坛区的垃圾，甚至旧时神祇坛的汉白玉棂星门都成为那时物质生活贫乏的少年儿童们的快乐玩耍的好去处。

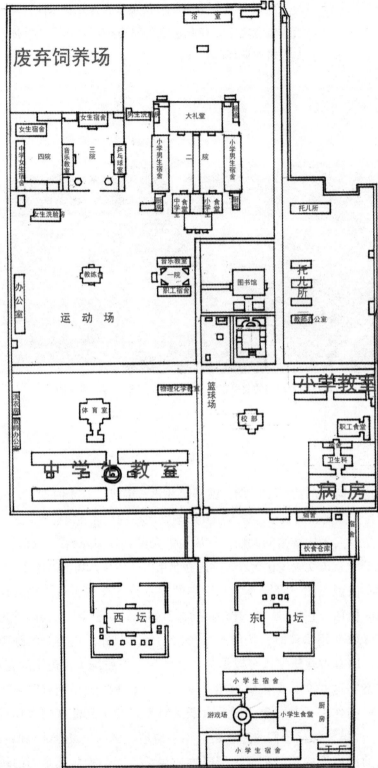

上个世纪六十年代中期北京育才学校使用的先农坛区状态图（示意图。陈媛鸣绘图）

贫穷并不能改变儿童们的快乐天性。学校在古老的先农坛内为国家培养了一批又一批的建设者，他们至今深深怀恋着儿时玩伴的古老坛区的一切，仍然用"一院""二院""三院"称呼着太岁殿院、神厨院等坛内院落。

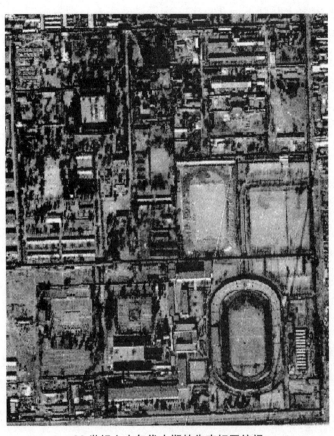

20 世纪六十年代中期的先农坛区俯视

　　史无前例的十年浩劫，带给先农坛的不仅仅是文物的损坏、古建筑的破败不堪无人维护，更为严重的是坛区被人为分割成大大小小的区块，很多单位趁着混乱进入坛区，强行占据育才学校校区为己有。坛区内本已寥寥的文物，如太岁木龛、太岁殿挂匾，庆成宫挂匾，神仓挂匾，具服殿室内挂匾，天神坛天神石龛以及拜台、棂星门，地祇坛拜台、神祇门等等，尽数被造反派在"破四旧"的过激冲动中砸毁或者拆毁，几百年的文物落得个粉身碎骨消失殆尽。即便是作为天坛公园幼儿园的先农坛神仓，也竟然被社会上的杂七杂八工厂占用，几百年的文物古建筑在工业化大机器的摧残下苟延偷生、奄奄一息、岌岌可危。这场史无前例的摧残，把几百年的珍贵文物带到了毁灭边缘。

六

1988 年，在单士元、杜仙洲、罗哲文、张铸、郑孝燮等老一辈文物古建专家奔走呼吁下，北京市文物局进驻先农坛太岁殿院，成立"北京古代建筑博物馆筹备处"，同时开始修缮拜殿及其配殿。从此，先农坛迎来了枯木逢春的新时代，这个时期一直到今天，可称为文教并存时期，文物古建逐步划归文物局所有，其余坛内空地作为学校使用。

北京古代建筑博物馆的生存发展，仿佛又再现了以往历史上的城南公园一幕，因为决定建立博物馆时，有很强的为了保护先农坛古建筑的初衷，也就是说，博物馆的成立就是为了先农坛古建筑的保护。单士元老人说："先农坛就是现成的明代古建筑博物馆。"在这种潜意识下，博物馆发展的必要投入不足，维持博物馆现状的想法持续了很长时间，早期成立时所做的立足北京面向全国的探索一直是博物馆发展的软肋，在各种因素困扰下造成有心无力，无法出现可持续的发展与动力。甚至历史上还出现过两次试图挂靠建设部以求扩展生存资源的尝试。这样，博物馆发展的方向一直在先农坛历史文化内涵和中国传统建筑文化展示之间徘徊。这个困惑一直影响到今天。

但不管怎样，先农坛古建筑的逐步腾退还是按部就班进行着，神仓院、庆成宫、神厨院、具服殿、观耕台，至进入新世纪初都回归文物部门辖内，同步投入巨资修缮完毕。尽管修缮中存在一些萝卜快了不洗泥的情况，但总体修缮还是取得不俗成效，有的修缮已有三次，大致每隔七八年左右有一定的维护。经过维护过的古建筑焕然一新，有着一股随时开始新生的准备姿态。

先农坛，迎来了新生。

七

进入 2010 年以来，先农坛加快了历史文化弘扬的脚步与主体坛区腾退回归：与西城区文化管理部门合作举办先农祭祀表演，而后进一步由本馆接手，举办祭农文化展演，演出的学术严谨度逐步增强；重新改陈了"先农文化展"，由北京先农坛展示扩大到农业文化展示；出版多种学术出版物，进一步扎实文化研究基础；搭乘北京明清城市中轴线申遗（先农坛被纳入中轴线申遗范畴），在市政府的大力主持下支持下，再一次大力推进坛区腾退工作，快速腾退了昔日一亩三分地遗址区，创造了先农坛文物古建腾退工作的新纪录。同时借着中轴线申遗，以求彻底解决占用坛区单位的腾退，在未来几年内将内坛和神祇坛区收归文物部门所有，并制定详细规划，计划开展形式多样的文教活动，将先农坛以全新的面貌推向社会，实现真正的回归市民视线。这些工作，事实上圆满了文物工作多年以来的期望，实现了全社会对先农坛这一难得的农业主题祭祀坛庙的热切愿望。

先农坛游客渐渐地增加了，慕名而来的人多了，休闲也好，参观也罢，博物馆的社会效益怎样实现呢？不就是这样用发展的行动借以推进工作开展来实现吗？

八

站在拜殿的大月台上，向南看空间广阔，可以一眼看到南天门，等到具服殿后身和西侧的翻建房拆除了，眼前又可以恢复22年前时的视野开阔，直接看到观耕台和现在作为景观的昔日皇家籍田遗址区；向北看，是巨大而又下沉感强烈的太岁殿院，在秋日阳光下熠熠生辉的太岁殿金字大匾，是那样的夺目与画龙点睛。信不信，你会有刹那间穿越历史的朦胧感，仿佛在时空交叉点上生命的意义变得那样的重要，那样的必须。因为，这一刻的历史，需要你来圆满，需要你来作为历史画卷中的人物，就好像郎世宁师徒笔下的《清雍正帝先农坛亲祭图卷》中的人物一般。

而我们，又何尝不是这个新时代画卷中的历史人物呢？

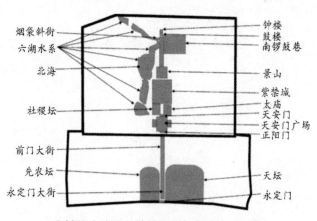

中轴线申遗要保护的文物与自然水系一览

但愿，这次难得的明清北京城古典文物与古建筑的保护机遇，能够发挥历史上的前所未有的功效，彻底的解救那些文化遗产与重要历史事件发生地的生存面貌，在世界不断前进的大趋势下，为我们的子孙后代保留一份厚重的历史文化遗产，不是他们前进的负担和包袱，而是他们前进的自信心和动力，成为取之不竭的灵魂支撑思想源泉，这大概并不为过。

这一天的实现，没有想到距离我们真的很近了。近得超出了我们的想象。

不管别人信不信，我反正信了。

因为，看到了前所未有的决心。

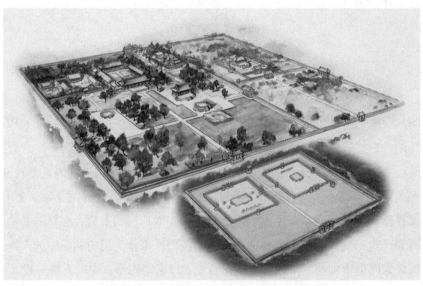

可能是不久的将来先农坛古坛区的文物古建范围鸟瞰

董绍鹏（北京古代建筑博物馆陈列保管部副研究员）

从刘罗锅也来过先农坛说开去

北京先农坛，位于北京城中轴线南端西侧，始建于明永乐十八年（1420年），是明清两代帝王祭祀先农神以及举行亲耕享先农典礼的场所，时至今年已经经历了整整六百年的历史。北京先农坛作为皇家祭坛，从建成之日开始直至1900年八国联军入侵北京之前就一直为明清两代帝王专享专用，禁止人们随意进出。只有在皇帝举行"亲耕享先农"礼仪的时候，那些陪同参加祭祀典礼的官员才有机会目睹先农坛神秘的真容。翻阅历史，我们会发现在这些官员中有很多熟悉的名字，他们在肩负要职的同时，还须同皇帝一起"劝课农桑""以为天下先"。

一、刘墉也曾来过先农坛

刘墉，字崇如，号石庵，又号香岩、日观峰道人、石庵山人、天香室道人等，是清代乾隆、嘉庆时期著名的政治家、书法家和诗人，民间戏称为"刘罗锅"。刘墉入仕较晚，于乾隆十六年（1751年），三十多岁的他以恩荫举人身份参加了当年的会试和殿试，并中为进士，历任翰林院庶吉士、安徽学政、江苏学政、太原知府、江宁知府、内阁学士，迁体仁阁大学士、太子少保，一生为官五十余年。刘墉以奉公守法、清正廉洁而闻名于世，曾经参与办理大贪官和珅。

乾隆四十七年（1782年），当时已经63岁高龄的刘墉才正式京师供职，担任都察院左都御史。根据史料记载，刘墉进京供职后，乾隆皇帝一共亲自进行了三次亲耕享先农典礼，分别在乾隆四十七年（1782年）、乾隆五十年（1785年）以及乾隆五十四年（1789年）。因种种原因，刘墉直到1789年才能以吏部尚书身份，来到先农坛从耕籍田，这是乾隆皇帝最后一次来先农坛行亲耕享先农礼仪。

值得一提的是，典礼之后没几天，因为负责教皇子的上书房诸师傅连续七天没有入值，当时任协办大学士、上书房总管的刘墉被乾隆皇帝降为侍郎衔，免兼南书房、吏部尚书、协办大学士。尽管后来刘墉又曾被任命为尚书职，但是却因遣官行礼等原因，他再也没有机会同皇帝随行来先农坛参加亲耕大典。

乾隆五十四年的那次籍田礼，成为刘墉唯一一次来到先农坛的珍贵经历。

二、籍田礼与祭先农

中国有着悠久的农业历史，中华民族创造了辉煌的农耕文明。对农业神灵的崇拜属于远古人类的万物有灵论，经过同中国传统文化的不断结合，逐渐发展成为中国农耕文明的重要组成部分。炎帝神农氏，因他发明了农业，教会天下百姓农业技术，所以被后世人尊称为先农。

"先农，神农炎帝也。"——《钦定四库全书·汉官旧仪》

"谓之神农何？古之人民皆食禽兽肉，至于神农，人民众多，禽兽不足，于是神农因天之时，分地之利，制耒耜，教民农作，神而化之，使民宜之，故谓之神农也。"——《白虎通义·号》

中国古代对于神农的崇拜也有着悠久的历史，早在周代就有周天子行籍田礼的记载："噫嘻成王，既昭假尔。率时农夫，播厥百谷。骏发尔私，终三十里。亦服尔耕，十千维耦。"——《诗经·周颂·臣工之什·噫嘻》

在《礼记·祭义》中也记载了周代籍田礼的相关制度："昔者天子为籍千亩，冕而朱纮，躬秉耒；诸侯为籍百亩，冕而青纮，躬秉耒。以事天地、山川、社稷、先古。以为醴酪斋盛，于是乎取之，敬之至也。"

所谓籍田，指古代帝王在京城附近占有的田地。天子行籍田礼，就是天子率领诸侯在籍田亲自耕种的典礼。从周代开始，中国的封建统治者已经开始通过亲耕籍田的形式致敬先农，祈求农业丰收，强调"重农固本""劝课农桑"的政治思想。伴随着周王室的日渐衰败，籍田礼也在诸侯连年的征战讨伐中难以继续。直至汉文帝时期，汉文帝决定恢复皇帝亲耕、皇后亲桑的周礼，通过对籍田礼的恢复来彰显对农本理念的重视。此外，在《汉官旧仪》中，还记载了西汉天子在亲耕籍田的当天，效法祭祀社稷礼仪于田间沟洫旁祭拜神农。这也就是说，伴随着汉朝天子恢复周代籍田礼的同时，祭祀先农神的国家祭典同皇帝亲耕礼共同组成"亲耕享先农"礼仪，通过祭祀和耕种共同表达对炎帝先农神的崇敬，成为中国封建社会对先农神崇拜的主要形式和内容。"亲耕享先农"在汉代基本形成之后，经过历代礼官不断完善，至清代更是发展到了顶峰。

国家的祭祀礼仪表达了特定历史时期的政治文化内涵，祭祀礼仪的传承与演变也受到政治文化的影响。明清两代，中国古代皇权专制高度强化，沿袭近两千余年的祭祀先农神炎帝以及皇帝亲耕籍田礼仪也得到了极大的宣扬和推崇。祭祀先农礼仪在明嘉靖时期基本形成定制，耕籍典礼也在清乾隆时期基本固定下来。其中清代皇帝耕籍典礼仪程如下：

清代皇帝耕籍典礼全程（依光绪《清会典》《清会典事例》核定）

一、每年仲春吉亥之日前一个月，由礼部报请耕籍日及从耕三王九卿官员名单。

二、鸿胪寺在先农坛耕田两侧立好典礼仪式及从耕官员的位置标识。

三、内务府奏请皇帝到西苑丰泽园演耕。

四、耕籍前一日，礼部遣官到紫禁城奉先殿禀报。

五、同日，皇帝在紫禁城中和殿阅视耕耤谷种及农具等，之后将谷种、农具陈放在龙亭中，由顺天府尹在仪仗乐队的护卫下送至先农坛，按规定的位置在籍田旁摆放停当。

六、耕籍当天，辰初三刻（早七点四十五分）太常寺率钦天监官员在乾清门奏时请驾，皇帝身着祭（礼）服乘坐龙辇，由法驾卤簿前导出紫禁城，午门鸣钟。在陪祭文武官员的簇拥下来到先农坛祭拜先农、躬耕籍田。

七、祭拜先农的仪式后，皇帝至具服殿更换龙袍准备亲耕。

亲耕用的农具、耕牛、稻种等在籍田正中位置摆放好。耕籍典礼的禾词乐队、从耕官员及耆老农夫等相关人员各就各位。

八、礼部司官三麾红旗，礼部尚书报请行耕籍礼，皇帝出具服殿，来到耕位。此时户部尚书跪进耒，顺天府尹跪进鞭，于是皇帝左手执耒右手执鞭，耆老二人牵黄牛，农夫二人扶着犁。

九、鼓乐齐鸣、禾词歌起、旗幡飘扬，在太常寺官员的恭引下皇帝开始行耕籍礼。顺天府尹手捧青箱，随后户部侍郎播种。皇帝三推三返（或加一推）完成耕籍礼，以示率天下先，亲行农事，劝课天下。耕毕、歌止。

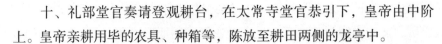

十、礼部堂官奏请登观耕台，在太常寺堂官恭引下，皇帝由中阶上。皇帝亲耕用毕的农具、种箱等，陈放至耕田两侧的龙亭中。

十一、从耕三王九卿依次接受耒、鞭行五推五返、九推九返之礼。

十二、顺天府尹偕大兴、宛平县令率农夫完成籍田全部耕作。

十三、礼部奏报耕籍礼成，奏导迎乐《祐平之章》，皇帝起驾回宫。各官依次退还，赏赐耆老、农夫布疋。

十四、如皇帝首次亲耕，耕籍礼毕后礼部奏请至庆成宫行庆贺礼。

十五、皇帝由观耕台东阶下，乘辇出先农坛，奏导迎乐《祐平之章》。至庆成宫门外，乐止。

十六、入庆成宫奏中和韶乐《显平之章》，皇帝后殿休息。

十七、顺天府两县官至庆成宫东门报终亩，礼部堂官请皇帝到庆成宫，奏导迎乐《隆平之章》。

十八、鸿胪寺跪奏亲耕礼成，行庆贺礼，奏丹陛大乐《庆平之章》，百官行三跪九叩之礼，安次就座。

十九、奏丹陛清乐《喜春之章》，皇帝赐茶，百官行一叩头礼。茶毕乐止，百官出门外立。

二十、礼部宣奏，庆贺礼成，奏导迎乐《显平之章》，皇帝起驾出坛。

二十一、法驾卤簿前导，百官随从，奏导迎乐《祐平之章》。

二十二、文武百官在紫禁城午门外跪迎，午门鸣钟，皇帝还宫。

二十三、玉粒告成，由顺天府以稻、黍、谷、麦、豆之数具题交钦天监择吉藏于神仓，以备粢盛。

三、明清"亲耕享先农"陪祀、从耕相关制度

"国之大事，在祀与戎"。从上古时代起，祭祀与军事就是封建国家的重要事情。国家祭礼能否顺利进行，关乎国家命运，所以历朝历代的封建统治者都十分重视。除了祭祀仪程之外，在陪祀、祭品、祭服等方面都有明确的规定。作为国家重要的政治活动，任何一个祀典的进行都不是皇帝或主祭官员一个人的事情，需要更多陪同主祭者进行祭祀的陪祀官员共同完成。所以，同器物和护卫人员相比，参与陪祀官员甄选则更显得至关重要。

1368年，朱元璋在建康（今南京）称帝，改元洪武。明朝的建立，

结束了蒙古族在中原地区百余年的异族统治。朱元璋在建立政权的过程中，曾经认真总结蒙古政权覆灭的原因，认为蒙古族统治者缺少严格的礼仪制度是一个重要的原因，致使元后期"主荒臣专，威服下移，由是法度不行，人心涣散，遂至天下大乱"。（《明史·朱升传》）因此，想要建立稳固的新政权，就要制定严格的礼仪制度并加以执行，严格明确君臣父子儒家伦理在政治上的应用，突出皇权专制。对于陪祀官员的选择，也有明确的记录。洪武四年（1371年），"太常寺引《周礼》及唐制，拟用武官四品、文官五品以上，其老疾疮疥刑馀丧过体气者不与。"在《明太祖文集》中也记载明太祖谕四辅官王本："祀神之道，非会人也。古法，刑丧不预。"

清代，在继承明制的基础上，将中国古代祭祀礼仪制度发展得更加完备，仪程更加严谨，对于陪祀官员也有更严格要求。同明代不同的是，清代康熙时期陪祀官员"论职不论级"。清代，"郊坛陪祀，首公，讫阿达哈哈番，佐领。文官首尚书，讫员外郎，满科道，汉掌印给事中。武讫游击。祭太庙、社稷、日月、帝王庙，武至参领，文至郎中，馀如前例。御史、礼曹并纠其失仪者……三十九年，申定陪祀不到者处分。乾隆初元，定陪祀祗候例，祭太庙，俟午门鸣鼓；祭社稷，俟午门鸣钟；祭各坛庙，俟斋宫钟动：依次入，鹄立，禁先登阶。并按官品制木牌，肃班序。七年，定郊庙、社稷赴坛陪祀制，遣官代行，王公内大臣等不陪祀，馀如故。明年，定郊祭前一日申、酉时及祭日五鼓，礼部、察院官赴坛外受职名，馀祀止当日收受。二十七年岁杪，谕通覈陪祀逾三次不到者，分别议惩。咸丰十年，谕朝日陪祀无故不到或临时称疾，并处罚。光绪九年，申定祗候例，大祀夜分、中祀鸡初鸣，朝服莅祭所。"（《清史稿》）

由此可见，祭农典礼作为明清时期重要的国家祀典，其陪祀官员的选择十分严格。而籍田礼作为"亲耕享先农"礼仪重要组成部分，从耕官员的选择则更加明确，历史记载也更加详细。

根据周代籍田礼记载，天子为籍千亩，诸侯为籍百亩，九卿士大夫五十亩；天子三推三返，诸侯九卿九推九返；天子亲耕于国都南郊，诸侯亲耕于国都东郊。《礼记·月令》："天子亲载耒耜，措之于参保介之御间，率三公、九卿、诸侯、大夫，躬耕帝籍。天子三推，三公五推，卿诸侯九推。"由此可见，天子亲耕，三公九卿从耕这一耕籍内容在汉代形成后一直被历朝统治者延续。

所谓的三公九卿实际上就是在封建统一国家中，为了维护皇权而设置的核心机构官员的统称。其官职名称和权力在历史发展过程中也不断变化。三公在秦及秦以前是在天子之下，辅佐天子最高管理者的称呼。西汉代以丞相、大司马和御史大夫为三公；东汉改为太尉、司徒、司空；明朝以太师、太傅、太保为三公，地位极尊。九卿在明代是指六部、都察院、通政司、大理寺的长官乃至堂上官，又称大九卿。清代亦是如此。

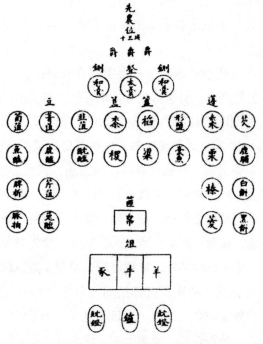

清代皇帝亲耕位次图（光绪朝）

清朝时，三公九卿从耕的籍田位于皇帝耕籍田的东西两侧。东面由西向东依次为王二人，户部、兵部、工部、通政司官员各一人；西面由东向西依次为王一人，吏部、礼部、刑部、都察院、大理寺官员各一人，共计十二位官员。每位官员都配有顺天府官属丞倅（衙署中的副职）两人。进献鞭末后，一人手捧种箱，一人播种。此外，还有耆老一人牵牛，农夫二人扶犁。

根据史料统计，北京先农坛自建成至清朝灭亡，明清两朝近500年间共在这里举行了278次祭祀先农礼仪，其中明代31次，且多为遣官祭先农之神，皇帝亲临先农坛祭祀先农之神的次数屈指可数，祭祀先农同时行籍田礼的记录更是寥寥无几。相对于明代，清朝统治者更加重视祭农礼仪，在北京先农坛举行"亲耕享先农"礼仪也更加频繁，达到247次之多。在祭先农礼仪中，参与陪祀的官员难以计数，随着历史的变迁，他们大多消失在人们的记忆之中。在北京先农坛这座庄严的皇家坛庙中，曾经留下谁的身影，又有谁有幸参加隆重的籍田礼呢？我们只能从参加籍田礼的三公九卿中管窥一二。

除了上文所述的刘墉之外，刘墉的父亲刘统勋，也曾先后四次以左都御史和刑部尚书的身份，来到先农坛参与亲耕大典。此外，还有康熙朝的明珠，雍正朝的隆科多、张廷玉，咸丰朝的奕䜣、肃顺以及光绪朝的翁同龢，等等。

当然，无论是皇帝还是三公九卿，在先农坛举行籍田礼最终目的是"以供粢盛""劝课农桑"，为天下百姓做出表率。百姓才是国家农业活动的主要参与者，所以在籍田礼中，我们还能看见农夫的身影。明南京时，参加籍田礼的农夫选用上元、江宁两县庶人。明成祖迁都北京后，从耕农夫选自宛平、大兴两县。参加籍田礼的农夫，外着蓑衣，头戴斗笠，足蹬布鞋，内穿普通农家粗布衣。为了让他们更好地在先农坛进行耕种，特免去其差役，每人每月给予五斗口粮。明弘治年间，弘治帝下旨将参加籍田礼的农夫定为上农夫、中农夫、下农夫各十人，此规制遗址延续到清代。清雍正时参与籍田礼的耆老有十九人，上农夫、中农夫、下农夫各十人，共计四十九人。其中两名上农夫负责为皇帝扶犁，其余农夫负责为三公九卿扶犁。在中国古代，根据农夫的耕作能力、最终收获，将农夫分为上、中、下三等。《管子·揆度》载："上农挟五，中农挟四，下农挟三。"意为，上农夫耕种收获的粮食，除了满足自己食用之外，还能够供五个人食用，以此类推，中农夫供四人，下农夫供三人。

北京先农坛作为明清两代封建统治者进行祭祀农业神祇先农炎帝神农氏的国家祭坛，这里的祭祀活动映射出中国封建社会以农立国的政治内涵。农业是立国之本，农业在巩固国家政权、安定社会秩序等方面具有重要作用。"农，天下之大本也。"历代封建统治者都十分清楚。重农思想已经成为统治阶级政治思想的重要组成部分，甚至是治国安邦的政治谋略。所以除了重视农业生产、实施许多有利于农业发展、调动农民生产积极性的措施外，还注重举行国家祭祀典礼，希望通过祭农典礼祈求农神保佑农业丰收。作为明清皇帝举行"亲耕享先农"活动的北京先农坛，就承担了这一重要的政治任务。

明清两代皇帝在北京先农坛举行"亲耕享先农"典礼，祭先农的主旨虽然是通过祈告求得神灵的庇佑，表达对风调雨顺、农业丰收的美好愿望。但是，籍田礼的进行则更加突出人的作用。尤其是在汉文帝恢复籍田礼之后，天子亲耕除了"以供粢盛"之外，还担负着为百姓做表率的作用。封建统治者不完全依赖于神的庇佑，通过亲耕籍田"以为天下先"。

在中国封建社会，不论是统治者还是被统治者都十分重视农业生产。但是，农业活动的主要参与者是百姓，农业的发展需要举全民之力。农夫同皇帝一同完成籍田礼，国家典礼的范围不再仅仅局限于执政人员。此时的皇帝仿佛不再是高高在上的天子、九五至尊，而是中国农耕社会中普普通通一员，拉近了同百姓之间的关系，更加接地气。同时，封建统治者通过亲耕籍田，体验农人之辛苦，有利于统治者施仁政、勤民事。

李莹（北京古代建筑博物馆社教与信息部主任）

帝王与北京先农坛籍田逸事探究

我国自古以农立国，极重农事，与之相关的礼仪颇多，先农坛即是为祭祀农耕文化的创始者神农氏而设。对神农氏设坛而祭，是由古时祀田祖于籍田之制演变而来，而与祭祀先农紧密相关的是籍田礼。籍田礼和祭先农都是为了强调农业在国家政治经济中的重要性，西汉开始，二者合而为一，先农坛与籍田紧密结合在一起，籍田享先农成为历代统治者遵行的一项传统农事，沿袭至清亡。在以农立国的封建时代，历朝帝王都将农业置于重要地位，农事丰歉关系着经济兴衰，直接关系着一个王朝能否长治久安，因此皇帝每年在先农坛籍田里的亲耕活动就成了国之表率，以此来显示朝廷提倡农事，关心民生。籍田和帝王之间有着千丝万缕、密不可分的关系。在这一亩三分地上，历史绵延，朝代更迭，人们却不断上演着一幕幕恤农、悯农的故事，亦通过重农务耕的政策表现出一个国家治国理国的政治思想。

一、北京先农坛籍田

北京先农坛是明清两代皇帝祭祀先农并举行亲耕籍田典礼的地方，先农坛内的籍田是重要的历史文物景观。作为重要的国家祭祀场所，北京先农坛自明永乐十八年（1420 年）始建至今，已经历近 600 年的风雨。今天，回望这处历尽沧桑的坛庙建筑，作为明清时期北京皇家祭祀建筑的重要遗存，有太多的故事发生，有太多的人驻足于此。它不仅是华夏民族重农固本思想的传播载体，也是今人挖掘历史文化内涵，还原本真的重要研究对象。

自明成祖朱棣迁都北京，坛庙建筑悉仿南京旧制，《大明会典》中对籍田的描述如是："国初建山川坛于天地坛之西。正殿七间。祭太岁、风、云、雷、雨、五岳、五镇、四海、四渎、钟山之神。东西庑各十五间。分祭京畿山川、春夏秋冬四季月将及都城隍之神。坛西南有先农坛。

东有旗纛庙。南有籍田。"可以看出，籍田在整个先农坛的南部。清代康熙朝的《大清会典》中也明确记载了籍田位置："先农坛，在神祇坛之西南，其东为籍田，皇上举耕籍礼，则行亲祭，其每年常祀，定于春二月遣官行礼，兹分列之顺治十一年二月，皇上行耕籍礼。"[①] 清代北京先农坛内，籍田的位置为先农坛的东侧。《清史稿》中对于北京先农坛籍田的位置做了更详细的描述："天神、地祇、先农三坛，制方，一成，陛皆四出，在正阳门外，先农坛位西南，周四丈七尺，高四尺五寸，东南为观耕台，耕籍时设之，前籍田，后具服殿，东北神仓……"[②] 北京先农坛内东南部为观耕台，前面即为籍田，后面为具服殿，东北为神仓。

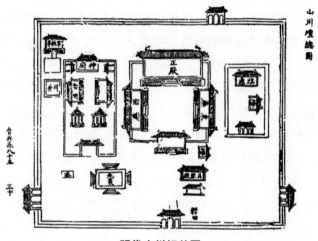

明代山川坛总图

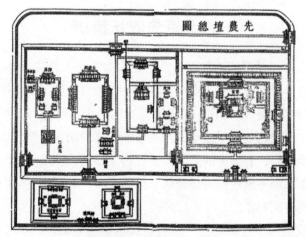

清乾隆帝改建之前的先农坛总图

---

① 《大清会典》卷六十五。
② 《清史稿》志六十四。

二、统治者与籍田

北京先农坛籍田遗址承载着丰富的历史信息，回看这块特殊的田地和在这块田地上发生的故事，意义特殊。这块田地不仅承载了耕种意义，而且成为中国古代农业思想和典章制度的浓缩，并昭示着中华民族以农立国的治国之本和悠久的重农传统，体现出数千年来农业文明的雄厚积淀与不朽生机。

皇帝亲耕服饰也是经过历朝历代的发展而逐渐演变，具有代表性的几个时期，皇帝的亲耕礼服演变的情况如下表所示：

周代	汉代以后	明代	清代
鹿皮皮弁服	以当代衣着为主	由皇帝衮冕到明代专属皮弁服	龙袍

清代时，皇帝亲耕的礼服则已发展为以龙袍为主，龙袍上绣有沿自周天子祭祀礼服的十二种图案，被称为十二章，每种图案都代表了不同的含义，如下表所示：

纹饰	代表意义
日	太阳
月	太阴
星辰	周天之星
山	山川地祇
龙	遨行天地
华虫	凤鸟
火	光明与热
宗彝	一种长尾猿猴
藻	水草
粉米	白色米形图案，寓意食无忧
黼	半黑半白花纹，寓意趋善远恶
黻	左青右黑的斧形图案，寓意果断

明清两代皇帝在先农坛亲耕亲祭以及遣官代耕的次数我们也可以通过文献史料进行一个统计，可以了解明清两代皇帝到先农坛亲耕的概率。从另一个侧面反映出，皇帝对于籍田享先农或者说对于农业的重视程度。

明清两代皇帝亲耕（遣官代耕）亲祭北京先农坛统计表

明代			
年号	在位年限	亲耕次数	遣官代耕次数	亲耕/%
永乐	22	0	17	0
洪熙	1	0	0	0
宣德	10	0	9	0
正统	14	0	13	0
景泰	8	1	6	14.3
天顺	8	0	7	0
成化	23	1	18	4.3
弘治	18	1	16	5.6
正德	16	1	12	6.3
嘉靖	45	2	28	4.4
隆庆	6	0	4	0
万历	48	1	7	2.1
泰昌	1	0	0	0
天启	7	0	3	0
崇祯	17	1	0	5.9
清代			
年号	在位年限	亲耕次数	遣官代耕次数	亲耕/%
顺治	18	1	7	5.6
康熙	61	1	59	1.6
雍正	13	12	1	92.3
乾隆	60	28	30	46.7
嘉庆	25	21	5	84
道光	30	17	13	56.7
咸丰	11	6	5	54.5
同治	13	0	12	0
光绪	34	14	15	41.1
宣统	3	0	3	0

（一）嘉靖皇帝与北京先农坛

嘉靖皇帝在即位之初，因生父尊号问题引发了明代大礼制的讨论，并延续至祭礼改制阶段。在此阶段，与先农坛相关的典章制度改革都有着详细的记载。在先农坛历史上，永乐始建、嘉靖改建、乾隆增建这三次大的变革中，嘉靖时期尤为重要，为先农坛的发展和定型奠定了坚实的基础。

嘉靖皇帝对先农坛变革统计表

时间	变革
嘉靖九年（1530年）	将山川坛更名为神祇坛，一直沿用到万历四年（1576年）
嘉靖十年（1531年）	将风云雷雨及岳镇海渎诸神迁出内坛，在内坛南门外增设天神、地祇二坛。
嘉靖十一年（1532年）	下令建神仓以贮粢盛。

文献中嘉靖皇帝关于籍田的记载也不胜枚举，例如《国朝典故》中记载嘉靖皇帝对于籍田礼思想内涵的认识如是描述："（嘉靖）初，亲耕礼成，礼科给事中王玑言，'耕籍实务有四：一供粢盛，二知稼穑艰难，三慎锡财用，四率公卿百官皆重农，以风示天下，使知务本。上是其言。'"① 还有嘉靖九年时，文献中对于籍田种植的规范和种植种类、收获存放、用途及种子来源的描述也比较详细："嘉靖九年，令以籍田旧地六顷三十五亩九分六厘五毫拨与坛丁耕种，岁出黍、稷、稻、粮、芹、韭等项。余地四顷八十七亩六分二厘九毫，除建神祇坛外，其余九十四亩二分五厘六丝四忽亦拨与坛丁耕种。上纳子粒俱输于南郊神廪，以供大祀等项粢盛。十年，户部题准，籍田五谷种子，每亩合用一斗，本部拨银，行顺天府收买送用，以后年分，于收获数内照地存留备用。"②

嘉靖皇帝在年轻时因礼制大讨论而对祭礼制度的各项改革，都表明他是一个勇于创新的皇帝，也因为这些因素，他对北京先农坛的影响在历史上也是不可磨灭的，为后世先农坛的发展和变革起到了基石的作用，他自己与先农坛的故事也在史书上流传。

（二）康熙皇帝与北京先农坛

清代康熙皇帝一贯的重农政策以及身体力行的重农实践在史书中留有许多资料。继明嘉靖帝在宫苑内辟地亲省耕敛事后，康熙皇帝也在宫苑的中海"尝亲临劝课农桑"之事，他虽然仅一次莅临先农坛亲耕，但深知"王权之本在乎农桑"的重要。他在西苑"治田数畦，环以

---

① 《国朝典故》卷三十五。
② 《明会典》卷五十一。

溪水"种试验田，培育良种，体察农事，后赐名"丰泽"。康熙时期的《御制耕织图》的序就是这样写的："圣祖仁皇帝御制耕织图序，于丰泽园之北，治田数畦，环以溪水，陇畔桑"。①

　　康熙皇帝在北京先农坛只有一次亲耕享先农的记载，在《康熙起居注》中记载了这仅有的一次。在孝庄文皇后患病期间，特意赶回京城，亲自祭祀行耕籍礼，凸显了这一次的特殊之处，更凸显了康熙皇帝重视农业的决心。而康熙皇帝另一个重要举措就是颁布了《御制耕织图》。从另一侧面也证明了康熙皇帝重农固本的精神思想。

清代 焦秉贞《耕织图》中所记录的耕目

　　康熙皇帝在继承传统重农思想的同时，对这一治国方针的执行与体现却与历代帝王不尽相同。他不是作姿态给世人看，发诏令给世人行，而是像一位经验丰富的农人，絮絮地将耕织内容与步骤娓娓道来，指导着普天下的农桑生产，同时躬耕田亩，亲身实践，将"农事伤则饥之本，女红费则寒之源"的道理以另一种朴素亲民的形式予以灌输，而不是庙堂之上的威严，这是康熙朝执行重农方针的一个突出特点。康熙皇帝自亲政以来，重视农业恢复与发展，他深知"有天下国家者"，对于稼穑蚕桑也兴趣盎然。而他偶得的《耕织图》无疑是他用于教育官吏的好教材，表面上可以宣传基本的农业生产知识，深层次上也鞭策官吏重农爱民。康熙南巡驻跸苏州时，还特将《御制耕织图》赐给江苏巡抚宋荦。相对于配乐演唱、列入典制的方式，《御制耕织图》更加形象直

　　① 《清实录》。

观，易于理解，诗中传达出来的感情也能使士族阶层明白下层劳动人民的劳作之苦，常怀悯农爱农之心。同时，颁布《御制耕织图》使其广泛传播，亦是教化百姓勤于耕织，勉于生产的需要。

（三）雍正皇帝与北京先农坛

雍正时期把耕籍礼的制度建设推到极致，成为一项从中央到地方的国家制度。雍正皇帝不但亲耕，还在以往三推的基础上又加了一推，并颁发新修订的《三十六禾辞》，于雍正四年（1726年）向全国发出谕旨，颁发《嘉禾瑞谷图》。

之所以说耕籍礼变成了自上而下的国家制度，是始于雍正时期，雍正皇帝对地方推行的举措，《清实录》中有明确记载，记述了雍正皇帝下旨各个省市地方设立先农坛的情况，文中所述如下："皇上躬亲胼胝之劳，岁行耕籍之典，嘉禾叠产，异瑞骈臻，今复行令地方守土之官，俱行耕籍之礼，仰见皇上敬天勤民，重农务本之至意，宜恪遵上谕，通行直省督抚，转行各府州县卫所，各择洁净之地，照九卿所耕田数，设立先农坛，于雍正五年为始，每岁仲春亥日，率所属恭祭先农之神，照九卿例，行九推之礼，所收米粟，敬谨收贮，以供各处祭祀之粢盛，于国计民生，大有裨益，从之，甲午。"[①] 这也说明了雍正皇帝极度重视农业，知晓农业是固国之本，于国计民生都大有裨益。《大清会典》中一处记载除了看出雍正皇帝对于农业的重视，以及在地方设立先农坛要求各地亦行耕籍礼的举措外，还能看出雍正着实是一个勤劳勤奋的皇帝，懂得稼穑之艰难，要求为官者时刻存有重农稼穑之心，为农者也不可以有苟安怠惰之心。"朕每岁躬耕籍田，并非崇尚虚文以为观美，实是敬天勤民之至意，礼曰，天子为籍千亩，诸侯百亩，据此则耕籍之礼，亦可通于天下矣，朕意欲令地方守土之官，行耕籍之礼，使之知稼穑之艰难，悉农民之，作苦，量天时之晴雨，察地力之肥硗，如此，则凡为官者，皆时存重农课稼之心，凡为农者，亦断无苟安怠惰之习似与养民务本之道，大有裨益，着九卿详议具奏。"[②] 而创作《嘉禾瑞谷图》的缘起是，雍正初年（1723年），五谷丰登，岁稔年丰，雍正帝闻各地上报粮食丰收情况，龙颜大悦，遂令大学士张廷玉传旨，让宫廷御用画

---

① 《清实录》。
② 《大清会典》卷六十一。

师郎世宁作《嘉禾瑞谷图》。此后连年风调雨顺，五谷丰登。雍正五年
（1727年）八月二十八，雍正帝颁示《嘉禾瑞谷图》，并降旨曰："今蒙
上天特赐嘉谷，养育百姓，实坚实好，确有明征。朕祇承之下，感激欢
庆，着绘图颁示各省督抚等。联非夸张，以为祥瑞也，朕以诚恪之心仰
蒙，帝鉴诸臣以敬谨之意，感召天和所愿，自兹以往，观览此图，益加
儆惕，以修德为事神之本，以勤民为立政之基，将见岁庆丰穰，人歌乐
利，则斯图之设未必无裨益云，特谕。"① 谕旨末端还钤上"敬天勤民"
宝玺。除了颁布《嘉禾瑞谷图》外，雍正皇帝还实行了一系列的举措为
给臣民做出表率。《大清会典》中就有明确的记载，记述了雍正皇帝的
一些实际行动，如"仲春耕籍，以供粢盛，以重农事。我朝举行钜典，
特命三王九卿为从耕官，康熙十一年，告祭奉先殿。雍正二年以来，皇
上每岁躬耕，三推礼毕，再行一推，以示率先农功至意，籍田嘉禾岁
生，至有十三者，皆精诚感格所致也，又命直省郡邑，各设籍田，所在
官吏，遵行惟谨，其致祭。"② 而颁布《三十六禾辞》也是雍正朝对于籍
田礼制度的一项重要举措，"皇上躬祭，先农坛，行耕籍礼，前期一日，
遣官告祭奉先殿。是年，奏定，颁发耕籍所歌三十六禾辞一章，及筵宴
所奏雨阳时若五谷丰登家给人足三章，奉旨，停止筵宴，着老农夫各给
赏布四疋。三年二月，上亲行耕籍礼如前仪，停止筵宴。"③ 上述这些举
措，只是其中一部分，根据文献记载，简单整理出雍正皇帝在耕籍礼中
的若干办法。

在《世宗宪皇帝朱批谕旨》中记载了一个雍正皇帝怒批上报农事
邀功折大臣的故事。雍正二年（1724年）云贵总督高其倬奏报雨水米
价，折子中汇报了云南贵州两地去冬今春的雨水情况，各种农作物的长
势情况以及粮食价格。雍正御批："览奏甚慰朕怀。都近数省冬春少乏
雨雪，三月三日普雨沾足，中外庆幸。不知此日云南可雨否，查明奏
来。四月初十正又望雨，又下一天透雨，北省麦收大有望矣。"④ 当三月
初三北方数省下雨之时，雍正帝还惦记云南边陲可否下雨，在案牍如山
中尚能细心至此，其体恤黎民之疾苦、春耕盼雨之忧虑，通过御批的寥
寥数语一览无余。

---

① 《世宗宪皇帝上谕八旗》卷五。
② 《大清会典》卷六十一。
③ 《大清会典》卷六十一。
④ 《世宗宪皇帝朱批谕旨》卷一百七十六。

雍正皇帝为给臣民做出表率采取的办法

	办法
1	除元年外逢亲耕必去，把古制天子三推增加一推为四推。
2	雍正二年（1724 年），颁布新制《三十六禾辞》。
3	在西苑丰泽园内康熙帝种植水稻处进行模拟耕籍——演耕，仪轨与籍田亲耕相同，为确保亲耕时万无一失。后世演耕地点亦括西苑瀛台、圆明园山高水长。
4	仿康熙帝，再次颁布《御制耕织图诗》，以强调农桑之本。
5	颁旨各省推举县一级富有德望的老农，政府授予八品顶戴。
6	籍田礼成，罢设筵宴。

 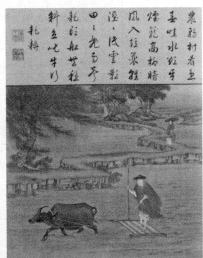

雍正御制耕织图（节选）

综合探讨

名称	康熙《御制耕织图》	雍正《耕织图》
作者	焦秉贞	宫廷画师
绘成时间	康熙三十五年（1696年）	康熙四十八年（1709年）至六十年（1721年）间
篇幅及内容	共46幅，耕图23幅，织图23幅。	共52幅，耕图23幅，织图23幅，重复6幅。
特点	清代第一部《耕织图》	图中主角，耕夫与织妇，全部都画作胤禛夫妇。 每图均有雍正御题五言诗一首。
目的	劝课农桑，普及农业知识，推广耕作技术，促进农业发展。	作为皇子，表现出勤奋、亲民、重视农业发展的一面，以博取皇父认可，达到朝野同情的政治目的。
原本现藏地点	美国国会图书馆	中国国家图书馆

雍正帝先农坛亲耕图

（四）乾隆皇帝与北京先农坛

乾隆皇帝在亲行率耕中表现突出，行耕籍礼次数为历代皇帝之冠，在位六十年来，其间二十八次亲行耕籍。与此同时还坚持到丰泽园和圆明园的山高水长行演耕礼。另一方面，乾隆皇帝也喜欢作诗，在乾隆御制诗文中有不少内容都与籍田有关，并在乾隆五十四年（1789年）春日北京先农坛亲耕籍田礼成后手录了《劭农纪典》册。《劭农纪典》册是清代帝王亲飨先农以示"重农务耕"的真实写照。以下是部分《劭农纪典》册中乾隆皇帝创作的述事诗：

"司农京兆进犁鞭，黄道迎南直似弦。恭己倡民宜用慎，却思将事隔经年。"——乾隆十七年（1752年）三月耕籍礼成

"栏辉白玉望耕台，帝籍今年礼倍该。恰值青郊一犁足，惠风和拂晓云开。"——乾隆二十三年（1758年）祭先农坛礼成

"勤民大事考湮宗，御耦躬临百辟从。罢设彩棚惟露冕，匪缘节用实钦浓。"——乾隆二十九年（1764年）祭先农坛礼成

"弗躬弗信训昭然，民事宁容谢长年。惟是三推只循例，未曾加一

愧殊前。"——乾隆三十九年（1774 年）耕籍日祭先农坛礼成

"廿七承明祀，八旬近次年。及兹能执礼，于是尽心虔。兴谷功垂古，绥丰惠助天。"——乾隆五十四年（1789 年）最后一次先农坛亲耕

乾隆皇帝与北京先农坛的缘分颇深。除了在《劝农纪典》册中收录的乾隆述事诗外，《清实录》中也详细记载了乾隆皇帝每次来先农坛亲耕的场面，例如"上耕措。诣先农坛行礼。更服。至于籍田所，躬耕三推，复加一推。御观耕台，命裕亲王广禄、平郡王庆恒、宁郡王弘仕各五推。吏部右侍郎五福、户部左侍郎吉庆、礼部尚书陈德华、兵部左侍郎钱汝诚、刑部左侍郎王际华、署工部右侍郎恩丕、左副都御使赫庆、通政使孙灏、大理寺卿七达色各九推。毕，顺天府府尹率农夫终亩，赏赉耆老农夫如例。"① 乾隆皇帝对北京先农坛格局的改变起到了决定性的作用。乾隆年间国力昌盛，政治稳定，也为先农坛历史上的第三次改变格局提供了大环境。乾隆时期对先农坛内建筑做了部分修缮和改建。乾隆十八年（1753 年）奉谕旨将先农坛旧有的旗纛殿撤去，将神仓移建于此。如《大清会典》中所记述的："先农坛旧有旗纛殿，可撤去，将神仓移建於此。"② 同年，乾隆皇帝还下旨对先农坛进行修缮和种植松柏。"十八年谕，朕每岁亲耕籍田，而先农坛年久未加崇饰，不足称祗肃明礼之意，今两郊大工告竣，应将先农坛修缮鼎新，即令原督工大臣敬谨将事，又谕，先农坛外墙隙地，老圃于彼灌园殊为亵渎，应多植，松柏榆槐，俾成阴郁翠，以昭虔妥灵，着该部会同该衙门绘图具奏，又奉旨。"③ 太岁坛、先农坛均在乾隆十九年（1754 年）进行重修，而嘉靖十年修建的木构观耕台也在同一年改为砖石结构，台座前、左、右三面出陛，周以石栏。《大清会典》如是记述："十九年奉旨，观耕台着改用砖石制造，钦此，遵旨议定，台座用琉璃，仰覆莲式成造，前左右三出陛，砌青白石，阑板用白石，台面铺墁金砖。"④ 乾隆二十年（1755 年），奉御笔将北京先农坛斋宫改为庆成宫。《大清会典》记述之："二十年奉旨，先农坛斋宫改为庆成宫。"⑤ 最终形成了由太岁殿院落、具服殿、神仓院落、神厨院落、庆成宫院落、先农神坛、观耕台、神祇

① 《清实录》卷六百八。
② 《清会典》卷六百六十三。
③ 《清会典》卷六百六十三。
④ 《清会典》卷六百六十三。
⑤ 《清会典》卷六百六十三。

坛（天神、地祇坛）组成的一组规模宏大，功能齐全、建筑风格独具特色的皇家坛庙。直至清末，先农坛的格局始终未改变。

清乾隆十八年先农坛格局变化汇总表

乾隆十八年（1753 年）	
一	全坛建筑落架大修，重绘彩画，更换"乾隆年制"款瓦。其中太岁殿院落、焚帛炉、神仓建筑群、内外坛门一律更换为黑琉璃瓦绿剪边，以代替明代的绿瓦。
二	拆除旗纛庙，保留后院祭器库。
三	将神仓移建至原旗纛庙前院，并将帝籍的农具、王公九卿的农具存放于后院，最终形成新的神仓院落。
四	改斋宫宫墙，将游廊式形式改为单体墙体，拆除斋宫西南角钟楼，只留东南角鼓楼，并将斋宫更名为庆成宫。

北京先农坛籍田遗址承载着丰富的历史信息，回看这块特殊的田地和在这块田地上驻足的重要历史人物以及发生的故事，意义特殊。上溯到周代，天子扶犁亲耕的礼仪作为国家的一项典章制度即被确定下来，其后随朝代更迭，历千年而绵延，及至明清时期而至臻完善。历朝历代天子关于籍田所发生的故事诉说不尽，这些故事也为我们今天的学术研究提供了丰富且有价值的依据和素材。通过对几位代表性帝王与北京先农坛逸事的探究，我们将历史浓缩为一座建筑的记忆，透过这些史料看到更多的历史影像，它昭示着中华民族以农立国的治国之本和悠久的重农传统，展现着数千年农业文明古国的悠久历史与蓬勃发展。新时代的今天我们以重农固本为安民之基、治国之要，为新中国农业农村的发展带来了历史性的成就和变革。

郭爽（北京古代建筑博物馆社教与信息部副研究员）

古建筑屋脊下的一抹灵动

——浅谈悬鱼的装饰艺术

一、悬鱼装饰的由来

（一）悬鱼的概念

"山花、悬鱼、惹草"是中国传统建筑宋式小木装修的内容之一。悬鱼，或称垂鱼，顾名思义，是悬挂在悬山式、歇山式屋顶搏风板下的建筑构件。它垂放于正脊处，大多由木板雕刻而成，同均匀分布在两侧的惹草一起形成山面的装饰。这种装饰构件在宋代《营造法式》中就已经有详细的做法规定。

（二）悬鱼的历史

在漫长的历史长河中，房舍悬鱼早已演变成一种久远的建筑习俗，不管是庙宇、官宅，还是民舍中，都可以找到它的身影。也许是太过于久远，悬鱼的起源竟从漫长的文明迁徙中佚失，只能推断出大约与周代的丧葬制度有关。据《礼记·丧大记》记载："饰棺，君龙帷，三池……鱼跃拂池……士布帷布荒，一池。"不难看出，早在崇尚"玄衣"的周天子时期，丧葬制度中已囊括了"悬鱼""设池"一类的内容。那时，鱼是一种棺饰，用铜铸就，放置在棺盖之上，而覆盖用的竹帘称为"池"。考古发现，西周中晚期京畿与四周方国的墓葬里，镂满了悬鱼的记忆浮雕。"悬鱼"之所以出现在墓葬之中，主要因为鱼的繁殖能力使古人赋予鱼以生殖、生命的象征意味。鱼是古人想象中的死后生命的过渡性存在的形态，是生命转化的中介形式。所以，在这种丧葬制度中，显然含有期盼死者精魂化鱼，死而复生的意味。

在后世的建筑中，悬鱼与"惹草"缠绵一处，共同钉挂在搏风板下，这与周人饰棺用铜制悬鱼与象征水草的振容同悬于檐边池下的情况大致相同。所以，周人饰棺中的悬鱼与后世建筑上的悬鱼有着先后的关系。

魏晋两朝，一方面开创了以人为本的思想，开拓了许多艺术文化的内涵，另一方面，随着佛教的传入，在建筑及其装饰上大大地丰富了内容，呈现出丰富多彩的建筑及其装饰艺术形态。两汉、魏晋之后，悬鱼开始发生质的变化，它逐渐告别了丧葬品的属性，出现在建筑上面。它的存在，加强了山墙处搏风板的整体性，使之更牢固、耐用。从古人绘画的图像材料中不难发现，歇山屋顶两搏风板合尖下施悬鱼做法不晚于南北朝时期。例如：甘肃省天水麦积山石窟第 140 窟中的一处北魏壁画南侧中下部画里有一处庭院，院内两座主体殿堂都是歇山屋顶，顶的正脊两端有鸱尾，山面排山下有搏风板，殿宇搏风板相连接处就出现了蓝灰色鱼尾状悬鱼。

唐代时，悬鱼已经成为当时建筑中的重要组成部分。唐代的悬鱼与这时期其他构件一样，简单明快，尺寸不大，没有多余的装饰，强调保护建筑，增加实际功能，自然融于唐代舒朗大气的建筑风格中。关于悬鱼最早的官方记载就出现在唐朝。唐高宗永徽二年（651 年）颁布的《营缮令》中记载："……非常参官，不得造轴心舍及施悬鱼、对凤、瓦兽、通袱乳梁装饰。"当时的建筑已经有了严格的等级制度，只有官家才能"施悬鱼、对凤、瓦兽、通袱乳梁装饰"。可惜的是大部分唐代建筑实物遗留下的很少，所能见到最早也是宋代建筑。

宋代是中国古代建筑史上的一个高峰，这个高峰确立了建筑形制，《营造法式》的重要性和价值也就在于此，它标志着中国建筑文化的真正成熟。悬鱼尾随着我国古代建筑一同进入了规范化时期。此时，它有了新的名字——垂鱼。在北宋李诫编著的《营造法式》中规定："凡垂鱼施之于屋山搏风版合尖之下"。除安放位置外，《营造法式》还详细规定了尺寸大小和雕刻花饰："垂鱼长三尺至一丈，惹草长三尺至七尺，其广厚皆取每尺之长积而为法。""垂鱼版：每长一尺，则广六寸，厚二分五厘。"说明悬鱼构件在宋代已经普遍化、规范化使用了。"造垂鱼、惹草之制：或用花瓣，或用云头造。"宋代悬鱼已脱离了唐代的简单样式，开始有了花饰图案，主要有两种形制："素垂鱼"和"雕云垂鱼"。一简一繁，简单呈如意状，而繁缛的则以云头来装饰如意。

线条上，悬鱼原来是鱼形，线条简单朴素，到了宋代，鱼纹已经和云纹融合，不再具备原来鱼的形状了。中国古代木结构建筑保存至今莫早于唐，而悬鱼这样暴露在两端的构件更难保存，所以最早的悬鱼实例也不早于宋代。现存宋代的垂鱼实例较多，比如：河北正定隆兴寺摩尼殿、山西清虚观三清殿、山西平遥文庙大成殿等等，出现在绘画资料上的，比如:《清明上河图》《夜月看潮图》《四景山水图》《溪亭客话图》等等。

明清时期，是中国古代建筑文化及其装饰史上最繁华富丽的时期。为我们留下许多璀璨的建筑装饰，因此我们才有机会看到大量丰富多彩、造型优美的悬鱼装饰。这个时期，悬鱼的革新主要体现在材质与工艺两方面。以前的匠人偏好用木材作为主要材料来制作悬鱼，到了明清两朝，随着砖石的普及，产生了数量繁多的砖构建筑和无梁殿建筑。仿佛以此为契机，悬鱼从时代的龙门一跃而下，游入新的河川之中，翻滚出砖石、灰塑、琉璃、瓦片等诸多材料的浪花。比如：山西介休王家大院的砖雕悬鱼，线条流畅、布局合理，很有传统木构建筑悬鱼的轻盈感。此外，明清时悬鱼较为修长。

功能上，雕刻装饰比前朝时期更加精致，重视悬鱼的装饰审美性；形象上，早已不拘泥于鱼的具象，创造出了许多其他新鲜的式样。加入大量吉祥祈福题材，意义上也有了广泛的延伸。式样有：蝙蝠、花鸟、花篮、万字纹、太极图等等，大多使用中国传统图案，习惯上仍称悬鱼。随着时间的流转，悬鱼在匠人时代里闪转腾挪，经历了由简到繁的造型征途，从功能构件到装饰构件的转变过程。

二、悬鱼装饰的基本特征

（一）悬鱼装饰的地域特征

中国古代传统建筑地区差异较大，地方特征明显。地方的风土民俗、建筑材料和装饰细部等，反映在建筑上，便形成了浓郁的地方建筑风格，建材多具地方特色，木材、砖石、竹子、陶瓷和琉璃制品各地不同，即使是同一种材料，哪怕是土坯墙，各地的具体做法亦有所不同，形式上各有特色。

悬鱼装饰构件在我国建筑上的使用分布并不均匀。有些地区大量使用悬鱼，有些地区民居建筑却没有悬鱼，只是在寺庙建筑上使用悬鱼。其原因主要与民间造屋习俗和建筑屋顶结构有关，观察大量传统建筑，不难看出悬鱼装饰具有明显的地域特征。

浙江省南部的泰顺县和相邻的福建省北部地区的寿宁、周宁、福安和福鼎等地，古建筑屋顶下悬鱼装饰基本形式有直线和弧线两种，大多数都在悬鱼上边刻"水"，下边雕刻"鱼"的形象，两条鱼头与头、尾与尾相环成一圈，也有刻"壬"字，向上的鱼嘴喷出的水花置于当中。都是木材本色，雕刻精细，没有彩绘，与全国其他各地相较，这个地区悬鱼的数量之多，造型、雕刻题材之丰富，可以说是"中国之最"，而且集中在浙南和闽北分布，很多民居、祠堂和廊桥等建筑上都有悬鱼。以地形、地域板块分界，说明悬鱼装饰具有明显的地域特征，是地区文化的一种表现，具有深厚历史渊源。例如福建地区的民居悬鱼装饰，有垂带形、十字形、桃形和鱼形等，近似山花。

云南丽江纳西族、景族和哈尼族民居有木雕悬鱼使用。厚实的搏风板和别具一格的山墙构成了纳西民居建筑外观优美、浑厚的特点，尖山檩条选出较长，出挑长度一米左右。搏风板正中的"悬鱼"大方朴实，纳西族人将其视为"吉庆有余"的象征。丽江纳西族居民的悬鱼，式样因住宅等级、性质、规模和质量而异，长度在80～100厘米，其造型简单奇特，基本形式为直线和弧线，略施雕饰，但大多数有红、黄、蓝、绿等色彩绘制。也有少数为鱼形浮雕，上半部雕成太极图，下雕双鱼，外形轮廓影像突显，多为几何（直线和弧线）组成的细长形体，完全不同于泰顺的古民居悬鱼造型那么丰富多彩。

河南、山西广义上属于中原地区，著名寺庙建筑上几乎都有悬鱼，造型也大多为传统卷云样式，或近似传统样式。制造悬鱼的材料也较多：有木材、砖雕和琉璃浮雕等等，山西晋城润城东岳庙、平遥城隍庙、介休后土庙两山的搏风板上，悬鱼均采用琉璃浮雕装饰，根据考证，这些琉璃浮雕装饰的使用均在明代；四川凉山彝族民居也有木雕悬鱼使用，但其造型却不见鱼的踪影，而多为几何形状的组合，三角形、长方形、圆形、五角星形和多边形，似古钱币、镰刀、风车或太阳等。

悬山挑出较多，有遮阳防雨之用，故南方民居多用，因此悬鱼装饰构件的使用也就多出现在南方建筑上，而北方建筑只有寺庙等级高的建筑才采用悬鱼，民居则较少使用。

（二）悬鱼装饰的使用和装饰双重特征

无论帝王宫殿还是普通百姓的农舍，从天花藻井、门窗格扇、门罩隔断到家具陈设等，装饰纹样与人们的生活习俗、审美观念及宗教意义都有很大的关联。悬鱼装饰也如中国建筑装饰一样，具有实用和美观双重性，即隐含于美观下的实用功能。

悬鱼装饰它首先是为了保护木结构免受雨水的侵害而设，然后才是兼具其他特征，如装饰和寓意。

三、悬鱼装饰的文化内涵

（一）祈吉文化

"吉"有吉利、顺利、平安的含义。祈吉文化渊源久远。原始时期，先民们萌生自然崇拜和图腾崇拜观念，通过祭祀"感应万物"，为的是消灾避祸、降福苍生，原始祭祀在历史长河中不断演化，最终成为民间的祈吉信仰。辟邪厌胜是风水学中的常用手法，山尖上装饰水性的悬鱼、惹草，为的是以水克火，保佑阖家幸福。

（二）祈喜文化

祈喜文化的核心是祈求人丁兴旺、家族昌盛。远古时期，原始先民为生存繁衍的目的而崇拜生殖。农耕社会，添丁增殖直接关系家族兴旺与社会繁荣，因而成为广泛关注的焦点。人生礼仪、岁时节令活动中很多祈求子嗣与保护生命的内容。喜的象征图形有双喜字、喜神、和合二仙、喜鹊、蜘蛛、獾、如意、百合、鸳鸯和比翼鸟等等。

（三）祈财文化

"财"即财产，是钱和物资的总称，在民间也有财源茂盛、官运亨通、事业兴旺、农业丰收等含义。祈财文化的核心是发财致富，对于不同阶层的人来说，财有不同的内容：对农民而言，五谷丰登、猪肥羊壮就是财；对商人而言，生意兴隆、日进斗金是财；对封建官员来说，升官就是意味着发财。财的图形标志有：财神、摇钱树、聚宝盆、刘海骑蟾、金蟾、金鱼、鲤鱼、牡丹等等。

（四）易经八卦文化

中国传统建筑悬鱼装饰构件的使用，深含易经八卦揭示的五行相生相克的学说，中国传统建筑喜用鱼形悬鱼的原因，是因为木结构的房子怕火，而鱼为水中之物，象征了水，水能克火。较好地应用了中国传统的吉祥文化，阐释了人们祈福平安、吉祥的美好愿望。经过漫长的历史过程而形成了民族文化心理结构，在哲学上表现为天人合一的思想，在居民建筑活动中，则表现出重视自然，顺应自然，因地制宜，力求与自然融合协调的环境意识。

四、悬鱼装饰与"羊续悬鱼"的典故

悬鱼装饰构件的使用，还与中国历史文化的传说有关。在《后汉书》中记载一个与悬鱼有关的小故事：东汉末年，朝廷吏治腐败，贿赂成风，时任南阳太守的羊续却洁身自好，从不收受贿赂。一日，南阳郡丞送羊续一条鱼。羊续不愿收，又不忍郡丞当众难堪，于是悬鱼于庭院，以示拒绝。后来，郡丞再次送礼，羊续指着挂着的干鱼给他看，并叫他以后不要再送。从此以后，再没人敢给羊续送礼了。羊续因此获得"悬鱼太守"的美名，悬鱼也成为官员廉洁奉公的象征。

五、悬鱼装饰的功能

（一）装饰功能

悬鱼的主要作用是建筑装饰。寺院建筑的悬鱼一般采用深红色；民居建筑悬鱼大都用木本色；也有大部分居民如云南丽江纳西族建筑和公共建筑的悬鱼施以红、黄、蓝等颜色；有的太极图或用黑红两色，或用黑白红三色，极富装饰效果。

因具有悬鱼装饰部件的建筑多为悬山顶，墙体上部基本幽暗黑深，有些居民山墙上部镂空，墙体并不砌到顶，山尖与板枋、山墙相距近一米，悬鱼处于最前的明亮处，明暗对比十分强烈，显得格外醒目。在明媚的阳光照射下，其影子寂静地投射于质朴的山墙尖板壁上，落在山墙上面显出山墙出檐挑出的深度，悬鱼落在山墙上的阴影随着光照的变化而有位移，使悬鱼更宛如一幅有动感的浮雕。由此可见，悬鱼部件的确是建筑装饰中成功的艺术品。

云南丽江纳西民居的悬鱼装饰了独具一格，于是悬鱼在云南丽江便成了分辨纳西族民居和邻近的白族民居、藏族民居的符号标志。

（二）防水功能

各式各样的悬鱼除对建筑具有装饰作用外，还能对民居的木结构檩起到保护作用。为了防止悬挂檩条挂枋端头瓦纹截面因飘雨受潮易腐，在屋顶两端的山面上多使用比较宽大的搏风板隔离庇护。几乎每一个檩下面的横断面都对应有悬鱼，这些悬鱼多用整块木板雕刻而成，钉在搏风板的中央；也有不做搏风板的，只是钉一块简单的木头而没有任何雕刻，或挂一片瓦起到保护檩条的作用。

（三）寓意功能

悬鱼之鱼的形象，利用其谐音取吉祥之意：鱼，余也，裕也。有的还加上莲花，以祈求"连（莲）年有余"。有的悬鱼装饰构件雕两条尾部相交的鱼，上有"水"字，讨口彩"双鱼喜庆"，象征配偶、合欢、生殖和繁衍。

悬鱼间接寓意为防火。悬鱼的图形最初都是以鱼形为主，这是因为鱼生活在水中而水能克火，以此象征房屋能远离火灾。

六、悬鱼装饰的材料和工艺

（一）悬鱼的材料

制作悬鱼的材料在北宋李诫《营造法式》中没有明确规定，主要因为地区习惯和建筑等级各有不同。南方地区主要为悬山顶，制作悬鱼的主要材料是木材；闽南一带山尖上的悬鱼多为灰塑浮雕；北方、西北、扬州等地大都是硬山山墙，往往将砖雕悬鱼直接贴于墙面，如山西平遥古城民居砖雕悬鱼，也有琉璃雕刻而成的，最简陋的悬鱼只是将瓦片直接挂于檩头，而且没有搏风板。

特别是木制悬鱼材料一定要用受潮后不易变形的木材，松树、杉树和柏树等针叶树的树干通直部分长，成才年限短，材质较软却具有一定的强度，变形小，不易开裂，加工容易，是建筑工程中常用的木材，也是悬鱼装饰构件的理想材料。

（二）悬鱼的规格

《营造法式》中规定了悬鱼的尺寸，"垂鱼长三尺至一丈，惹草长三至七尺，其广厚皆取每尺之长积而为法。垂鱼板：每长一尺，则广六寸，厚二分五厘。惹草板：每长一尺，则广七存，厚同悬鱼"。垂鱼、惹草的尺寸随建筑的不同而有很大的伸缩余地，但它们的长宽比例大致都规定为 10：5 和 10：7。

正如《营造法式》中规定的尺寸范围，现存古民居建筑的悬鱼大多数在 80～100 厘米长，20～35 厘米宽。其他类型的建筑的悬鱼，长度存在很大差异。门楼、祠堂、路亭等比较小的建筑与民居的悬鱼大小相似，大型佛殿、道观等公共建筑悬鱼则较大。

（三）悬鱼的工艺

第一，雕刻工艺。悬鱼多为木制浮雕和透雕。木材选择：制作悬鱼用的木材一般厚度在 2～3 厘米。木质坚韧、纹理细密、色泽光亮的硬木，比如：红木、黄杨木、花梨木、扁桃木等，石雕刻的上等材料，适合结构复杂、造型细密的作品。

第二，木材的干燥处理。自然干燥：在通风处将木材搁置成垛，垛底离地 60 厘米左右，中间留有空隙使空气流通，木材便能逐渐干燥。简易人工干燥：一是用火烤干木料内部的水分。二是用水煮去木料中的树脂成分，然后搁置自然干燥或烘干。

第三，悬鱼的雕刻技法。就是木雕创作者对于形象和空间的处理手法。木雕悬鱼的工艺流程分设计放样、分层打坯、细部雕刻、修光打磨和上漆这几个步骤。

第四，施彩工艺。木制悬鱼彩绘并不统一，大型底庙建筑基本上是红、黄彩绘，也有少数用蓝色；浙江顺泰地区民居悬鱼都是木本色；丽江民居彩绘用红、黄、蓝色油漆。

第五，安装工艺。木制悬鱼安装在搏风板上，具体位置有两处：一是直接用铁钉钉在搏风板上，以悬鱼遮盖搏风板的接缝；另一种是悬鱼平挂于搏风板下，像钩子一样连接悬鱼，搏风板中间的接缝以铁件遮盖。琉璃悬鱼构件不是一块整体，而是由数块琉璃件拼装而成，制作和安装都需要借助一块与悬鱼大小相同的木质衬板。山西晋城润城东岳庙琉璃悬鱼损坏部分的后面就露出里面的木质衬板。砖雕悬鱼靠铁钉直接与墙体固定（有时也借助木质衬板）或者再用粘接材料贴在山墙上。大型尺度悬鱼的安装则需要借助大型建筑施工机械。

七、悬鱼装饰表现风格

（一）具象类

具象是指具体的形象，客观存在的形态。对建筑装饰艺术来说，即指自然形态。再细化分，自然形态又分为生物和无生物，如利用动物中的鱼、蝙蝠；植物中的荷花、梅花、桃花；静物中的花瓶、花篮、剑等；以及大量从自然界花草穿插鸟兽形成唐草纹样；龙、凤这些形象，通过艺术提炼的手段，变成各种悬鱼造型装饰资料，经过变形、打散、重新组合，加以"水""壬""癸""福""寿""喜"等文字配合，表达吉祥如意、富裕、平安等美好意象。具象类悬鱼保留了自然形态的基本特征、个性、特质及典型性。虽然它已经不是原始的自然形态，但是人们还是很容易辨认出它是哪种形状的悬鱼。经过研究，可以将具象类悬鱼分为七类。

第一，"鱼"形状。除了雕一条鱼，也可以雕陈那个两条尾部相交的鱼，后者代表"双鱼喜庆"，悬鱼上多加"水"字，有的用代表天干的"壬""癸"字，代表财源的钱币图形或万物生生不息的太极和万字图。在鲤鱼上配牡丹，代表"富贵有余"，在鲤鱼上配莲花，代表"连年有余"。

第二，"花篮"状。有的悬鱼会用花瓶、花篮、莲花等造型，来取代鱼的造型。如用花瓶表示"万事平安"、用牡丹代表大富大贵、用莲花代表"连年有余"、用梅花代表婚姻美满幸福，用菊花代表福寿安康等等。

第三，卷云如意。云纹如意是悬鱼中最原始的纹样，也是应用最多的一种，云与运同音，蝙蝠飞舞的模样称之为福运，"祥云瑞日""青云得志"都是吉祥的象征。如意似灵芝，传说中的长生不老仙药吉祥瑞草，如意悬鱼取吉祥如意、平安如意、四季如意的寓意。

第四，古钱纹。古钱币与国家的历史、文化、政治、经济密切关系，古今中外都被视为财宝。古钱也称辕辘钱，有的钱是成双成对的。"钱"与"前"谐音，孔眼寓意眼前。钱与太极、鱼形组合，意为吉祥富贵永远不断。钱与蝙蝠组合，意为"福在眼前"。

第五，万字纹。"卍"字是梵文，意为"吉祥之所集"，唐武则天长寿二年采用为汉字（读：万音），有吉祥万福之意。"卍"字内涵还有天空星辰、宇宙运转、万事如意、万寿无疆之意，所以在明清悬鱼中大量使用了"卍"字纹样。"卍"字纹还常与古钱、文字、太极图、鱼形等组合成丰富的图形，例如浙江泰顺北涧桥的悬鱼便是"卍"字纹与太极、黑红鱼形的组合。

第六，太极八卦。太极图是以黑白两个鱼形纹组成的圆形图案，俗称阴阳鱼。太极是中国古代的哲学术语，意为派生万物的本源。太极图形象地表达了阴阳轮转，相反相成这个万物生成变化的哲理。太极图展现了一种互相转化、相对统一的形式美。它以后又发展成"喜相逢"、"鸾凤和鸣"等吉祥图案。

第七，花鸟类。使用桃子、蝙蝠、杜丹、龙凤等做悬鱼纹样，大多取吉祥、富贵、祥瑞、喜庆的寓意。桃喻长寿，蝙蝠喻"福"，牡丹意为富贵，凤凰意为"凤皇"。

（二）抽象类

真正的抽象是看不见、听不到、摸不到的，是无形象的。但作为造型艺术的抽象是相对而言的。造型艺术还要依赖"形"，只是这个"形"不表达具体的形象，而是超脱自然形态的人为形态。抽象类悬鱼造型简单、新颖，没有很具体的形象出现，多抽象为几何形，或近似某个造型简单的图形。

（三）意象类

意象基础是"象"，即视觉形象。包括了人的主观色彩，才能构成所谓的"意象"。意象类悬鱼将具象中的一种或几种形式组合到一个悬鱼构件中，有时也把具象和抽象组合在一起，形成一种具有丰富内涵的意象。

八、悬鱼装饰对日本等国的影响

在历史上，中国文化对日本的影响有两次高潮。一是唐文化对日本古代奈良文化的影响，二是宋元文化对日本中世文化的影响。佛教文化的传播和影响则是中日文化交流的主线。继隋唐时期中国文化对日本的影响之后，以佛教禅宗为代表的松源文化再度涌入日本，极大地影响了日本中世的佛教寺院文化。

中国传统建筑文化从南宋元初随佛教传入日本，悬鱼装饰部件受日本文化的影响，陆续发展变化一种新的建筑样式——日本唐样宋式悬鱼，现在日本的传统建筑有许多宋式悬鱼造型，其纹样与我国北宋李诚《营造法式》中的样式有很多相似之处，日本现在仍然叫悬鱼。

如今，悬鱼四散各处、形色各异，早已饱经时间的浸染，逐渐花白了身体，却依旧保持着眺望的姿态，悬挂在屋脊下，驻守着历史。悬鱼装饰部件的使用因其独特的文化内涵而具有地域文化特色，在今天我们许多传统生活器物正在不断消逝，文化传承也面临着乏人接续的危机，发掘利用古人的传统装饰语言，促成文化的过去与现在的交流、互动，使文化产生新的意义，应当成为未来新文化的出发点。

王莹（北京古代建筑博物馆社教与信息部副研究员）

河南宝丰北张庄村传统村落革命文物调查

北张庄村位于河南省平顶山市宝丰县商酒务镇,属皂角树行政村下辖三个自然村之一,地理坐标为北纬33°56′、东经113°01′,海拔149.7米。村落东邻何庄村,南临柳林村,西临皂角树村,北邻邢庄村;村域多为平原,少部分为丘陵,总面积43公顷,村庄占地面积5公顷,总人口421人,常住人口350人。

该区域属暖温带,为半湿润大陆性季风气候,四季分明,以春旱多风,夏热多雨,秋温气爽,冬寒少雪为特征。年平均气温14.5℃,降水量769.6毫米。境内植被由华北落阔叶林向华中常绿阔叶林过渡地带,适合多种生物繁衍生息。

宝丰县历史悠久,远在旧石器时代就有先民在此劳作生息,商周时为应国属地,春秋初属郑,后属楚,战国初期属韩。秦置父城县,汉因之。隋、唐时先后为汝南县、滍阳县、武兴县、龙兴县。宋徽宗宣和二年(1120年),因当时县境内有白酒酿造、汝官瓷烧制,冶铁工场等,物宝源丰,宝货兴发,奉敕赐名"宝丰县"。明崇祯十六年(1643年),李自成曾改宝丰为宝州,复名宝丰至今。

1947年,属豫陕鄂解放区第五专区,中华人民共和国成立后,属河南省许昌专区。1983年至今,属平顶山市所辖县。商酒务镇,顾名思义,以酒为业,以业为商,而形成规模,至宋时,此地已是"十里长街,酒香千里"。

北张庄村在清代有一张姓人家徙居此地,故名小张庄。后有韩姓、杨姓、龚姓、常姓人家迁入。清代年间,为宝二里、三里,清末属春风区。民国元年(1912年)属商酒务宝二里;民国十八年(1929年)属商酒务区,后更名为北张庄村。1948年春,刘伯承、邓小平率主力挺进豫西。5月26日，中原局和中原军区的领导机关移驻宝丰县北张庄村。6月初，陈毅、邓子恢来此会合。此后近半年的时间，北张庄村成了中原解放区的首府、中原局首脑机关所在地、中原军区野战军的指挥中心。

1948年6月17日至19日，中原军区司令员刘伯承、政委邓小平、第一副司令员陈毅以及邓子恢、李先念、宋任穷、粟裕、李雪峰、陈赓、张际春等12名高级将领出席，1000多名团以上干部参加会议。

1982年2月17日，宝丰县人民政府公布"刘伯承、邓小平曾驻地"为宝丰县第一批文物保护单位。

2012年9月14日，平顶山市人民政府公布"中原军区司令部旧址"为第三批平顶山市文物保护单位。

2013年8月，中国住房和城乡建设部、文化部、财政部公布了"平顶山市宝丰县商酒务镇北张庄村"为第二批中国传统村落。

2016年1月22日，河南省人民政府公布第七批河南省文物保护单位："中共中央中原局中原军区宝丰旧址群"。

北张庄村村落基本保持了传统格局，街巷体系较为完整，传统设施活态使用。村落选址、规划、营造具有典型的地域特色。村庄北临浣河，且有多处坑塘分布于村落各处，与村中的传统建筑交相呼应，创造了适于生存的自然生态格局。村落与周边环境能明显体现选址所蕴含的深厚的文化和历史背景，有较高的研究价值。

北张庄村现存民居建筑多为民国时期以后修建的，已公布为省级文保单位的建筑有五处，这些传统建筑多为块石、青砖砌筑墙基，土坯砌筑的墙体，硬山小青瓦仰瓦屋面，使用当地藤条为铺望，采用滑秸泥作为苦背层，其建筑形制、建筑材料、施工工艺很有地方特点，同时充满了乡土美感，有利于环境保护和生态平衡。此次对该遗址群组的详细调查如下：

一、文化特征

中原局、中原军区、中原野战军司令部驻宝丰期间，具备精神内涵——中原逐鹿精神，即：勇挑重担，不怕困难，顾全大局，协同作战，实事求是，必胜信念精神。它同井冈山精神、长征精神、延安精神、西柏坡精神一样，是中华民族精神的重要组成部分，是党和国家极其宝贵的精神财富。

刘伯承、邓小平、陈毅、邓子恢、张际春、李雪峰、李达等领导人在宝丰运筹帷幄，统一指挥中原野战军和华东野战军，摧毁了国民党在中原的防御体系，扭转了战局，保证了中共中央实施中原战略的伟大胜利，为淮海战役奠定了基础，加速了解放战争和全国胜利的步伐。为发动淮海战役打下了深厚基础，在全国解放战争史上树起一座光辉的丰碑。

另外，非物质文化遗产方面北张庄村也非常丰富。提线木偶戏古称"悬丝傀儡"，民间称"耍提偶"，是河南省宝丰县口传心授的一种民间传统艺术形式之一，集说唱、乐器伴奏和木偶表演于一体，是一种叙事艺术与木偶艺术的结晶。提线木偶戏2009年被省政府公布为河南省非物质文化遗产保护项目。

北张庄村为提线木偶戏传承村落，是民间提线木偶艺人较为集中的村。提线木偶戏由来已久，唐宋年间，宝丰就有"石岭为壁，老幼竞艺"的说法，一直在当地广泛传承。目前北张庄村提线木偶戏传承状况良好。北张庄村与赵庄相临近，赵庄魔术在北张庄村的传承状况良好，"赵庄魔术"2011年被省政府公布为河南省第三批非物质文化遗产保护项目。

二、村落格局特征

北张庄村北临浣河，村庄聚落东西长，有东西主街一条，传统建筑集中分布在村东北部，传统建筑多为土坯、青砖砌筑墙体，小青瓦仰瓦屋面，抬梁式土木结构建筑，始建年代多为民国时期以后，院落格局大部分为合院式布局；曾是中原军区司令部所在地，但随着村庄建设不断推进，旧址的原布局的完整性遭到破坏，部分院落已坍塌，后期新建民居，其建筑形制及建筑材料与历史风貌不协调。

何庄村位于浣河南侧，北张庄村东侧，村庄聚落南北长，与北张庄村相隔一片农田。中原军区司令部旧址有两处（军政处和情报处），位于何庄村西北部。

村落主干道宽约4米，巷道保持在1.5米至3米之间。街巷层级之间等级明确，脉络清晰，街巷内部空间较为封闭内向，其布局空间有秩序，用地紧凑简约。

保护范围内，民国时期的传统宅院居多，院落属于四合院形式。通常由正房、厢房和倒座（或门楼）组成，将庭院合围在中间，形成合院。正房坐中，倒座相对，周边民居多为近现代民居。

文物建筑整体格局保存较好，但由于年久失修，缺乏有效的日常维护，目前部分建筑本体存在安全隐患。

附近村民在新建和改建房屋过程中采用了大量的现代建筑材料，质量不一，建筑风格与文物建筑不协调，破坏了原有的历史环境。

三、传统建筑特征

村庄传统建筑大多建于民国时期，经历了历史的变迁，普遍受到不同程度的破损，受当地自然环境和社会因素的影响，当地传统建筑采用土木结构，土坯砌筑墙体。土坯房屋用的土体材料分布广泛，取材便利，墙基多采用当地石材（泥浆灌缝）、青砖墙基（泥浆黏结），墙体按建筑材料分为当地石材墙、青砖砌筑墙体、夯土墙、土坯墙、组合墙，在建筑细部的处理上，地方的文化风俗较为突出。

传统民居结构为抬梁式或人字形木构架，梁、檩与生土墙接触处，集中荷载作用点处放置木垫板、砖垫块，来减轻梁、檩对生土墙体的局部受压作用。屋面椽上铺柴望，柴望采用当地植物，如藤条，采用滑秸泥做苫背层及黏结层，小青瓦仰瓦屋面。

四、文物本体调查

1. 中原军区司令部旧址

位于北张庄村，现存五处，原司令部望楼已坍塌。

1号建筑旧址

位于刘伯承旧居的东南侧，该旧址现存上房，始建于民国初期。平面布局呈长方形，坐北朝南，该院建筑面积92平方米，占地面积297平方米。因缺乏有效维护，建筑存在安全隐患；院落围墙已全部坍塌，现有杨树数棵，无人居住，地面杂物堆积，排水不畅。上房为土木结构，坐北朝南，小青瓦仰瓦屋面，面阔五间15.9米，进深一间5.4米，室内为土地面，凹凸不平，后檐墙部分土坯缺失，滑秸泥抹灰层大面积脱落，木柱裸露，存在安全隐患，木构架榫卯松动，梁架局部霉变；屋面局部塌陷，瓦件缺失，漏雨严重。

2 号建筑旧址

位于刘伯承旧居的东南侧，该旧址现存上房四间，始建于民国初期，坐北朝南，建筑面积 67.5 平方米，现无人居住。上房为土木结构，小青瓦仰瓦屋面，面阔四间 12.3 米，进深一间 5.5 米，室内为夯土地面，凹凸不平，前檐墙局部土坯墙体坍塌，抹灰层大面积脱落，木构架榫卯松动、脱榫，屋面局部塌陷，瓦件缺失。

3 号建筑旧址

位于刘伯承旧居的西南侧，现存建筑三座（上房、磨房、门楼），始建于民国初期，坐北朝南，该院建筑面积为 37.3 平方米，占地面积 167 平方米，因缺乏有效维护，建筑存在安全隐患，院落围墙已全部坍塌，土地面凹凸不平，现无人居住，杂物堆积，排水不畅。上房为土木结构，坐北朝南，小青瓦仰瓦屋面，硬山建筑，面阔两间 6.9 米，进深一间 5.4 米，建筑面积 37.3 平方米，木构架松动，梁架表层霉变，东侧一间已坍塌，仅存基址，室内为土地面，墙体风化严重，窗洞后期被封堵，正脊断裂，瓦件缺失；磨房为土木结构，坐东朝西，平顶屋面，面阔一间 3.1 米，进深一间 3.1 米，占地面积为 9.7 平方米，木构架松动，室内为土地面，杂物堆积，墙体青砖松动，抹灰层脱落，窗棂松动、缺失；门楼为砖木结构，双坡屋面，占地面积约 6 平方米，木构架松动，屋面瓦件全部佚失，现屋面铺设机制瓦。

4 号建筑旧址

位于刘伯承旧居的西南方向约 100 米处，现存建筑三座（上房、柴房、门楼），始建于民国初期，坐北朝南，该院建筑面积 72.5 平方米，占地面积 173 平方米，因缺乏有效维护，建筑存在安全隐患，院落围墙已全部坍塌，门楼屋面已无存，现存后期增设铁门，院落地面现作为菜地使用，排水不畅。上房为土木结构，坐北朝南，小青瓦仰瓦屋面，硬山建筑，面阔四间 11.4 米，进深一间 5.4 米，建筑面积 61.6 平方米，室内为土地面，杂物堆积，土坯墙体局部缺失，房屋木构架松动，梁架表层霉变，屋面部分苫背层流失，瓦件下滑，漏雨严重，窗棂缺失；柴房为土木结构，坐东朝西，小青瓦仰瓦屋面，硬山建筑，面阔一间 3.3 米，进深一间 3.3 米，建筑面积 10.9 平方米，室内为夯土地面，局部土坯墙体缺失，抹灰层大面积脱落，木构架松动，梁架霉变，屋面瓦件局部碎裂。

2. 刘伯承旧居

刘伯承旧居为当地居民住宅，位于北张庄村北部，该旧址东厢房已坍塌，现存上房三间，始建于民国初期。2005年6月，宝丰县对刘伯承旧居进行维修。院落平面布局呈长方形，坐北朝南，建筑面积55平方米，占地面积200平方米。门楼、围墙已无存，土地面凹凸不平，杂物堆积。现有人居住。

上房为土木结构，小青瓦仰瓦屋面，硬山建筑，木构架完好，梁架表层霉变，室内为青砖地面，东、西山墙为后期红砖砌筑，滑秸泥抹面，门窗保存较好。

刘伯承旧居西侧原为邓小平旧居，现已坍塌，50年代，村民在旧址内自建一处平房院落。

3. 中原军区团以上干部会议会址

位于北张庄村东北。占地面积约3000平方米。1948年6月17日至19日，邓小平、刘伯承、陈毅、邓子恢、张际春、李达等出席该会议。中原军区机关和豫西二、五军分区及直属团以上干部共1000多人参加了会议，目前为农田。

4. 中原军区司令部旧址

政处旧址

该旧址现存上房，始建于民国初期。平面布局呈长方形，坐北朝南，该院建筑面积51.7平方米，占地面积240平方米。西厢房坍塌，仅存后檐墙，院落西侧围墙为土坯砌筑墙体，东侧围墙为后期青砖砌筑；院内有古井一处，土地面凹凸不平，部分作为菜地使用，现有人居住。上房为土木结构，坐北朝南，小青瓦仰瓦屋面，硬山建筑，面阔两间9.3米，进深一间5.4米，建筑面积51.7平方米，房屋木构架保存较好，室内为夯土地面，东西山墙后期用青砖重新砌筑，后檐墙滑秸泥面层大面积脱落，屋面滴水瓦缺失严重，门窗保存较好。

情报处旧址

该旧址现存倒座三间，始建于民国初期。坐南朝北，建筑面积约56.8平方米，院落其余建筑及围墙已无存，倒座北侧现作为菜地使用，现无人居住。倒座为砖木结构，小青瓦仰瓦屋面，硬山建筑，木构架松动，梁架表层霉变，室内为土地面，凹凸不平，杂物堆积；下碱墙、山墙为毛石青砖砌筑，前后檐墙上身为土坯砌筑，墙体滑秸泥面层脱落，东侧一间屋面已坍塌，其余两间屋面瓦件缺失。

结　语

　　北张庄村、何庄村历史悠久，文化底蕴深厚，境内的"榷酒遗址"就是最好的历史见证。而且这里曾是中共中央中原局和中原军区机关的驻地，邓小平和刘伯承等老一辈无产阶级革命家，在这里指挥了历史上著名的挺进中原五大战役，也一度成为解放战争时期中原解放区的领导核心的驻地，中原版权中国酒业新闻网局首脑机关所在地、中原军区和中原野战军的指挥中心。1948年中原军区司令部进驻本村，在宝丰发动群众、清匪反霸、恢复发展经济，为中原乃至全中国开辟、巩固新解放区和淮海战役奠定了基础。因此，保护该村，具有一定的历史意义，为研究和继承中国酒文化和研究解放战争时期中原地区的政治、军事、战争史提供了可靠依据。

　　该村村落环境并不优越，但却是战争时期重要的指挥中心。传承红色文化，塑造战争军事文化，使村落作为老一辈革命者缅怀过去，回忆那段历史的良好载体。弘扬中原逐鹿精神，即：勇挑重担，不怕困难，顾全大局，协同作战，实事求是，必胜信念精神。对中原逐鹿精神的继承和发扬，又能成为满足年青一代接受军事训练和国防教育的有效途径。

　　北张庄村的中原军区司令部旧址作为中共中央中原局的军事基地，军区司令部的成立是改变中原局势、解放全中国的关键举措。这段战争历史具有重要的军事研究价值，北张庄村保留的历史建筑及环境为这些研究提供了素材。

　　红色资源正是彰显革命历史的新平台、新课堂，其感召力是学校和书本不可比拟的。增强红色文化展示形式的多样化，使人们在寓教于乐中受到熏陶。

　　通过保护该村落革命文物建筑，继承传统文化，弘扬红色文化，带动地方经济和地方民俗文化的发展，产生良好的社会效应。

孙锦（河南省古代建筑保护研究院业务管理部副主任）

浅谈对北宋皇家园林
艮岳的认识

一、艮岳的兴建与毁坏

艮岳是北宋时期在都城汴京建造的一座著名的皇家园林。艮岳的建造与宋徽宗赵佶有很大的关系。宋徽宗笃信道教，政和五年（1115年），在宫城的东北方向建造道观"上清宝箓宫"，之后又听信道士刘混康"京城东北隅地叶堪舆，倘形势加以少高，当有多男之祥"之言，以在京城内筑山则皇帝必多子嗣为理由，于政和七年（1117年），命户部侍郎孟揆在上清宝箓宫的东侧，仿照余杭凤凰山的设计选石筑山，初名"万岁山"，即"寿山"之意，后改名为"艮岳"。"艮"是卦名，在《易·说卦》中称"艮，东北之卦也"。因其在宫城的东北面，故名"艮岳"，意为东北方之山岳。艮岳也叫作"寿山"，或连称"艮岳寿山"。寿山既成，又继续凿池引水，建造亭阁楼观，栽植奇花异树。用尽六年的时间不断经营，到宣和四年（1122年）终于建成这座历史上最著名的皇家园林之一。园门匾额题名"华阳"，故又称"华阳宫"。艮岳位于汴京（今河南开封）景龙门内以东，封丘门（安远门）内以西，东华门内以北，景龙江以南，周长约3千米，面积约为750亩。它的规模并不算大，但在造园艺术方面的成就却超越前人，具有划时代的意义。

建造艮岳需要大量的珍禽花木和巨石，宋徽宗为营造此园，不惜花费大量人力、物力、财力，巧夺豪取，已达到玩物丧志的地步。为了广事搜求江南的石料和花木，特意在平江（今江苏苏州市）设置专门机构"应奉局"，命平江人朱勔专门搜集奇花异石进贡，花石都是用船装载，通过运河，北上运往京城开封。运送花石的船只很多，起运时把十只船作为一纲，号称"花石纲"。这些被选中的奇峰怪石、名花异卉均以大船载运，以千夫拉纤；因石头过于高大，沿途凿断桥梁，拆毁城郭，为安全运输巨型太湖石，创造出以麻筋杂泥堵洞的方法，以防石头破损，不惜一切代价，将花石运往汴京，营造艮岳。如《宋史纪事本末》中记载"二浙奇竹异花、登莱文石、湖汀文竹、四川佳果异木之属，皆越海渡江、毁桥梁、凿城郭而至。"

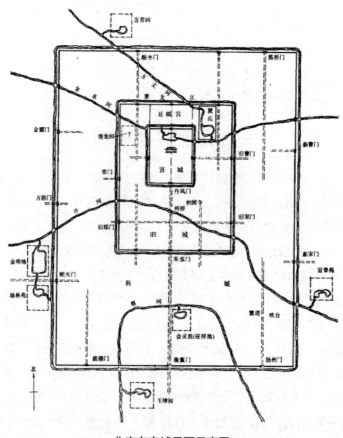

北宋东京城平面示意图
（来自周维权:《中国古典园林史》）

艮岳筑成之后，北宋王朝府库罄竭，民不聊生。宣和七年（1125年）宋徽宗退位，其子赵桓即位，是为宋钦宗，而后金人围攻汴京，宋徽宗与宋钦宗两位皇帝被俘。金人攻陷汴京后，民众拥入艮岳，拆毁园林。时值寒冬，所有的木材都被席卷一空，用于烧火取暖。艮岳的太湖石在京都军民守城之时，大部分被砸碎充当炮石，有的至今还保存在大相国寺和龙亭公园里，成为今日开封与铁塔、繁塔齐名的千年遗物。蜀僧祖秀《华阳宫记》记载："靖康元年闰十一月，大梁陷，都人相与排墙，避虏于寿山艮岳之颠……明年春，复游华阳宫，而民废之矣。元老大臣所为图画诗颂名记，人厌之，悉斧其碑，委诸沟中。至于华木、竹箭、宫室、台榭，寻为民所薪。"以及宋人洪迈的《容斋三笔》中也有记载："万岁山周十余里……靖康遭变，金兵围汴，诏取山禽水鸟十余万投诸汴渠，拆屋为薪，虆石为炮，伐竹为筏篱。大鹿数千头，悉杀之以啖卫士。"

金兵南下时，部分运往汴京的太湖石遗弃途中，形成今日江南园林中的珍贵景观。上海豫园中的"玉玲珑"，苏州留园中的"冠云峰"，苏州环秀山庄、网师园、南京瞻园中的几块太湖石，均为"花石纲"之遗物。除此之外，艮岳的一批秀石被金兵运至燕京，现在堆放于北京的中山公园、北海等地。北京先农坛内有块太湖石，经文物专家初步考证，它很可能是来自"艮岳"的遗石。

二、艮岳的建园艺术

艮岳代表着宋代皇家园林的宫廷造园艺术最高水平，促进了中国自然山水园风格由写实至写意的转变。艮岳分南北两个部分，东部以山景为主，西部以水景为主，具体分区为：中部大方沼景区群，北部景龙江景区、曲江池景区和山庄回溪景区，西部西庄景区、驰道景区和药寮景区，南部寿山景区群，东部东岭景区群。

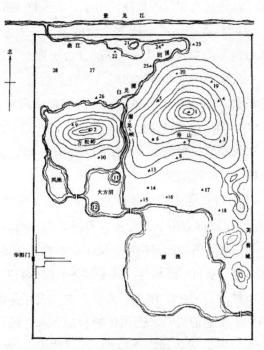

艮岳平面设想图

（来自周维权：《中国古典园林史》）

在艮岳整个的园林中，万岁山的主峰处于整个假山山系的主位，两侧峰处于山系的宾位，西面的万松岭与主峰相互呼应，东南面的芙蓉城为山脉的余势，形成了主宾分明、远近呼应的格局，而且有余脉延展，充分体现了山水画论所谓的"先立宾主之位，决定远近之形""众山拱伏，主山始尊"的构图规律。正如宋徽宗御制《艮岳记》中描述的景象："岗连阜属，东西相望，前后相续，左山而右水，沿溪而傍陇，连绵弥漫，吞山怀谷。"

西宫门华阳门御道两侧辟有太湖石特置区，上百块大小不同，形态各异的石头组成"石林"，所有峰石都有命名，大者甚至赐以爵位："独神运峰广百围，高六仞，锡爵盘固侯，居道之中，束石为亭以庇之，高五十尺。御制记文亲书，建三丈碑附于石之东南陬。其余石或若群臣入侍帷幄，正容凛若不可犯或战栗若敬天威，或奋然而趋，又若伛偻趋近，其怪状余态，娱人者多矣。"除此之外，在水池中、山坡上都有特置的峰石，宋徽宗根据它们各自的姿态赐予名字，并刻在石头的阳面。《华阳宫记》中记载的赐名有："朝日升龙""望云坐龙""玉秀""叠玉""丛秀"等等。

艮岳拥有完整的水系，几乎有河、湖、沼、溪、瀑、潭等内陆水体的所有形态。从艮岳西北角的景龙江引水，入园聚为曲江，中经白龙沜、濯龙峡，在园林的中西部形成两个大池凤池、大方沼，又汇合为雁池，再从园林的东南角流出，在水体的分合聚散上处理得恰到好处。山、水配合，形成艮岳山水环绕的布局，并有静与动、刚与柔、实与虚的对比。理水的技术也达到了很高的水平，掌握瀑布水景的构造技术："又得紫石，滑净如削，面径数仞，因而为山，贴山卓立，山阴置木柜，绝顶开深池。车驾临幸，则驱水工登其顶，开闸注水而为瀑布，曰紫石壁，又名瀑布屏。"

艮岳中的建筑物具有使用与观赏的双重功能，即"点景"与"观景"。园中建筑不仅发挥重要成景作用，就园林总体而言也属于自然景观。亭、台、轩、榭等布局疏密错落，除了游赏性园林建筑外，还有道观、庵庙、图书馆、水村、野居等，几乎涵盖当时的所有建筑形式。不仅继承了以往园林的造园手法和造园意境，更是去芜存菁，重新组合，使园林艺术得到了全面的提升。园内植物包括乔木、灌木、藤本植物、草本花卉、木本花卉以及各种农作物等，它们与山石紧密地结合在一起。道路以两旁所栽不同品种植物命名，如：桐径、松径、百花径、合欢径、竹径、雪香径等。园内景点、景区也以植物景观为题，如梅岭、杏岫、丁嶂、海棠川、药寮、雪浪亭等。林间的放养的珍奇异兽较多，以达到自然环境的效果。一如《艮岳记》中的描述："岩峡洞穴，亭阁楼观，乔木茂草，或高或下，或远或近，一出一入，一荣一凋，四面周匝，徘徊而仰顾，若在重山大壑，深谷幽岩之底，不知京邑空旷坦荡而平夷也，又不知郛郭寰会纷萃而填委也。真天造地设，神谋化力，非人力所能为者。"

三、总结

宋朝是我国封建社会内部一个巨大的变革时期。经济发展，文化繁荣。其造园艺术上承隋唐，下启明清，在中国古典艺术史上具有很高的地位。东京开封作为北宋时期的首都，其皇家园林的造园艺术凝聚了北宋时期造园艺术的精华，具有很高的历史价值。但是由于战乱频仍，曾经轰动一时的园林随之消失，但其辉煌的园林艺术应该传承下去。

艮岳作为北宋末年的皇家园林，不仅继承发展了秦汉、隋唐皇家园林的功能、内容与造园手法，更为明清皇家园林造园艺术的进一步发展奠定了基础。在造园意境上，它是一座诗情画意的人工山水园，虽然规模庞大，但其中的建筑风格清新自然，处处体现出优雅细致。与明清皇家园林相比，艮岳较少皇家气派，将大自然生态环境和各地山水风景加以高度概括、提炼，有机结合在一起，代表着宋代皇家园林的风格特征和宫廷造园艺术的最高水平。

北京林业大学的朱育帆博士，在其导师孟兆祯教授的指导下，经过多年潜心研究，完成了《艮岳景象研究》论文及"艮岳想象景观"模型的制作。专家们对朱育帆就艮岳在中国造园史上的地位及影响所做的精辟论述极为赞赏，认为其中许多观点为他人所未言，丰富了中国园林史的内容。他耗时3个月精心制作的艮岳模型，则形象地再现了这座举世闻名的宋代山水园林的景观。这个模型现已捐赠给北京古代建筑博物馆，作为"中国古代建筑展"的展品，在太岁殿院落的西配殿展厅"中国古代建筑类型欣赏"部分展出。朱育帆先生的研究成果不但对中国园林史的研究有重要的学术价值，而且对当前的园林建设有重要的现实意义。由于本文篇幅限制以及个人研究能力的局限，在艮岳的造园艺术分析和文化内涵上的研究有所欠缺，可以说还未做到真正的深入研究，中国古典园林有着悠久的历史和光辉的成就，造园文化也是源远流长，需要我们不断地学习和探索。

参考文献

［1］周维权.中国古典园林史［M］.清华大学出版社，1999.

［2］刘敦桢.中国古代建筑史［M］.中国建筑工业出版社，1984.

［3］张健.中外造园史［M］.华中科技大学出版社，2009.

［4］王毅.中国园林文化史［M］.上海人民出版社，2004.

［5］秦宛宛.北宋东京皇家园林艺术研究［D］.河南大学，2007.

［6］常卫锋.北宋皇家园林艮岳的文化内涵探析［J］.开封大学学报，
2009（3）.

［7］朱俊青.北宋东京皇家园林造园艺术分析［J］.林业调查规划，
2015（6）.

［8］杨庆化.艮岳新考［J］.开封大学学报，2018（12）.

［9］李玉洁.艮岳与北宋的灭亡［J］.开封大学报，2005（6）.

周磊（北京古代建筑博物馆陈列保管部助理馆员）

一越千年 繁华不坠

——京西古刹大觉寺

　　北京的千年古刹多聚于京西，有些已陨落于历史的长河之中，有些却依然熠熠生辉。广为人知的如潭柘寺、戒台寺、云居寺、大觉寺、灵岳寺，这些寺院虽历经千年之久却依旧颖于丛林，其古建筑、佛造像、金石碑刻、古树名木等文物遗迹，见证着这些古刹的兴衰更迭、历代变迁，其间的历史和文化更是有如一部部辉煌的经典，风格不一却各具特色，值得我们慢慢流连、细细品阅。此篇我们一起来品读的是京西古刹大觉寺。

　　大觉寺，兴盛于辽代，时称清水院，以清泉流经寺院而得名。金章宗完颜璟时期，清水院被列为西山八院之一，是章宗皇帝的巡幸驻跸之所。后易名灵泉寺。明宣德三年（1428 年），宣宗朱瞻基以奉智光国师养老之由对寺院重修扩建、修缮一新，赐名大觉禅寺，大觉寺之名便一直延续至今。

　　关于大觉寺的研究文章很多，不喜赘述，在此探讨几个有趣的话题以飨读者，以期抛砖引玉，能对大觉寺的研究有更进一步的推进和提升。

一、大觉寺创始之谜

　　大觉寺，有文字可考的历史起源为辽代。据大觉寺内现存《旸台山清水院藏经记》石碑记载：辽咸雍四年（1068 年），阳台山下南安窠村（今南安河村）佛教信徒邓从贵为清水院（今大觉寺，后同）捐资三十万修缮僧舍，又募缘五十万助印大藏经一部共计五百七十九帙而藏之。

　　大觉寺创建年代是否为辽代？这个问题至今仍是一个谜。

近年有很多文章刊载或转载：大觉寺始建于辽咸雍四年，即公元1068年，这样的说法显然是不妥的。据《旸台山清水院藏经记》石碑记载："旸台山者，蓟壤之名峰；清水院者，幽都之胜概。跨燕然而独颖；俜东林而秀出。那罗窟遂，韫性珠以无类；兜率泉清，濯惑尘而不染。山之名传诸前古；院之兴止於近代。"由碑文可见，在辽咸雍四年（1068年）时，这座寺院已经是"幽都之胜概"，即这一地区的风景名胜之地，已经赫赫有名了，怎么可能是创建之年呢？且碑文提到"咸雍四年三月四日，舍钱三十万，葺诸僧舍宅……又五十万，及募同志助办，印大藏经，凡五百七十九帙，创内外藏而龛措之"，由碑文中"修缮僧舍，印大藏经"这些信息不难推断，此时的清水院已经深具规模，且在丛林当中有着很高的地位，碑文落款"燕京天王寺文英大德赐紫沙门志延撰""燕京右街检校太保大卿大师赐紫沙门觉苑"这样的文字信息亦是佐证。"赐紫"者，始自唐、后代沿袭之官制，三品以上官员公服紫色，五品以上绯色（大红），有时官品不及而皇帝推恩特赐，准许服紫或服绯，称赐紫或赐绯，僧人亦有时受紫袈裟，以示尊崇。碑文所及"沙门志延""沙门觉苑"皆为"赐紫"，可见该碑的规制等级之高。而"奉为太后皇帝皇后万岁大王千秋"的额题，更是进一步确凿了石碑的重要地位，即此碑的刊制与皇家有关。

据北京辽金城垣博物馆2003年完成的北京辽金史迹调查成果，北京地区已知所存辽代碑刻仅8通，就碑石年代、形制、碑首雕刻、碑文内容、额题及碑文所涉历史人物及事件等信息而言，大觉寺之辽碑堪称北京地区现存辽碑之最。辽代碑石相关的比较，笔者撰有《旸台山清水院藏经记碑考述》2005年发表于《北京辽金文物研究》，此处不再赘述。

除大觉寺所存辽碑之外，关于大觉寺的创建年代，可考的古籍文献和金石碑刻并不多，主要有以下几个版本。

大觉寺存明宣德三年（1428年）《御制大觉寺碑》："北京旸台山故有灵泉佛寺，岁久敝甚……"寺存明成化十四年（1478年）《御制重修大觉寺碑》："都城西北一舍许有山曰旸台，有寺曰灵泉……"从碑文中推知，在明宣德三年之前大觉寺曾称灵泉寺，甚至未见"清水院"记载。

明代崇祯年间刘侗、于奕正所著《帝京景物略》中曾载："黑龙潭……北十五里，曰大觉寺，宣德三年建。寺故名灵泉佛寺，宣宗赐今名，数临幸焉，而今圮。金章宗西山八院，寺其清水院也。"这是除辽碑外有史可查的最早关于"清水院"之名的记载，但对寺院历史的上限只确定为金代，此处亦可得知灵泉寺之名当是在金章宗之后、明宣德之前这一段历史时期曾经使用。

大觉寺存清康熙五十九年（1720年）《送迦陵禅师安大觉方丈碑记》载："西山大觉寺者，金源别院……"寺存清乾隆十二年（1747年）《乾隆御制重修大觉寺碑》载："大觉寺者金清水院故址，明以灵泉寺更名……"寺存乾隆御制诗石刻："古柯不计数人围，叶茂孙枝绿荫肥。世外沧桑阅如幻，开山大定记依稀。"另有《日下旧闻》与《钦定日下旧闻考》，几乎是原文照引了《帝京景物略》的记述："黑龙潭北十五里曰大觉寺，宣德三年建。寺故名灵泉，宣宗易以今名，数临幸焉，今圮矣。金章宗西山八院，寺，其清水院也。"此后的许多方志、笔记如《春明梦余录》、光绪《顺天府志》等，均沿袭此说。其中，清代英和撰《恩福堂笔记》中，不仅记大觉寺为金之清水院，而且生动描绘了这座旧时离宫秀美的自然景观，赞誉该寺秀甲都下，名标诸寺。清代的这些题记，都只是关于"金清水院"说法的认同，大概为参考《帝京景物略》所致，明清时人一直认为大觉寺是金代清水院旧址。直到清乾隆四十三年（1778年）金石学家王昶从大觉寺龙王堂旁"寒芜落叶堆中"搜得辽碑，才真正开始有关于"辽代清水院"的记述。清水院之名，实为寺内有清泉流入而得名。

大觉寺内亦有金天德三年（1151年）《大金国燕京宛平县阳台山清水院长老和尚塔记》石碑，仅记载"唯清水度僧，近二百数"，并未提及寺院的始建年代，只能印证金代清水院之名。

关于大觉寺所处山名，辽时记作"旸台山"，金代为"阳台山"，明清亦称"旸台山"，一直延续到民国时期溥儒题《绮罗香 暮春旸台山大觉寺》词牌，"旸台山"之名依然使用。近现代随着繁体字的摒弃，白话文的普及，时人便不再那么讲究了，不论是"旸"还是"阳"，统一改作了"阳台山"。

至今，大觉寺确切的始建年代依然是一个谜，有待今后的进一步考证。不过，不论是辽碑也好，寺内无量寿佛殿前千年古银杏也好，都能印证大觉寺千年以上的历史，千年古刹之名，名副其实。

二、大觉寺白塔之谜

大觉寺内另一个未解之谜，就是大觉寺中轴线上最高处的白塔。

这是一座藏传式佛教建筑——覆钵式白塔，矗立于寺庙中轴线的最高点，塔旁有一松一柏将其环抱，这一景观被人们形象地称之为"松柏抱塔"。"松柏抱塔"作为大觉寺内一处重要的人文景观，多年来被观众广为关注，记载的文章也不胜枚举。然而，对于此塔的来历，知其然而又知其所以然者甚少，以讹传讹者甚多。此塔多被后人认定为清代雍正初年（1723年）大觉寺著名禅师迦陵和尚的舍利塔而广为传颂。迦陵和尚，讳性音，号迦陵，别号吹馀，生于清康熙十年（1671年），圆寂于雍正四年（1726年），曾任杭州理安寺、北京柏林寺、江西归宗寺和北京大觉寺等多处寺庙住持。因大觉寺是迦陵禅师最后住持的一所寺院，乾隆十二年（1747年）《乾隆御制重修大觉寺碑》亦载"皇考以僧性音参学有得，俾往住持丈室……及圆寂归宗，复命其徒建塔于此"，所以后人多认为大觉寺内白塔就是迦陵的舍利塔。不过，也有不少学者对此说法有不同意见。那么这座塔到底是不是迦陵禅师的舍利塔呢？如果不是，这座塔是一座什么样的塔？为何被后人所一再误传？而迦陵禅师的舍利塔又在哪里呢？关于这些问题，笔者已在《清代"迦陵禅师舍利塔"考》（《北京文博》2008年第3期，总第53期）一文中进行了详细论述，所得结论为：大觉寺内白塔并非迦陵禅师舍利塔。迦陵禅师塔应有两座：一座在江西庐山归宗寺，是为衣钵塔；另一座在京西大觉寺南塔院，是为真身舍利塔。遗憾的是，两座古塔均已无存，徒留遗址尚在。所以，通常所说的迦陵禅师舍利塔，实应为大觉寺南塔院内迦陵和尚塔。而大觉寺白塔为迦陵禅师舍利塔误传之说，乃为1980年前后报刊媒体旅游文章的相关报道，随后便广传开来。

历史文献中关于大觉寺白塔的记载极少，我们只能依稀寻觅到一些蛛丝马迹。

清乾隆十二年（1747年）《御制重修大觉寺碑》记载："大觉寺者，金清水院故址，明以灵泉寺更名。运谢禅安，蔚为古刹。康熙庚子之岁，皇考以僧性音参学有得俾往住持丈室，御制碑文以宠之。及圆寂归宗，复命其徒建塔于此。"《钦定日下旧闻考》记载："原黑龙潭北十五里曰大觉寺，宣德三年建……又寺内龙王堂辽碑一，僧志延撰，咸雍四年立。寺旁有僧性音塔。"《光绪顺天府志》记载："大觉寺，即辽清水院故址也，在黑龙潭北十五里……乾隆间又修，寺旁有僧性音塔。"《鸿雪因缘图记》记载："大觉寺在妙峰山麓……康熙五十九年，世宗在潜邸时，特加修葺，命僧性音住持。乾隆十二年，高宗重修……右置精舍曰憩云轩，前为七堂，左设香积厨，坛后有塔，塔后有塘，塘后有楼……"通观以上清代史料，我们都可以看到迦陵塔与大觉寺之间似乎存有某种关系，但是"复命其徒建塔于此"的"此"并非指大觉寺内。"寺旁有僧性音塔"这一个"旁"字则明确指出了禅师塔在大觉寺之外的旁边。另据国家图书馆藏《性音和尚塔记》拓本记载："性音和尚塔记，清雍正六年（1728年）十月刻。石在北京海淀区大觉寺塔院"，则最终确定了迦陵禅师舍利塔在大觉寺南塔院之内。

民国时期《西郊游记》记载："最后一层在半山中，有一座塔叫藏经塔。塔后有一个泉……"《旧都文物略》记载："寺在西直门外西北六十里……最后山顶有舍利塔一座，为乾隆时造塔。"《燕都名山游记》记载："再西北行八里，到妙峰山麓有大觉寺……大悲坛的后面，有座藏经塔，长松环绕，势甚挺秀。"《北京旅行指南》记载："寺建于山腰，别院有四宜堂、憩云轩、领要亭诸胜，寺后山顶建有舍利塔一座。"这里我们可以看到，据民国时期的史料，大觉寺内白塔有"藏经塔""舍利塔"的说法。

在初步推翻"大觉寺白塔即迦陵和尚舍利塔"这一论断后，我们不妨静下心来仔细欣赏一下这座白塔。塔为典型的藏传覆钵式白塔，砖石结构，分为地宫、塔基、塔身、塔刹四部分。塔高约15米，下有八角须弥座，中部是圆形塔肚，上方是细长的相轮，顶上饰有宝盖。塔基高50厘米，呈四方形。塔座为八角形，正面朝东，上枋和下枋雕刻仰俯莲花，四周由祥龙、葵花、牡丹、莲花、西番莲等图案砖雕构成。其中龙纹砖雕分布于塔身东西南北四面，均为五爪龙纹饰，中间一条，四角各一条，全塔身合计为20条五爪龙雕。塔身正面有焰光式塔门。塔身上面的相轮共有十三层。最上面是华盖，金属华盖上雕刻有一圈"佛"字，共16个，华盖下还悬有风铃8个。整座白塔，造型优美，比例匀称。塔旁有松树柏树各一株，据古树专家估测，已有五六百年以上的树龄（原古松已于2003年因病虫害而死，现有松树为此后移植而来）。古树的树龄、白塔的形制、塔身的纹饰以及大觉寺殿堂内供奉的多尊具有明代早期藏传佛教特色的佛造像，似乎都在印证着这座白塔的身世。它会不会是一座建于元代末年或明代早期的"佛塔"呢？所谓佛塔，是为珍藏佛家的舍利子和供奉佛像、佛经之用，而非某个僧人的真身舍利塔。另据大觉寺现藏清道光八年（1828年）文札记载，当时寺院住持真觉和尚向宛平县衙禀报大觉寺内各处建筑等渗漏、坍塌、损坏的情况，其中提到"佛塔一座，不齐。龙潭栏杆鼓闪，龙王堂瓦片脱截……"那时，大觉寺的住持把大觉寺白塔称之为"佛塔"。

另也有文物专家持有不同意见。凤凰网刊载《揭开大觉寺内喇嘛式僧塔之迷》一文，记述了文史专家包世轩先生在2013年10月12日，由北京佛教文化研究所、清华大学哲学系、加拿大英属哥伦比亚大学亚洲系、何创时书法艺术基金会共同主办的"明代北京佛教学术研讨会"上，发表了题为《北京大觉寺内明代具生吉祥大师萨曷拶室里僧塔考》的论文，并予以摘述。关于塔的建造情况与年代，此前从未有过确定的研究成果，包世轩先生通过塔的样式，结合历史文献予以考证，从白塔建筑的形制特征、西天印度佛教法脉传承、智光传记、司礼监右少监孔公寿塔铭等相关信息综合推论，判断此塔建于明宣德十年（1435年），是智光国师为他死去的师父印度僧人萨曷拶室里建造的。文章进行了大篇幅旁征博引，可谓信息量极大，其推论也具有一定的参考价值，值得认真学习和进一步深度考证。

不过笔者依然有质疑之处。第一，关于该塔为智光国师师父之塔，目前依旧是推论，推理而得，不足以确断无疑，尚需要进一步的史料搜集和科研勘测。第二，笔者观察涉及佛教建筑上的"佛"字，较为熟悉的有四座，除大觉寺白塔以外，其一为北京白塔寺白塔，元代建筑，其二为五台山白塔，建塔时间为元代亦或明代，尚有争议。这两座覆钵式塔均为佛塔，据说其塔刹上铸有"佛"字的天盘华鬘为明神宗万历年间奉皇太后李娘娘慈旨在修缮时添补而成。其三为北京灵岳寺大雄宝殿，元代建筑，檐下由额垫板处有"佛"字装饰。这些佛字之间是否有相通之处？值得思考。四组建筑中，两组为佛塔，一组为佛殿，那么另一组的大觉寺塔，是高僧塔还是佛塔呢？第三，中国古代等级森严，虽有崇佛佞佛之举，但在皇权面前，尚有仪轨忌惮。大觉寺白塔所处位置为寺院中轴线最高点，远高过佛殿，且塔身有20条五爪龙，16个"佛"字，在"塔院""塔林"专事安葬高僧遗骨祖制盛行的汉地京师，会将一个高僧塔建于寺内，甚至无视诸多僭越之举吗？第四，现存塔身的外形，体现的只是修建时的风格特征，而在此之前，原位置处会不会有更早时期的塔？或因建筑塌毁，在原塔基处重新建塔；或因建筑残损，在塔外又修一塔？这两种情况在存世的古塔中还是比较多见的，尤其是塔外建塔也不是孤例，比如著名的辽宁朝阳北塔，塔心为隋唐砖塔，外层为辽代砖塔，形成了"塔包塔"的奇观；再比如北京西城区的元万松老人塔，在修缮时发现清乾隆十八年（1753 年）重修时裹砌其内的元塔。因此，如果只研究大觉寺白塔现有的外形，恐怕不足以断定这座塔真实的起源。这些都是尚存疑惑、值得进一步细细推敲的地方。

至于该白塔确切的建塔年代以及功用，恐怕只能有待于求证到更明确的文字史料或者对该塔进行考古性勘测后而得出的结论了。

三、大觉寺近百余年间的记忆与变迁

历史随时间而流淌，成、住、坏、空之理贯穿于岁月的长河之中，亘古不变。有消逝的，也有重生的，周而复始。大觉寺千年的演变，已难细细追述，就算是近百年间的历史变迁，也有很多模糊之处。清代末年，大觉寺的部分房舍曾租借给外国人使用。从光绪初年起，德国大使馆工作人员为避暑消夏，就曾租借了大觉寺憩云轩作为办公场所。随后的几十年间，多名外国学者就曾多次往来于大觉寺，在这里办公、居住、修养，并留下了很多珍贵的历史资料，其中具有举足轻重作用的，是 100 年前一位德国的建筑师海因里希·希尔德布兰德。

海因里希·希尔德布兰德是普鲁士帝国（德国）著名建筑师，曾于清光绪十八年（1892 年）前后在大觉寺内居住修养。其间他亲自勘测考察了寺内大部分殿宇、房舍及古塔，以建筑师的专业水准为当时的寺庙留下了第一份测绘数据。此后因出版需要，编者希望利用一系列摄影图片来对文章进行有分寸的、直观的描述，来解释其中严谨的技术内涵，从而使读者在了解这个建筑的过程中，在视觉上有一个直观的感受，便拜托柏林环球旅行家，法庭估价员 F.海纳贝格博士先生和 P.格派克博士先生，在他们游历中国期间造访大觉寺，在克服了极大的个人疲劳及沟通困难的情况下，拍摄了大量的图片资料。因此该建筑专著《大觉寺——寺庙建筑的集大成者》作品出版的时间被推迟于 1897 年在柏林发表，文章中配有 87 幅插图，8 幅石版印刷图片以及 4 幅凹版印刷图片。

针对《大觉寺——寺庙建筑的集大成者》这一建筑专著，应北京德国研究院的委托，1943年由北京纸厂在北京再版印制。这次再版，是第一次针对中国建筑研究而作的德国文献，从而奠定了中国与德国之间建筑文化研究交流的基础。该书的编者在作品开篇对建筑师希尔德布兰德给予了很高的评价——我们应给予这位中国文化研究的杰出促进者授予极高的荣誉；冯勃兰特先生亦在开篇盛赞——感谢这位昔日来自于德国皇家、曾造访中国的使者做出的卓越贡献，他为我们开辟了一条真正的神秘之路。

这份重要资料的获得，要感谢2007年来到大觉寺进行调研的北京古代建筑博物馆馆员李小涛女士、加拿大皇家安大略博物馆亚洲美术部主任鲁克思先生。李小涛女士为大觉寺获得这份资料架起了文化链接的桥梁，鲁克思先生在大觉寺调研完毕之后，特意回德国从柏林大学图书馆复印了这份德文资料寄给李小涛，再辗转送达笔者手中。同时也要感谢北京市古代建筑研究所帮助联系完成了该篇著作的翻译工作，且翻译水平很高，建筑用语的表达专业而清晰，对于我们进一步开展研究工作提供了极大的便利。复印资料达54页之多，不论是文字信息、图片信息，还是测绘图、测绘数据，或素描图，其内容相当丰富，对于100年前的清末动荡衰落时期，大觉寺能留下这样一份专业的研究资料，实乃幸运之事，所以作为后世的传承者，我们的感激之情溢于言表。《大觉寺——寺庙建筑的集大成者》中文翻译版已收录于著作《大觉寺》（社会科学文献出版社，2016年版），供感兴趣的读者查阅，在此不做详解。

因着这段调研的因缘，结合希尔德布兰德的著作，我们可以再来了解一些大觉寺相关的历史信息。

希尔德布兰德著作中有一张大觉寺四宜堂明间的照片配图，因时隔近120年时间，照片已显得模糊，片中景物难以分辨，依稀感觉，正中似有一匾曰"大觉寺"，中间有座椅、条案等陈设。文中这样记述："西面的正房，以前是给住持的，现在是给高贵客人住的，面阔五间，前带廊，明间摆放着一把中国某个皇帝坐过的椅子（这个皇帝曾在这里住过一段时间）。"据史料推测，这里所说的皇帝概为清乾隆皇帝，所以照片中模糊的座椅，应该是当年乾隆皇帝御用之物。

同时，鲁克思先生提供了一张清末拍摄于大觉寺内的一组汉白玉石刻文物图片。这些石刻于20世纪初被加拿大皇家安大略博物馆收藏，为乾隆年间遗物。据该馆文物登记账记载，文物来源为北京大觉寺。该馆研究员鲁克思先生最初认为此说法不一定准确，特来寺考察。看到大觉寺内水系，听到乾隆年间皇家修缮寺庙、乾隆皇帝也曾多次来寺游幸并题诗刻石之事后，鲁克思判断此物为大觉寺所出无疑。在随后的信件中，鲁克思用中文这样描述："我馆所藏传说是从大觉寺来的文物（这传说应该可靠）有三个石头台子和一个水盆，见照片。照片上的月亮门在大觉寺内。"

此外，鲁克思先生还提供了一把交椅的图片资料，据说这是曾经从大觉寺流失出去的一件文物。他在信中这样描述："有一把交椅，很漂亮。供应给我馆的商人 GEORGE CROFTS 于一九二○年说，椅子是慈禧皇后专用的，她死了以后，大觉寺的方丈把它卖给一位私人（不知道是谁），价钱是三百块鹰洋。这位私人死了以后，交椅在北京东交民巷被拍卖，CROFTS 就买了。原来有两把交椅，一把是我馆一九六九年卖掉。此把一九九六年于纽约 CHRISTIE'S 被拍卖，价钱是美元五十三万。我馆当然很后悔卖掉了。"

在这些资料中，我们能够读取到大觉寺昔日的辉煌以及落寞，而这些都是流动和变化的，将之放在千年的岁月里，不论是辉煌还是寂寥，都只是一个个过程中的片段。如今的大觉寺，在经历了千年的风霜雨雪之后，依然作为一处全国重点文物保护单位、一座北京市级博物馆、一个 AAA 级国家旅游景区对公众开放，接受着世人的瞩目。而大觉寺之所以能够传承不息，想来是与各个历史时期人们的精心护持有着重要的关系。不论是历代的帝王将相、高僧大德，抑或是文人墨客、信士护法，都对大觉寺的绵延发展有着重要的推动作用，包括如今国家对于文物保护、文博发展的重视与投入，文博工作者对于文物保护、历史文化研究的热爱与专注，都是促成大觉寺历经千年、繁华不坠、屹立不朽的因缘。

对于那些未解之谜，我们期待来日。对于那些尚在沉睡之中的史料，我们呼唤更多的史学家和文博爱好者共同努力，以期为大觉寺下一个千年传承而添砖加瓦、贡献自己的一分力量。

宣立品（北京西山大觉寺管理处业务部主任）

以馆藏文物为例略谈
古代吉祥文化的寓意

一、古代吉祥文化及产生

《说文》中"吉"解释为：善也。从文字的释义可以看出，吉祥的产生与原始宗教祭祀占卜活动有关。世界宗教的起源，总逃不了图腾的崇拜，庶物的崇拜，而渐进于群神与天神的崇拜，演化成为有组织的宗教。宗教的起源发展演进是专门的课题，吉祥文化缘起与原始宗教的起源相关，故文中略提，不做探究。

史前时期的庶物崇拜表现为对日月、星辰、风雨、寒暑、社稷、山川等自然的崇拜，在记录各种祭祀的史料中可见。

祥瑞思想在我国有着十分悠久的历史渊源，有学者认为周代初期新的天道观念的形成祥瑞文化的产生提供了契机，并最终促成了祥瑞文化的产生。

甲骨、卜骨等实物资料的发现已经证明早在商代通过占卜问吉凶的形式就已存在。

吉祥观念在漫长的历史长河中发展，内容丰富，形式多样，已形成至今存在的吉祥文化。

历史悠久的吉祥文化体现在社会生活、艺术文化的多个方面，本文区分音、形、意的吉祥寓意在文物上的表现为重点，探讨吉祥文化的历史物证。

对于幸福，古代官方典籍《尚书》中有"五福"的明确记载，即寿（长寿）、富（富裕）、康宁（健康）、枚好德（好善）、考终命（寿终正寝）。"五福"是古人典型的幸福观，把人类生命过程中身心内容和物质内容都概括无遗，从生的安适到死的安逸都作了妥善的布置。表现了古人既重生又重死的生命观。对死的重视与古人生命循环、灵魂有依的看法有关，死后在"另一世界"延续世俗生活的观点使古人重死重葬，古代墓葬的布置奢华印证了这一点。民间把"五福"的内容改造为"福、禄、寿、喜、财"。五福的固化经过了一个过程，逐渐成为社会大众共识。吉祥文化的内容除五福之外，较为常见的还有平安、如意、多子多福等，图必有意，意必吉祥。

二、吉祥文化的表现类型

正如前文所述，福禄寿喜财是抽象的概念。要在现实生活中落地，必将选择实际存在的载体，并对这些载体赋予人们想要的意义，吉祥寓意才最终完成吉祥使命，成为吉祥文化的现实代表。

根据吉祥文化不同的象征意义，将分为吉祥之音，吉祥之形，吉祥之意三个类型，结合馆藏文物分别论述。

（一）吉祥之音

由于名称的发音与吉祥相关，因此物体本身被认为具有了吉祥的寓意，成为吉祥的象征物。其中以瓶、葫芦、蝙蝠、鱼、喜鹊、鸡、梅花、桂树、如意、石磬，等较为常见。鱼的音同余，因此取其富余的意思常常被用到，蝠的音同福，是福气的福，桂音同贵，取义富贵，石磬取音庆，吉庆之意，这类寓意吉祥的图形被广泛应用。在这类吉祥之音的类型中，还有组合音，如用喜鹊落在梅花上取义"喜上眉梢"，用毛笔、银锭及如意取义"必定如意"，五只蝙蝠围绕寿字，构成"五福捧寿"，一匹马上有一只猴，说明"马上封侯"，喜鹊与豹子为"报喜图"等。本文选取较为常见的几类吉祥之音的馆藏文物，探析其中吉祥寓意。

福在眼前

福文化在传统民俗文化中历史悠久，是大众的共同追求。蝠的音同福，多被选定以作为抽象的"福"的具象载体，因为福文化是我国极为广泛的社会存在，现实载体的蝠就成为家具、陈设、书画、文玩等处处可见的形象。

首博馆藏文物中的两件瓷器精品堪称吉祥谐音的代表。青花缠枝葫芦飞蝠纹瓶，这件文物是清代雍正年间造型较为常见的陈设瓷器。瓶身绘有蝙蝠飞舞、葫芦瓜蔓缠绕。所绘花纹是取蝠与葫芦的谐音，寓意

"福禄"。

瓷器、织绣等精品器物上常见吉祥谐音，而在清末民初的年画中，将吉祥寓意与年节祝愿结合，吉祥谐音的题材大量出现在年画中。杨柳青年画，这幅年画正中，绘有一个胖嘟嘟的童子，怀抱一条大鲤鱼，手持莲花，笑逐颜开，童子、莲花、鲤鱼组合成一幅连年有余富裕吉祥的画面。

青花缠枝葫芦飞蝠纹瓶
（高 40.4 厘米，口径 10.3 厘米，底径 12.5 厘米）

杨柳青年画

（二）纹饰吉祥

以现实生活中的动物植物等为原型，赋予多种理想，创造出多种瑞兽、花卉形象，赋予丰富的吉祥寓意。这类纹饰中约略可分为瑞兽类、花卉类等具象类型，还有线条符号类，如八吉祥等。

1. 瑞兽纹饰

瑞兽纹饰数量较多，其中麒麟纹则尤为重要。麒麟，在我国古代传说中多有出现，世所罕见的一种动物，"多作为吉祥的象征"。麒麟被赋予吉祥和平、仁爱祥瑞，引申为美好、避邪、赐福、才华、长寿、婚姻美好等十分丰富的内容。"麟之为灵昭昭也。咏于诗、书于春秋、杂出于传记百家之书，虽妇人小子皆知其为祥也。"

对于麒麟是否现实存在的生物，存在争议。不论麒麟作为一种动物是否真实存在过，麒麟的吉祥意义被广泛使用，在建筑物、瓷器、服饰、书画等各类器物上都可见到。麒麟是古代传说中的一种祥瑞神兽，形似鹿，独角、牛尾，全身出鳞甲，寓意吉祥，是古代"麟、凤、龟、龙"四灵之一，对麒麟的喜爱体现出人们对美好吉祥的追求。此件青花麒麟纹盘，为清代康熙年间制。盘心以青花麒麟纹为主体纹饰，麒麟做飞驰状，身上鳞片清晰，熠熠生辉，昂首回眸，气势轩昂，周围衬以云纹、山石、芭蕉等作装饰。

青花麒麟纹盘

（清，通高 8.9 厘米、口径 35.8 厘米，底径 18.5 厘米）

2. 花卉植物纹

花卉植物作为装饰纹饰，遍布瓷器、家具、丝织品、金银器、绘画、文玩杂项以及建筑彩绘、建筑构件等各类各处，是应用最广泛的纹饰题材。常用的吉祥寓意的花卉植物种类繁多，涵盖很广，牡丹、桃、石榴、葡萄、缠枝蔓草、葫芦、芭蕉、梅兰竹菊、佛手、水仙等。本文以馆藏文物为例，重点分析牡丹、灵芝等植物花卉的吉祥寓意。

牡丹花形大，花瓣层多且密，颜色鲜艳红火，认为象征富贵吉祥。首博馆藏的这件青花缠枝牡丹纹盖罐，是清代初期一件典型的青花器。这件盖罐通体装饰，主体纹饰为缠枝牡丹纹，瓶身颈部绘有变形莲瓣纹。

灵芝，有很多名称，"瑶草""瑞草""神芝"，秦朝时被称为"还阳草"；东汉称为"灵草"，直到宋代与祥瑞结合，象征太平吉祥，寓意政治太平，生活祥瑞，后世未有多少改变，延续至今。这件灵芝端砚，长方形，白色。砚池为灵芝状，池内残存朱砂墨迹，白中泛红，聚于灵芝，如祥云升起，喜庆吉祥。

 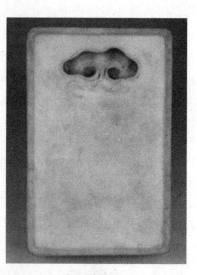

青花缠枝牡丹纹盖罐

[清顺治（1644—1661）通高49.5厘米、口径21厘米，底径22厘米，北京朝阳区大屯出土]

灵芝端砚

（清，长15.7厘米，宽13厘米，厚2.2厘米）

八吉祥纹是一种在陶瓷、服饰、家具等多种材质中应用较广泛的吉祥纹饰。八吉祥纹又称佛家八宝，多指法轮、法螺、宝伞、白盖、莲花、宝瓶、金鱼、盘长结，是佛家常用的象征吉祥的八件器物，是一类典型的宗教意义的装饰图案。另一类八吉祥图案是指道教中的八仙人物，即汉钟离、张果老、韩湘子、铁拐李、吕洞宾、何仙姑、蓝采和与曹国舅。清康熙时期出现以八仙各自的法宝代表八仙，即扇子、渔鼓、横笛、葫芦、宝剑、荷花或笊篱、花篮、阴阳板等宝器，被称为暗八仙或者八宝。

这件清代嘉庆年间制造的青花缠枝莲托八吉祥纹执壶，口沿绘连续回纹，颈上部绘变形垂云纹，腹与颈部满绘番莲八宝纹，流、柄绘折枝花卉、卷草纹。壶底部绘变形莲瓣纹。整器满绘多种花卉植物纹，腹部主体纹饰为缠枝花卉莲托八吉祥纹。八吉祥纹饰在瓷器上的装饰"最早见于元代龙泉窑青瓷和景德镇窑卵白釉瓷上，表现技法为印花，纹样排列尚无一定规则。明、清时期较为流行，常与莲花组成图案，作折枝莲或缠枝莲托起八吉祥的构图，也有以八吉祥捧团寿的图样"。

青花缠枝莲托八吉祥纹执壶
［清嘉庆（1796—1820）通高 31 厘米，口径 9 厘米，底径 9.3 厘米］

3. 吉祥文字

正如各种动物花卉纹饰一样，文字作为装饰纹饰亦有广泛使用。福、寿、喜、平安、吉祥等在建筑装饰、服饰、陶瓷器、书画等多处常用。

汉代瓦当常见"长乐未央"的文字作为装饰，馆藏这件清代瓦当砚就是由汉代瓦当所制。瓦当，中国古代建筑构件之一，是筒瓦头部，既可以保护檐头，也起到装饰屋檐的美观作用。唐宋以来文人追求用秦汉时期的瓦当制砚，风尚延至清末。此件瓦当砚背部即在瓦当当面上有篆书"长乐未央"，由此推断当属长安未央宫遗物。书法与汉代玺印艺术有异曲同工之妙，堪称瓦当砚中的佳品。秦汉时期的宫殿建筑使用的瓦当，质地细密，近于澄泥，砚质坚而泽，贮水几日不枯。文字内容有长乐万岁、长乐未央、长生无极、千秋万岁、延年益寿、万寿无疆、吉祥富贵等，直接明了的表达对吉祥寓意的追求。

"长乐未央"瓦当砚
（清，径 15.5 厘米）

（三）吉祥的器型

器物造型就是被赋予了吉祥寓意。这类器物中有些是现实中存在的原型，有些是对现实生活的原型物体进行改造，赋予更多含义，创造出新的形象。

1. 如意之宝

如意，原型为痒痒挠，是一种日常生活用品。痒痒挠，又称老头乐，用来挠痒休闲的家常物件。在实际作用的基础慢慢延伸出如意的含义，即心中所想，都能实现的美好愿望，有"如意如意，随我心意"之说。制作精良的如意，被视为祥瑞祈福的吉祥之物。使用中出现将如意与多种动植物形象组合，被赋予丰富的吉祥寓意。在瓶中插如意，寓意平安如意；童子持如意骑象，即吉祥如意；柿与如意取意事事如意，荷盒与如意成为和合如意等。

这件清代的青玉如意是考古出土的一件精品。自如意云头至柄部，灵芝纹"S"形缠绕，云头雕一蝙蝠，灵芝、蝙蝠、宝瓶组成福、寿、平安的吉祥寓意。

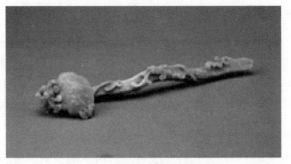

青玉"福寿平安"如意

［清代（1644—1911），长34.5厘米，如意头宽7.2厘米，密清皇子墓出土］

2. 福禄之宝葫芦

在上文的谐音吉祥中谈到过蝙蝠的蝠音同"福"而成为福文化的典型纹饰之一，而葫芦与"福禄"的发音相近，被视为福禄吉祥的代表。葫芦纹饰作为吉祥图案十分常见，如：又因葫芦造型简洁，常以葫芦造型，表达祈福好运的寓意。这件青釉葫芦式执壶出土于金代贵族墓。葫芦造型简洁优雅，光泽圆润，是一件保存较好的瓷器精品。"浅绿色，小口平底，双腹束腰，呈葫芦状。在执壶的把上附立一菱形穿孔系物。盖上有扁圆环纽。具有浓厚的生活气息，颇具河南临汝窑产品特征"。这件葫芦执壶出土于金代乌古伦元忠夫妇合葬墓，乌古伦元忠为金代名臣贵族，在其墓葬中随葬典型的中原文化的器物，一定程度上反映出在金定都北京之后，女真人对汉族文化和定居生活方式的适应，对祈福纳吉文化传统的信仰与追求。

青釉葫芦式执壶

［金（1115—1234），通高28.3厘米，口径3.1厘米，底径9.8厘米，
1980年北京市丰台区乌古伦元忠夫妇墓出土］

3. 辟邪

辟邪，最早见于《急就篇》："玉玦环佩靡从容，射魃辟邪除群凶。"颜师古注曰："射魃、辟邪，皆神兽名……辟邪，言能辟御妖邪也。"辟邪是古代传说中的一种神兽，似狮而带翼。瓷辟邪最早出现于三国东吴时期。

这件西晋时期的青瓷辟邪，昂首站立，长须，垂尾，背部有管状插口，腹部两侧刻画有翼。四肢劲健，肌肉丰满。釉层薄而透亮。

青釉辟邪

［西晋（265—317），高12厘米，长16.5厘米］

（四）特殊类型

吉祥纹饰使用之最当数清朝中后期的皇家，吉祥纹饰的使用遍及建筑、家具、服饰、绘画、饰品等多个方面。经过组合、延伸、扩展，产生多种吉祥寓意，在皇家使用中，将"合天一包万有"的吉祥寓意发挥到极致。

馆藏丝织品中有一件清乾隆缂金十二章龙袍，装饰了十二章、龙纹、海水江牙、日月星辰、卐、福、瑞兽等多种纹饰，尽显清朝皇家所用吉祥纹饰极为丰富。以明黄色缂丝卍字纹为地，施三色捻金线缂织龙、蝙蝠、灵芝云、十二章、海水江崖、立水八宝纹饰，以黄色三枚团龙江绸为里；形制为圆领，右衽，四开裾马蹄袖，直身长袍式。龙袍缂丝细腻，缂工精湛，质地紧密，构图规整。

缂金十二章龙袍

[清乾隆（1711—1799），长 150 厘米，通袖宽 200 厘米]

三、小结

不同的吉祥纹饰在应用材质上各有侧重，比如绵绵瓜瓞纹多应用在玉器、砚、洗等；八吉祥纹饰在陶瓷器上较为多见；常见的猫蝶、喜鹊、梅花在多种品类都较为常用。

吉祥纹饰的应用在各个时代又有不同的呈现形式。秦汉时期，长乐未央吉祥文字，遍布秦砖汉瓦。唐代雍容华贵的牡丹被视为花中娇子。宋代崇尚高洁清雅，出淤泥而不染的芙蓉超凡出世。明清时期吉祥文化大发展，题材丰富，谐音寓意广泛应用。

吉祥文化的关注与研究，除了传统的研究重点，如纹饰研究之外，器物本身的造型也是一大类型，应当引起更多关注。

吉祥文化体现在全社会各阶层，珍贵历史文物中表现的吉祥文化更多地代表了社会上层权贵阶层的文雅与追求，而在社会中大量流行的是民间最朴素的吉祥追求，在历史文物中也有大量反映，对于真实再现历史风貌有重要作用。

在我国民族融合发展过程中，文化的融汇交流在吉祥文化中也有体现。

宗教的图腾崇拜是另一个复杂的体系，在本文中并未涉及。吉祥文化与宗教有相关联之处，在历史文物上有重合载体，例如馆藏的鸟首陶支座，有研究认为是在新石器时期北京地区上宅文化中存在鸟图腾的原始宗教。陶支座顶部做成鸟首形，鸟嘴、眼皆具，支座整体有羽毛状刻画纹饰。鸟首支座的装饰意义大于其使用功能需求，有特殊的寓意。

当下如何看待久存于历史文化中的吉祥文化应该引起思考。将人们对于福运向往的社会表象看成消极的社会情绪去贬抑，其实矫枉过正。吉祥文化代表普通民众对美好生活的向往，反映了对于幸福朴素的追求愿望，一定程度上是社会安定，实现奋斗目标的因子。因而，对待当下吉祥文化的社会存在，采取去粗取精，去伪存真，合理引导的做法，使得我国传统吉祥文化有助于营造和谐愉悦奋进的社会氛围。

参考文献

［1］王治心．中国宗教思想史大纲［M］．商务印书馆，2015．

［2］王治心．中国宗教思想史大纲［M］．商务印书馆，2015．

［3］龚世学．中国古代祥瑞文化产生原因探析：以周初天道观的形成为基点［J］．天府论坛，2012（5）．

［4］白华．虚拟的幸福——古代吉祥文化研究［J］．黄河科技大学学报，1999．

［5］吕复伦．麒麟及其文化［J］．菏泽学院学报，2011．

［6］汪冲云．托物祈吉　瓷化民意——浅说明清八吉祥纹饰［J］．古瓷品鉴，2009（3）．

［7］首都博物馆网站．

［8］黄青．中国传统吉祥文化的载体——吉祥图案［J］．云南艺术学院学报，2006（4）．

［9］北京市文物研究所编．北京考古四十年［M］．北京燕山出版社，1990．

［10］北京市文物研究所编．北京考古四十年［M］．北京燕山出版社，1990．

李梅（首都博物馆副研究员）

再谈北京中轴线上的祭农文化

此前我曾以《北京中轴线上的祭农文化》为题撰文，主要阐明中国作为农业古国，祭祀农神成为历代统治者思想强化与价值引导的重要体现，以及北京先农坛内具有核心历史价值的明清籍田遗存，其六百年间的历史变迁和它在祭农文化中所起的重要作用。随着工作的深入，越发感到这是一个宏大的课题，就个人学习所得，似有未尽之意，故以《再谈北京中轴线上的祭农文化》为题，就中轴线作为北京城的历史文脉，中轴线上的祭农文化在强化政治功能与类似宗教的礼仪形式下所凸显的精神意蕴以及祭农文化在中轴线申遗工作中的重大意义加以阐释。奉上拙文，就教方家。

一、中轴线是北京城的历史文脉，
更是中国文化发展的独特风景线

北京，是一座承载着丰富历史记忆的城市，其文化的灿烂令世人瞩目。作为明清时期的首都，北京是中国古代社会发展到顶峰，其政治、经济、哲学、艺术等各种文化因素齐聚，并且以近乎完美方式呈现的一个浓缩版本。今天的北京，更是一座快速发展的国际化大都市，古老与现代在这里交汇，孕育出独特的北京魅力。读城，读出的是厚重的历史，更是首都风范、古都风韵、时代风貌。

一个城市的规划、建筑，往往深深地嵌入这座城市的记忆链条，成为追寻城市灵魂的清晰路径。北京的城市中轴线规划，是世界城市建设历史上最杰出的城市设计范例之一。这条中轴线，南起永定门，北至钟楼，全长 7.8 公里。它不仅是北京城市布局的一条道路，更是关于北京人文历史、道德教化、风俗民情乃至社会发展的一条命脉，凝聚了北京这座城市文化历史发展的精髓。中国建筑大师梁思成曾赞美这条中轴

线是"一根长达八公里，全世界最长，也最伟大的贯穿过全城的南北中轴线。北京独有的壮美秩序就由这条中轴线建立而生；它前后起伏、左右对称的形制或空间的分配都是以这条中轴线为依据的；可以说北京都城的气魄之雄伟就在于这条中轴线的南北引伸、一贯到底的规模"。北京中轴线，以庞大和完整的空间秩序，呈现北京和中国文化的根本和肌理；以连绵和变化的时间流韵，诠释北京和中国文化的内涵与张力，它不仅是北京城的历史文脉，更是中国文化发展的一道独特风景线。

从象征永远安定的永定门，到巍峨帝阙之正阳门；从内外安和之天安门，到紫禁庄严的明清故宫；无不彰显帝都气概。这些雄伟的建筑，映射出的是政权的坚定统一，国家的有效治理。正如中轴线最北端的鼓楼和钟楼，作为都城的报时中心，除却在城市的建筑格局中，一般在城市正中的位置建有钟鼓楼，鼓楼在前，钟楼在后，用钟鼓之声报时和规定城市的作息时间这一普遍功能外，它与明清故宫太和殿和乾清宫的丹陛上立计时之日晷与度量衡标准器之嘉量一样，都是国家统一的彰显，凝聚了中华民族维护国家和民族统一的坚定意志。中轴对称，体现着东方文化特有的审美，也传递着治国安邦的精神理念。北京的城市中轴线，诉说着这座神奇城市的前世今生，更传承着中华文化的勃勃生机。

二、中轴线上的祭农文化

首先，祭祀先农，因中国以农为本的特质而在各种国家祭礼中成为最关怀现世、最接地气的祀典。

位于中轴线南端西侧的北京先农坛，是明清时期每年春天皇帝祭祀先农并且举行亲耕籍田典礼的地方。国家祭祀活动的举行，是对天、神、君、民秩序观的反复演示，从而引导着社会成员对于政治权威主体的合法性产生认同，以加强帝国或王朝的权力。在这里，祭祀活动更多地体现为政治仪式，它是政治信仰的外化，它的重要意义在于使政治信仰得以强化和宣泄，使信仰变成看得见的行为。农神祭祀正是众多国家祭礼之一，通过国家祭祀来确定古代政治信仰。祭先农与耕籍礼表达了统治者治理天下的诚意，祭农神祈丰收是统治者向全社会传达的重农信息。以皇帝身体力行的亲耕作为祭农仪式的重要内容，这在明清北京各坛庙祭祀中似不多见，也使先农之祭有了更多的现实指导意义，闪烁着人性光辉，这是国家祭礼与宗教活动的一个明显不同，国家祭祀活动是以政府行为的方式表达治理"天下"的诚意，以人事为中心，以民生为根本关注对象。

清乾隆皇帝一生28次亲祭先农并将历次祭祀所作禾词与叙事诗编纂成册，名曰《劭农纪典》。乾隆帝仰承祖训、完善典章，数十次亲祭先农，体现其对以农桑为国本的传统治国方略的加强，体现了封建帝王对于农桑社稷、国祚永续的期许和践行。随着乾隆皇帝治国日久，政治更趋成熟，在其《劭农纪典》诗作中反复表达的是敬天勤民的执政理念。例如乾隆十八年（1753年），乾隆所作叙事诗有云"咫尺崇田将举籍，一时心遍九州遥"。上溯到周代，天子扶犁亲耕的礼仪作为国家的一项典章制度即被确定下来，其后虽朝代更迭，历千年而绵延，及至明清时期随着典章制度的完备而至臻完善。天子扶犁亲耕的田地称为"籍田"，在籍田中举行的以天子亲耕为核心内容的仪式典礼称为"籍田礼"。至清代，籍田已明确指为先农坛观耕台前的一亩三分地，皇帝亲耕籍田，又称为"帝籍"，所以堪称"咫尺崇田"，但这小小的田亩却意义重大。皇帝在这一亩三分地里的亲耕仪式，是对普天之下农业生产的示范与引领，更是农业古国的最高统治者以此擘画天下的号令和誓师。身处一亩三分，心遍四海九州，一个封建帝王心怀天下、包举宇内的抱负和气度展露无遗。乾隆二十三年（1758年）述事诗有云"崇功播百谷，厚德立烝民"。同年的另一首叙事诗中有云"禾词卅六分明听，八政心钦倡万民"。乾隆三十七年（1772年）有诗云"畿辅两年经涝渗，益虔祈岁活吾民"。这其中发出"立烝民""倡万民""活吾民"的感喟，更是让一个爱民如子、挂怀农桑、念兹在兹的明君形象力透纸背。敬天勤民是盛世君王的终极理想。

其次，国家祭祀行为的产生是以原始宗教的神灵崇拜心理为基础的，因此除却其作为政治仪式而体现出的职能之外，确与宗教一样具有心理调适功能。

中国传统文化广袤肥沃的土壤，孕育出一个虚幻空灵的神的世界，而祭礼则成为神灵与苍生的传感方式。具体到祭农活动，中国古代国家祭祀与季节性的农业生产紧密联系，举行仲春吉亥日祭先农的仪式在本质上就是古代农业社会的生活节奏。祭祀仪式是祭礼的外在形式，这是与宗教、迷信等共有的，这种仪式有时被笼统地称为"祭祀"或"祭拜"。在原始人看来，自然界的事物是同人一样有感觉，具有喜怒哀乐的生命实体，因而需要种种宗教手段与它们沟通思想，联络感情。祭祀行为表明先民对事物发展开始有了控制意识，希望通过人的行为来影响神灵，使之按人的意愿行事。起源于原始宗教的祭祀本质里活跃着宗教的因子，祭祀的宗教性是祭祀被信仰的基础，即仪式、传统和权威。恩斯特·卡西尔指出："在祭祀中人对他所崇拜的超自然力量的态度比在神话人物的形象中得到更清晰的显示，祭祀在一定程度上就是原始宗教时期人与超自然力量的沟通行为的延续。"庄严的程序活动，严格的程序仪式带给人们灵魂的震撼，从而生出敬畏与信仰。皇帝作为主祭者，实施着对祭祀权的垄断，而亲见祭祀仪式正是通过视觉的冲击而将对神灵的信仰转化为对人神之间的沟通者（主祭人）的激情信仰。因此像宗教仪式一样被戏剧化了的各种祭祀仪式会唤起人们对君主的忠诚，这在本质上是对神圣事物、对人生终极目的的戏剧性回应，而后者正是宗教的根本特征。

在这一问题上，作为主祭人的皇帝，更多地体现出其主观上也对这种心理调适具有依赖性。因为在古代中国，皇帝肩负着国家安全与繁荣的责任，因此他必须表现得兢兢业业，如果不能给民众带来所期待的福祉，他就要对此负责，其统治的合法性就会降低，正如埃森斯塔德所说，中国古代的"统治者有责任不断地解决问题，因为任何他们未能克服的困难都很容易引起广泛的社会变迁，甚至引起他们自己的垮台"。既然神灵主宰着世间的祸福，作为人神沟通的使者就有责任向神灵虔诚献祭。即如皇帝亲耕，这种活动也兼具向鬼神示敬的祭礼意蕴，如果皇帝不亲耕，就被视为对鬼神不敬。在《后汉书·黄琼传》中记载了这样的故事：顺帝即位以后不行籍田礼，黄琼以国之大典不宜久废而上疏曰："自古圣帝哲王，莫不敬恭明祀，增致福祥，故必躬郊庙之礼，亲籍田之勤，以先群荫，率劝农功……臣闻先王制典，籍田有日，司徒咸戒，司空除坛。先时五日，有协风之应，王即斋宫，飨醴载耒，诚重之也。《易》曰：'君子自强不息。'斯其道也。"在黄琼的劝勉下，顺帝惧招神谴，于是遵制行耕籍礼如故。罗素在《权力论》中指出"服从神的意志会产生一种无与伦比的安全感，这种感觉使许多不服从任何尘世之人的君主对宗教表示谦卑。"即"去献祭时，人是自然的奴隶，献祭归来时，人是自然的主人，因为他们已经与自然后面的神灵达成了和解，恐惧和不安被削弱了，人以祈祷和献祭换来了心理的平衡"。

国家祭祀因其突出的政治性与形式的宗教性而往往被称为准宗教

行为，但起源于原始宗教的农神祭祀因迫切关乎现实生活而使祭祀本身褪去更多的宗教色彩而呈现饱满的人文情怀。俎豆馨香，祭享先农凝结着中华民族悠久的农业传统和民族文明，时光更迭与形式创新都不应改变我们对祖国优秀传统文化的珍视与传承。

三、弘扬祭农文化在中轴线申遗工作中的重要作用

北京先农坛是中国封建社会发展到顶峰，其农业文明居于国家首要经济文化担当的鲜明体现。当历史浓缩为一座建筑的记忆，映射出的是中国农业文明坚实而稳定的发展道路，是中国悠久的重农传统，是今天我们坚定弘扬的先农文化主旨。它体现的是历史的延续性，是引导我们回望历史起点的清晰路径，是记载农业文明发展历程之艰辛的历史实证，更是我们在今日加强对农业传统的尊重，展望农业大国美好未来的信心和底气！祭农文化在北京中轴线上的呈现是中国以农立国、农为国本的完美诠释。中轴线上的北京先农坛更是中国一脉相承的农业文明从过去指向未来的鲜明地标。

不同于西方的海洋文明，在中国的农业文明中，天神、地祇、先辈的生产经验、大量的劳动力是维系文明发展的重要因素。农业文明不仅崇拜自然，而且崇拜改造自然的英雄，炎帝神农氏当属此列。祭农文化凝结的是中国的文化传统、文明品格。一个民族因为有了自己的文化风格而成为文化民族，一种文化因为有了自己的民族特色而成为民族文化。民族正是因为文化而产生了价值的趋同性，才有可能凝聚在一起。因此，文化是民族最坚强、最持久的精神力量，是中华民族凝聚力取之不尽、用之不竭的精神源泉。正如习近平总书记在十九大报告指出的：文化是一个国家、一个民族的灵魂。文化兴则国运兴，文化强则民族强。没有高度的文化自信，没有文化的繁荣兴盛，就没有中华民族的伟大复兴。

北京中轴线上的祭农文化是北京城市文明的生动载体，是中轴线作为中国国家礼仪秩序的极致象征。北京，作为一座具有三千年建城史和近千年建都史的历史文化名城，其文化底蕴厚重似可触摸。北京城昨日的悠古与沧桑，昭示着北京城今天的辉煌与壮阔。城市的飞速发展与合理保护、文化的日趋多元与传统继承，是我们需要认真思考的问题。北京的城市中轴线，以及中轴线上重要建筑的精神意蕴，更是我们应该

深入持久挖掘文化内涵的重要课题，因为他们凝聚的是中华各族人民砥砺奋进的精神支柱。

参考文献

［1］［德］恩斯特·卡西尔.神话思维［M］.黄龙保，等译.中国社会科学出版社，1992.

［2］［以色列］S.N.埃森斯塔德.帝国的政治体系［M］.贵州人民出版社，1992.

［3］〔南朝宋〕范晔撰,〔晋〕司马彪撰.后汉书·列传·黄琼［M］.岳麓书社，2008.

［4］［英］伯特兰·罗素.权力论［M］.靳建国，译.东方出版社，1989.

［5］朱狄.原始文化研究［M］.生活·读书·新知三联书店，1988.

张敏（北京古代建筑博物馆副馆长）

中华牌楼赏析

前　言

　　牌楼是中国建筑文化的独特景观，是由中国文化诞生的特色建筑，同时也是中国特有的建筑艺术和文化载体。本文主要论述牌楼的历史沿革、分类、结构特点以及北京著名的牌楼。

一、牌楼的起源

　　牌楼也叫"坊"或"牌坊"，是中国传统建筑的结晶，同时也是装饰效果极强的标志性建筑。牌楼历史演变可以追溯到周代，在《周礼》中记载了"五家为比，五比为闾（lú）。"在春秋战国期间，诸侯国都以"闾里"为单位。二十五家为一闾，每一闾都设有可以进行弹劾的"弹室"，在门前就会立两根木杆，架起一根横梁，以便居民挂"举报信"或"弹劾表"。木杆是最后发展成为"华表"的"诽谤木"。

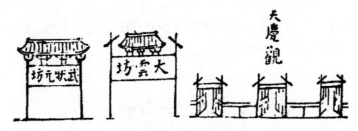

北魏碑刻上的古代坊门

　　汉代，"闾里"有多被称为"表闾"，在史料上多记载为"坊"，坊门上书写坊的名字作为标识。里坊是中国古代城市中的居民区，坊的墙上开的门就是坊门。唐代，我国城市都采用里坊制，城内被纵横交错的棋盘式道路划分成若干块方形居民区，这些居民区，唐代称为"坊"。坊是居民居住区的基本单位，"坊"与"坊"之间有墙相隔，坊墙中央设有门，以便通行，称为坊门。后来因为门没有太大的作用，所以就只剩下这种形式，于是百姓逐渐地称这种坊门为牌坊。平民居住的坊门呈"开"字形，称为"绰楔"。这种牌坊由唐代鉴真和尚传到日本，称为"鸟居"。元代建都北京，把京城分为四十六坊，每坊都有坊门。牌楼由"表间""阙楼""坊门"演变至元代，形成了固定建筑模式。北京现存的古牌楼大部分是明、清两代的。如今，牌楼早已失去它原有的功能，成为独立的装饰性建筑。也正是因为牌楼的装饰性被不断地强化，并具有典型的传统风格，因而备受人们的喜爱。北京在全国乃至全世界是牌楼最多的城市。到目前为止，据不完全统计，北京曾建各式知名牌楼368座，其中著名的古牌楼208座。不算颐和园后湖重新恢复的牌楼群，现有111座古牌楼仍傲然屹立在各城区，这些古牌楼中，品位较高的石坊有53座。

　　牌坊是古代官方的称呼，老百姓俗称它为牌楼。作为中华文化的一个象征，牌坊的历史源远流长，在周朝的时候就已经存在了，《诗·陈风·衡门》："衡门之下，可以栖迟。"《诗经》编成于春秋时代，大抵是周初至春秋中叶的作品，由此可以推断，"衡门"至迟在春秋中叶即已出现。衡门是以两根柱子架一根横梁的结构存在的，旧称"衡门"也就是现在所说的牌坊的老祖宗。北京人习惯将使用石材建的称作"牌坊"，或"石牌坊"，将使用木材建造的称作"牌楼"。实际上，人们对牌坊和牌楼的称呼没有严格的界限，主要牌坊和牌楼的区别在于牌坊的结构中没有"楼"的构造。即没有斗拱和屋顶，而牌楼有屋顶，它有更大的烘托气氛。但是由于它们都是我国古代用于表彰、纪念、装饰、标识和导向的一种建筑物，而且又多建于宫苑、寺观、陵墓、祠堂、衙署和街道路口等地方，再加上长期以来老百姓对"坊""楼"的概念不清，所以到最后两者成为一个互通的称谓。

二、牌楼的分类

　　按用意来分类，牌楼可分为贞节牌坊、功德牌坊、街牌坊、桥牌坊、山门牌坊等。按牌楼的结构划分，则有两柱一间、四柱三间、六柱五间等多种样式。牌楼的楼顶，有一楼、三楼、五楼、七楼、十一楼等等。中国古建屋顶有很多种形式，北京牌楼的楼顶形式只采用了其中的三、五种，一般为悬山顶、庑殿顶等。以牌楼的主要建筑材料来分类，大体有木牌楼、石牌楼、琉璃牌楼和彩牌楼等。

木牌楼是古建牌楼中数量最多的一类，其中木牌楼中有一类牌楼是"冲天柱式"，这种牌楼的柱子"冲"出脊外，在柱顶有云罐（也称为毗卢帽），用来防止雨水侵蚀木柱。这一类的牌楼主要用于街道中，或者商店的门口，而宫苑中的牌楼都是"不出头式"的。

琉璃牌楼，这类牌楼多用于佛寺建筑群内，在北京仅有三间四柱七楼的一种。其结构是，在石基础上筑砌6到8尺的砖壁，壁内安喇叭柱，万年枋为骨架。砖壁上辟圆券门三个，壁下为青、白石须弥座，座上雕刻着各种风格的艺术图案。壁上的柱、枋、雀替、花板、楷柱、龙凤板、明楼、次楼、夹楼、边楼等均与木坊相似。所不同的是，这种坊用黄、绿琉璃砖嵌砌壁面，威严壮观。

石牌楼，这类牌楼以景园、街道、陵墓前为多。从结构上看繁简不一，有的极简单，只有一间二柱，无明楼；复杂的有五间六柱十一楼者。由于本身的结构特点，有的虽为三间四柱式，却只有花板而无明楼。石坊的明楼比较复杂，浮雕镂刻亦极有特色。如果石质坚细，不仅浮雕生动，而且其精细的图案历经数百年也不泯没。

北京现存的古牌楼大部分是明、清两代的。如今，牌楼早已失去它原有的功能，成为独立的装饰性建筑了。牌楼也正是因为其装饰性被不断地强化，并具有典型的传统风格，从而倍受人们的喜爱。

按地域区分牌楼官式牌楼，即按照皇家等级修建的牌楼，封建社会等级制度森严，所以将牌楼的形制规定得非常严格。苏式牌楼，苏南地区（江苏省南部地区）在古代称为吴越之国，以苏州太湖香山为中心形成了独特的体系。滇式牌楼，滇不单指云南，代表我国西南地区。昆明金碧路上的金马坊与碧鸡坊，据说设计神秘，六十年出现一次双影交错的现象，几乎成了老昆明的象征和镇城之宝，视为昆明的"凯旋门"，可还是在60年代被毁。此类牌楼最大的特点是楼柱有侧墙，没有汉白玉夹杆石用抱鼓石支撑。除此之外还有晋式牌楼、粤式牌楼以及徽式牌楼。徽派建筑又称徽州建筑，流行于徽州（今黄山市、绩溪县、婺源县）及严州、金华、衢州等浙西地区。在皖南徽州地区，牌坊是与民居、祠堂并列的闻名遐迩的建筑，被誉为古建"三绝"，几乎成了徽州的标志。古徽州享有"礼仪之邦"美誉，原有牌坊一千多个，现尚存有百余个，形态各异，被誉为"牌坊之乡"。树牌坊是旌表德行、承沐厚恩、流芳百世之举，是古人一生的最高追求。

南京文庙"天下文枢"牌楼（苏式牌楼）

云南昆明金马碧鸡坊（滇式牌楼）

福建悬山顶牌楼（多用侧柱）

晋式牌楼

三山门牌楼（徽式牌楼）

四面四柱石坊（徽式牌楼）

三、牌楼的结构

牌楼大都以木结构牌楼为基准，主要由楼顶、立柱、夹杆、戗杆、额枋、花板、彩画、雕刻、牌匾、斗拱、楼顶等部分组成。北京的古建繁杂多样，其中一些主要构件是其他古建所没有的，如夹杆石、戗杆、戗兽、花板、铁挺钩等等。夹杆石在古代建筑中除了旗杆座只有牌楼才有夹杆石。夹杆石是保护楼柱用来增加风荷载的。夹杆石是木牌楼所特有的重要构件。它和石牌楼的抱鼓石一样，主要是起稳固楼柱作用的。最早的牌楼本无戗杆，与坊墙连接在一起。古代的坊门也不大，只要有坊墙的依托，就可以完全承受风荷载。宋代以后牌楼成了独立的建筑物，而且越做越大，这样必然经不住北方的强风。所以元代以后，尤其是明、清的木牌楼都有戗杆，一前一后支撑着楼柱。

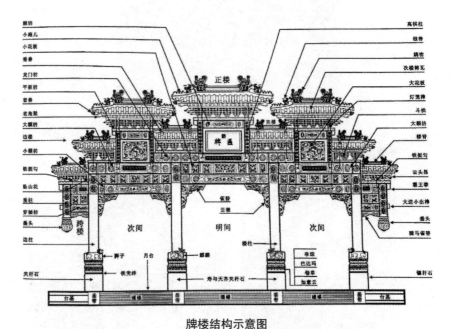

牌楼结构示意图

四、北京的牌楼

　　老北京的街道上，曾经有着不少的牌楼，目前虽然所剩无几，但是仍有地名可循。东四和西四在元朝的时候叫大市街，在东四十字路口的东西南北四个街口各有一座"三间四柱三楼"的冲天柱式大牌坊，分别叫作"思诚坊"、"仁寿坊"、"保大坊"和"明照坊"。西四十字路口的四个牌楼南北朝向地写着"大市街"仨字，东边的牌楼取名"行仁"西边的叫作"履义"，之后这四座牌坊又被称为"金成坊"、"鸣玉坊"、"积庆坊"和"安福坊"。自从东四和西四有了分别的四座牌坊之后，老百姓就不叫大市街了，干脆直接称东四牌楼和西四牌楼。之后更简称为"四牌楼"，到了北平解放的时候，这些牌楼还在。50年代为了扩建马路，拆掉了牌楼，牌楼拆除之后称呼也就变了，从而由来了"东四""西四"的名称。东单和西单也是如此，这个"单"字是因为这里的牌楼就单崩儿一个，西单的牌楼叫"瞻云"，东单的叫"就日"，东单牌楼和西单牌楼就这么叫开了，也是因为50年代扩宽马路，牌楼拆了，因而只剩下"东单"和"西单"。

北京西四牌楼

宫苑庙宇牌楼在北京也是数不胜数，北海公园外的"金鳌玉蝀"牌楼，门内的"积翠"牌楼；永安寺内的"龙光紫照"牌楼；景山前街的"大高玄殿"牌楼；五方阁的石牌楼；潭柘寺山门外"香林净土"牌楼等等。

北京北海公园"积翠"牌楼

在中山公园内的"保卫和平"坊是最具有典型意义的专事牌楼，保卫和平坊坐落于中山公园南门内，是一座宽17米，高10.9米，四柱三楼蓝琉璃瓦顶的青石牌坊。牌坊正中镌刻郭沫若题写的"保卫和平"四个镏金的大字，字迹遒劲凝重。该坊原建在东单北大街北西总布胡同西口外的大街上，原名叫"克林德碑"坊。1952年，为了纪念在京召开的亚洲及太平洋地区和平会议，将"协约公理战胜纪念"坊，更名为"保卫和平"坊。

"保卫和平"坊

北京国子监地区是目前北京牌楼较多的地区，在国子监街上也有着四座牌楼。这四座牌楼建成于明代，造型独特，为"一间二柱三楼"垂花柱出头悬山顶式牌楼。外侧两座牌楼的匾额为"成贤街"，内侧的两座牌楼的匾额为"国子监"，除此之外，国子监街东口和雍和宫门前有三座宏伟的牌楼。

"国子监"牌楼

北京国子监内的琉璃牌坊，是全国唯一一座专门为教育而设立的牌坊。国子监是中国元、明、清三代国家设立的最高学府，是中国古代崇文重教的象征。正反两面横额均为皇帝御题，是中国古代崇文重教的象征，修建于乾隆四十八年（1783年）。横额正面书"圜桥教泽"，是指听讲学者众多，背面为"学海节观"，意思因为听讲学者众多，要靠水道将学生分隔开。整个牌坊的形制是四柱三间七楼庑殿顶式琉璃牌坊，凡应属于建筑的木构架的显露部分均为花色琉璃贴面，楼上覆黄色琉璃瓦，架以绿色琉璃斗拱。建筑通体精致、大气、华美，也是北京唯一不属于寺院的琉璃牌坊。琉璃牌坊利用不同色彩的琉璃砖拼出形如木建筑上的彩画，使牌楼具有木结构形式。石牌楼也是中国现存数量最多的一种。

北京国子监琉璃牌坊

在颐和园正门东共门处有一座高大的三门四柱七楼式木牌楼，正面匾额上面写着"涵虚"，背面刻有"罨秀"二字。"涵虚"意为山高水阔，"罨秀"意为可以捕捉欣赏到美丽的景色。也就是说告诉人们到了这里就要进入一个山清水秀的意境了。这座牌楼是颐和园的标志，已经有二百多年的历史，如今仍保存完好。牌楼两面绘制了金龙176条、金凤36只，足以彰显帝王居所的琼楼玉宇和富丽堂皇。

北京颐和园"涵虚"牌楼

北京十三陵牌坊是全国现存最大的石牌坊，这是一座六柱五间十一楼的彩绘超大石坊，高 16 米，宽 35 米，其上巨大的汉白玉石构件和精美的石雕工艺堪称一绝。据载，从 15 世纪初叶到 17 世纪中叶，明朝的皇帝们在天寿山南麓建造的 108 平方公里的巨大陵区，这座大石牌坊就是整个陵区最前端的领头建筑。

北京十三陵牌坊

北京的老牌坊有很多都不复存在了，其中的原因有很多。有一些由于长年风雨剥蚀，有关部门无力或因故不能及时维修，以致最后不得不拆除。这类牌楼损失颇多，如北海公园西北角之普庆门内二坊等。也有因为主建筑废圮而消失的，庙宇废圮了，作为它的陪体建筑——牌楼，当然也就失去了意义。如崇元观前的"三界圣境"坊，南顶碧霞元君祠的"广生长善"坊等。人为破坏最严重的，莫过于晚清时期，咸丰十年（1860 年）和光绪二十六年（1900 年）两次列强的入侵。当时颐和园的须弥灵境坊及香山静宜园中诸坊，皆破坏殆尽。新中国成立后，城市建设发展很快，横亘在马路中央的牌楼成了妨碍交通的障碍，故被拆除。如东西、西四、东单、西单，前门五牌楼，"大高玄殿"坊，"金鳌玉"坊等等，几乎是同时拆去。也有一些牌楼是因为兵燹而损毁，此类牌楼的经历不尽相同，有的灾后复建，如东单、前门等牌楼；有的灾后无存，如东交民巷口的"敷文"坊、"振武"坊等。

五、牌楼的文化价值

牌楼作为中华特色建筑文化之一，其文化价值十分丰富。

第一，体现社会价值取向。中国古代的牌楼不仅仅体现了人们的人生理想，还体现了古代封建礼制和传统道德观念。比如"学优则仕""光宗耀祖""流芳百世""名垂千秋"，以及"贞洁牌坊"、"烈女牌坊"和"孝子牌坊"。

第二，展示社会民风、民俗。立牌坊是我国古代社会的一种重要的民风民俗，而牌坊本身也是古代民风民俗的重要载体。我国古代民间历来崇敬关羽，将他尊为"帝、圣、神"，这在建于清乾隆年间的河南开封山陕甘会馆北大殿前的牌楼上得到了充分的体现。古人立牌坊是一件极其隆重的事，是人类情感的一种物化和寄托。

第三，体现综合性艺术特征。牌楼是中国古代城市、建筑和雕刻艺术的完美结合，它具有独特的艺术价值一直为世人所瞩目。

第四，纪念了重大历史。牌坊记载着重要的历史事实，绵延千年的牌坊为了重大的历史事件和重要历史人物而立，如同一本历史教科书，成为我国一些重大事件和重要历史人物生平的见证。如山西"许国"石坊，则为旌表明少保兼太子太保、礼部尚书、武英殿大学士许国而建。

因为牌楼的历史悠久，内涵丰富，且具有独特的审美价值，所以在世界各地都以牌楼的这一形象化的标志，来象征和代表中华文明和历史悠久的中国。

结　语

北京的历史源远流长，在整个人类的历史长河中，历史上各个时期的文物，都不能以金钱来估量，而每座牌楼都可以看作是历史的见证。在古建筑群内，尽管牌楼是陪体建筑，但是它往往能起到画龙点睛的作用。街道两旁高层建筑耸入云际，街上车水马龙自然是现代化大城市的一般景象，但是当人们步入成贤街时，马上就会觉得这是在古都北京的街巷中漫步，其原因就是几座牌楼在起作用了。牌楼的存在使得街巷古色古香，应极力保存古建牌楼，古迹文物，千金不换。

陈晓艺（北京古代建筑博物馆社教与信息部助理馆员）